駿台受験シリーズ

生物 遺伝問題の計算革命

中島丈治　著

駿台文庫

は じ め に

　遺伝の問題は多く出題されているのに，準備が不足している受験生が多いようです。時間に追われた受験生の皆さんに，効率の良いやり方を提案したいと思います。それは，集団遺伝の考え方を初めから意識しながら，数学で学んだ確率の考え方を踏まえ，全分野の復習をしつつ，遺伝計算を学習する方法です。この方法で解けば，機械的に計算するよりもずっと速く，万一途中で計算間違いをしてもおかしいと気づくため，失点の可能性がほとんどなくなります。この方法には，次のような特長があるためです。

> 1. 遺伝子型・表現型とその分離比を，正方形の中の面積によって直感的に表現できる。　　　　　　　　　　　　　　　　　　　　　　（☞ p. 25 など）
> 2. 連鎖・組換えによる F_2 の表現型の分離比計算のほとんどは，暗算によって1分以内で答えを出せる。　　　　　　　　　　　　　　　　（☞ p. 33 など）。
> 3. 遺伝子型とその割合を求める計算であっても，1つずつの文字に注目して計算すれば，碁盤目の中から特定の表現型になる遺伝子型を探す必要はない。　　　　　　　　　　　　　　　　　　　　　　（☞ 解答・解説編 p. 23 など）。

　限られた時間の中で，遺伝計算の練習だけに時間を使う必要はありません。遺伝計算の題材は生物の学習内容のほぼ全分野に存在するため，全分野の学習と同時に遺伝計算の練習ができます（☞ **総合演習編**）。

　最後に，この方法で遺伝計算に取り組めば，全教科の得点上昇，合格率の大幅な上昇が期待できます。この点は少し説明が必要でしょう。

　生物の学習では計算練習の機会が乏しいため，生物受験生は数学の得点があまり伸びない場合がありました。しかし，この本で遺伝計算を勉強すれば，確率と場合の数の練習のほか，数式を見てその特徴を見抜くという，数学のすべての分野で生きてくる練習を重ねることができます。世代間の遺伝子頻度の関係に関する漸化式を立て，n 世代後の遺伝子頻度の一般式を求めることも，楽しい知的経験になるでしょう（解答・解説編 p. 39 など）。文章の意味を的確に理解し，必要に応じて記号化する練習は，英語，国語などの文系教科の得点上昇にもつながります。

　この本で学習すれば，遺伝計算が出題されなかった場合でも得点は伸びます。これほど波及効果の大きい学習内容は，他にないのではないかと思います。是非この本にしっかり取り組み，志望校合格を勝ち取って下さい。

目 次

Ⅰ 遺伝計算の前提

1 遺伝学の歴史を振り返る
- (1) メンデルの業績……………………………………………………………… 2
- (2) モーガンの研究………………………………………………………………… 3

2 遺伝法則が成立する理由
- (1) 優性の法則（顕性の法則）と遺伝子産物の機能…………………………… 6
- (2) 分離・独立の法則と染色体の挙動…………………………………………… 12

Ⅱ 遺伝計算の方法

1 遺伝計算の前提となる確率論
- (1) 余事象と排反事象〈横に並べるもの〉……………………………………… 18
- (2) 独立事象と確率の積の法則（確率の乗法定理）〈縦横に置くもの〉……… 19
- (3) 事象のその他の関係…………………………………………………………… 19

2 一遺伝子雑種と確率法則
- (1) 優性の法則と検定交雑………………………………………………………… 20
- (2) 分離の法則と F_2 の分離比 ………………………………………………… 21
- (3) 自家受精の繰り返し…………………………………………………………… 21
- (4) 自由交配（ランダム交配）…………………………………………………… 22

3 独立の法則と二遺伝子雑種
- (1) 独立二遺伝子雑種の分離比計算……………………………………………… 25
- (2) 3 対以上の独立遺伝とその計算法…………………………………………… 27

4 連鎖と組換え
- (1) 連鎖と組換え…………………………………………………………………… 30
- (2) 組換え価と染色体地図………………………………………………………… 30
- (3) F_2 の分離比 ………………………………………………………………… 32

5 性染色体と伴性遺伝
- (1) 性決定と性染色体……………………………………………………………… 37
- (2) 伴性遺伝………………………………………………………………………… 38

(3) X染色体上の連鎖 ·· 39

(4) 常染色体と性染色体の間の独立遺伝 ··· 40

Ⅲ 進化と遺伝

1 集団遺伝とハーディ・ワインベルグの法則

(1) ハーディ・ワインベルグの法則の前提条件 ······························ 50

(2) ハーディ・ワインベルグの法則の証明 ···································· 51

2 進化と遺伝子頻度，血縁度

(1) 集団における遺伝子頻度の変化 ··· 56

(2) 血縁度と血縁選択 ··· 58

Ⅳ 遺伝計算とさまざまな場面

1 動物の生殖・発生と遺伝子発現

(1) ミトコンドリア DNA と遺伝 ··· 66

(2) 母性因子と発生 ·· 66

(3) エピジェネティック制御と遺伝子発現 ···································· 68

2 植物の受精，種子形成と遺伝

(1) 葉緑体 DNA と遺伝 ··· 73

(2) 重複受精と種子，果実の形成 ·· 73

(3) 自家不和合性 ··· 74

(4) 雄性不稔 ·· 76

3 バイオテクノロジーと遺伝法則

(1) 細胞融合と植物の組織培養 ··· 82

(2) 四倍体の遺伝 ··· 82

(3) 一遺伝子一酵素説と変異遺伝子の数 ······································· 84

(4) 形質転換と連鎖地図 ·· 85

(5) ES 細胞と遺伝子ノックアウト ·· 86

(6) DNA 分析におけるマーカーの役割 ··· 86

問 題 一 覧

Ⅰ 遺伝計算の前提

レベル

問題 1	遺伝の法則と遺伝学の歴史 …………………………………	4	B
問題 2	遺伝子産物の機能と優性の法則 ……………………………	10	B
問題 3	遺伝子突然変異と優性の法則 ………………………………	10	B
問題 4	ABO 式血液型と家系図 ……………………………………	11	A
問題 5	細胞分裂における染色体と遺伝子の挙動 …………………	16	A
問題 6	独立・連鎖と染色体における遺伝子の位置 ………………	17	A

Ⅱ 遺伝計算の方法

レベル

問題 7	一遺伝子雑種−自家受精と自由交配 ………………………	24	B
問題 8	独立二遺伝子雑種 ……………………………………………	28	A
問題 9	3 対以上の独立遺伝 …………………………………………	28	B
問題 10	子の分離比から両親の遺伝子型を推定する ………………	29	A
問題 11	1 対の対立遺伝子のみに注目する …………………………	29	C
問題 12	組換え価と染色体地図 ………………………………………	34	A
問題 13	連鎖・組換えと F_2 の分離比 ……………………………	34	B
問題 14	F_2 の分離比から組換え価を求める……………………………	35	B
問題 15	致死遺伝子と連鎖・組換え …………………………………	36	C
問題 16	伴性遺伝 ………………………………………………………	45	B
問題 17	連鎖・伴性遺伝と家系図での遺伝子型の推定 ……………	46	C
問題 18	致死遺伝子とＺＷ型の伴性遺伝 ……………………………	48	C

Ⅲ 進化と遺伝

レベル

問題 19	ハーディ・ワインベルグの法則と遺伝子型の割合 ………	54	A
問題 20	ハーディ・ワインベルグの法則と遺伝子頻度 ……………	54	A
問題 21	ABO 式血液型と集団遺伝 …………………………………	54	A
問題 22	人工的集団からのランダム交配 ……………………………	55	B
問題 23	致死遺伝子の自家受精，自由交配による遺伝子頻度の変化 …	62	B
問題 24	鎌状赤血球貧血症とマラリア抵抗性 ………………………	63	C
問題 25	血縁度と血縁選択 ……………………………………………	64	B

Ⅳ 遺伝計算とさまざまな場面

レベル

問題 26　モノアラガイの巻き方と遅滞遺伝 ………………………………… 70　B

問題 27　母性効果遺伝子と連鎖 ………………………………………………… 71　B

問題 28　ゲノム刷り込み ………………………………………………………… 72　B

問題 29　X 染色体の不活性化と三毛猫の遺伝 ……………………………… 72　B

問題 30　葉緑体 DNA による細胞質遺伝 ……………………………………… 77　B

問題 31　被子植物の果実と遺伝子型 ………………………………………… 78　A

問題 32　胞子体自家不和合性と配偶体自家不和合性 ……………………… 79　B

問題 33　細胞質雄性不稔と F_1 ハイブリッドの作出 ……………………… 80　C

問題 34　細胞融合と植物の組織培養 ………………………………………… 88　B

問題 35　四倍体の遺伝 …………………………………………………………… 89　B

問題 36　原核生物の遺伝と染色体地図 ……………………………………… 90　B

問題 37　ES 細胞と遺伝子改変動物 …………………………………………… 91　C

問題 38　遺伝的マーカーとマイクロサテライト ………………………… 93　B

総合演習編

レベル

問題 39　被子植物の減数分裂・重複受精と生殖細胞・果実の形成 …… 94　B

問題 40　DNA，遺伝子，染色体，ゲノムの関係 ………………………… 96　B

問題 41　DNA の複製と PCR 法 ……………………………………………… 97　B

問題 42　原核細胞の遺伝子発現とオペロン説 …………………………… 99　B

問題 43　植物の遺伝子組換え技術 ………………………………………… 101　B

問題 44　植物の花芽形成と花器官の形成 ………………………………… 104　B

問題 45　色覚と類人猿の進化 ……………………………………………… 107　C

問題 46　ミツバチの生殖と行動 …………………………………………… 110　B

問題 47　免疫と血液型 ……………………………………………………… 112　B

問題 48　恒常性とホルモンのはたらき …………………………………… 116　C

問題 49　進化とさまざまな選択 …………………………………………… 118　C

問題 50　生態系の構造と多様性 …………………………………………… 121　B

この本に収録されている問題について

以下のように異なる性格の問題が含まれています。

> **レベル A**（基礎問題）：遺伝計算の基本を身につけるための問題。
>
> **レベル B**（標準問題）：**レベル A** 問題に分類される設問に加え，やや応用的な内容も含む問題。ほぼ標準的な入試問題であり，このレベルの問題が自力でできるようになることが当面の目標。
>
> **レベル C**（応用問題）：遺伝計算の基本に関する深い理解が問われる，面倒な計算を必要とする，幅広い分野に関する総合的な理解が問われるなど，かなりの難問。

遺伝計算の方法を身につける上で，**レベル A** 問題（10題），**レベル B** 問題（30題）までは必須ですが，**レベル C** 問題（10題）が解けなくても自信をなくす必要はありません。

総合演習編の問題は，全分野の学習を一通り終えた後に取り組むと効果的です。遺伝計算問題に取り組みながら，大学受験生物全体を復習できます。間違えた箇所の周辺には，今まで気づかなかった弱点が潜んでいる可能性があります。関連分野について，教科書やノートを見直して下さい。

生物
遺伝問題の計算革命

この本における表記の約束

　特に断りなく，下記のような記号を用いています。ごく一般的な書き方ではありますが，**出題者がこの書き方をしていない限り，答案で使ってはいけません。表現型は，実際に現れている型を言葉で表現するのが基本**であり，出題者が使っていないのに［AB］のように表現すると誤答と見なされる可能性が高いので，特に注意して下さい。

　P：交配に用いた両親。通常対立遺伝子をもつ純系の両親。

　F_1，F_2 … F_n：Pからの交配で得られた雑種第一代，雑種第二代…雑種第 n 代。通常Pを起点として自家受精を 1，2，… n 回繰り返して得られた子。
　　ちなみにPはラテン語で親を意味する parens，Fは同じくラテン語で子を意味する filius という語に由来します。

　AA，Aa，aa，BB など：$2n$（複相）の生物の一対の相同染色体に存在する遺伝子の組み合わせである**遺伝子型**。単相の生物や，減数分裂後の配偶子には一対の対立遺伝子は存在しませんので，遺伝子型は単に A，a，B のようになります。通常優性形質の遺伝子を大文字，劣性形質の遺伝子を小文字で表記しますが，不完全優性の場合でも，便宜的に対立遺伝子を A，a と書くこともあります。また，複対立遺伝子の場合，A，B，O のように異なる文字で表記することもあります。

　［A］，［a］：**表現型** A，表現型 a。F_1 で現れる方の対立遺伝子が優性遺伝子なので，通常［A］の遺伝子型は AA または Aa，［a］の遺伝子型は aa になります。

I
遺伝計算の前提

1 遺伝学の歴史を振り返る

(1) メンデルの業績

　メンデルの遺伝法則は，優性の法則，分離の法則，独立の法則の３つにまとめられています。メンデル以前にも遺伝について研究した人は沢山いましたが，メンデルだけが画期的な結論に到達できたのは，適切な材料を用い，特定の形質のみに注目し，多数の交配結果から統計的に分離比を推定するという，統計学や確率論に基づく方法で遺伝の問題に取り組んだためです。

　メンデルの時代は混合説という考え方によって遺伝現象を説明するのが一般的でした。混合説とは，両親に由来する２種類の遺伝因子が絵の具のように混じり合い，子に渡されるという考え方です。混合説と対立する考え方に，遺伝現象を粒子状の因子の強弱や分離によって説明する粒子説という考え方がありました。メンデルの研究結果は粒子説が正しいことを示しており，粒子状の因子は，後に遺伝子とよばれるようになりました。

　いったん混ざってしまった絵の具は通常分離できませんが，粒子状の因子であれば，「Aa が A と a に分離する」という形で分離し，その挙動を記号で表現できます。遺伝子記号を用いること自体，メンデルの業績が前提になっています。

　ダーウィンはメンデルとほぼ同時代の人でしたが，ダーウィンの自然選択説に対して，「両親の遺伝因子は混じり合ってしまうのだから，自然選択のような現象は起こり得ない」という，混合説に基づく批判もあったようです。もしもダーウィンがメンデルの研究を知っていたら，彼らは共同研究によって今日ハーディ・ワインベルグの法則として知られる集団遺伝の考え方に到達し，自然選択説を証明していたかも知れません。メンデルの研究は，最初から確率論，進化論と結び付いていたのです。

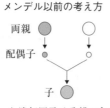

〈混ざった遺伝因子は分離できない〉

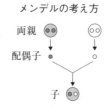

〈遺伝因子は分離して別々の生殖細胞に入る〉

⑵　モーガンの研究

　コレンス，チェルマク，ド・フリースによってメンデルの研究が再発見された２年後の1902年，昆虫の配偶子形成の過程を研究していた当時25歳の大学院生サットンは，減数分裂における染色体の動きとメンデルの考えた遺伝因子の挙動が完全に一致していることを示し，遺伝子は染色体上に存在すると主張しました。

　モーガンは，ショウジョウバエの突然変異体を数多く作りだし，サットンの推理が正しく，遺伝子が染色体上に一列に配列していることを証明しました。遺伝子は，メンデルが考えたようなバラバラに存在する粒子ではなく，一本の線上に数珠つなぎに存在していたのです。

　モーガンが研究した連鎖・組換えや伴性遺伝は，遺伝子が染色体上に並んでいると考えない限り説明困難です。突然変異を起こしたショウジョウバエの中に，唾腺染色体上の横縞が変化したものがあるのを見つけたことも，モーガンによる重要な発見です。「この遺伝子はこの横縞の中にある」という形で，遺伝子の染色体上の位置を特定できたのです。

　突然変異にはDNAの塩基の別の塩基への置換や塩基の欠失・挿入による遺伝子突然変異と，染色体の数の変化や染色体の部分的な構造変化による染色体突然変異があり，遺伝子突然変異は顕微鏡観察では確認できません。しかし，遺伝子が丸ごと失われるような染色体突然変異であれば，横縞の変化により，顕微鏡観察で確認できる場合があります。

メンデルの考えた遺伝因子
（1 対ずつ，別々に存在する）

モーガンの考えた遺伝子
（1 対の線上に並んで存在する）

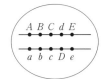

◇◇◇ ここが重要 !!! ◇◇◇◇◇◇◇◇◇◇◇◇◇◇◇◇◇◇◇◇◇◇◇◇◇◇◇◇◇◇◇◇◇◇◇

１．メンデルは両親の遺伝因子が絵の具のように混じり合うという混合説を否定し，遺伝現象を粒子状の因子の強弱・分離などの挙動によって説明した。

２．遺伝子を A, a などの記号によって表現することの背景には，粒子説がある。

３．サットンは減数分裂における染色体の挙動とメンデルが仮定した遺伝因子の挙動が一致することを示し，遺伝子が染色体上に存在すると主張した。

４．モーガンはショウジョウバエの連鎖，伴性遺伝などの研究を通じ，遺伝子が染色体上に数珠つなぎに配列していることを示す染色体地図を作成した。

次の文は，メンデルやモーガンの研究を出発点として，遺伝学の歴史について説明したものである。この文を読み，下記の問いに答えよ。

メンデルは，当時有力だった「遺伝因子は2種類の絵の具を混ぜるように子に伝わる」という考え方が誤りで，1対の ア 状の遺伝因子が親から子に渡り，その 1)強弱，2)分離などによって遺伝現象を説明できることを示した。しかし，メンデルの考えた遺伝因子は仮想的なものであり，細胞内の具体的な構造と関連付けられたものではない。

その後サットンは，メンデルの考えた遺伝因子の挙動が減数分裂における 3)染色体の挙動と一致することを指摘し，モーガンは，ショウジョウバエを用いて，連鎖が不完全な場合に生じる遺伝子の イ や，雌雄の子で分離比に違いが出る ウ 遺伝などについて研究し，遺伝子が染色体上に並んでいることを示した。

真核細胞の染色体において，DNA は エ というタンパク質に巻き付いた オ を構造単位として存在している。モーガンが示したように，遺伝子が染色体に存在する以上，その実体は DNA とタンパク質のどちらかと考えられるが，エイブリーは肺炎双球菌の カ の原因因子が DNA であることを示し，次いでハーシィとチェイスは放射性同位元素によってバクテリオファージの DNA とタンパク質を識別する方法を用い，バクテリオファージの DNA のみが大腸菌の細胞内に取り込まれ，生まれてきたバクテリオファージにこの DNA が伝わることを示した。遺伝子の本体は DNA の方だったのである。

遺伝子の機能に関しては，モーガンの元で研究していたビードルと生化学の研究をしていたテータムにより，1つの遺伝子は1つの酵素合成を通じて形質発現を支配すると考える キ 説が提唱されていたが，遺伝子の実体が不明であったため，遺伝子の機能の研究も遅れていた。

ある物質が遺伝子の本体であるといえるためには，その物質が2つの機能を兼ね備えている必要がある。その1つは自己複製の機能であり，もう1つは形質発現の機能である。

DNA は ク 構造の分子であり，分子内でアデニンと ケ ，グアニンと コ が塩基対を形成している。このことが明らかになって以来，自己複製の機能は，二本鎖の一本ずつの鎖から二本鎖 DNA ができるという形で行われると推定されていた。DNA の複製がこのような サ 的複製によることは，メセルソンとスタールの実験によって証明された。

形質発現の機能に関しては，ニーレンバーグらにより，mRNA の塩基3個（トリプレット）の配列である1つの シ が1つのアミノ酸を指定するという関係を示す遺伝暗号が解明され，DNA が 4)さまざまな生体分子の合成を通じ，生命活動全体を支配していることが明らかになった。

問1　文中の空欄　ア　～　シ　に適する語を答えよ。

問2　下線部1）の遺伝子発現の強弱関係を示すメンデルの遺伝法則について。

(1)　この遺伝法則の名称を答えよ。

(2)　この遺伝法則の内容を簡潔に説明せよ。ただし，説明文中では，次の語をすべて用いること。

　　　　対立遺伝子　　　純系　　　雑種第一代　　　表現型

問3　下線部2）の遺伝子の分離に関するメンデルの遺伝法則について。

(1)　この遺伝法則の名称を答えよ。

(2)　この遺伝法則の内容を簡潔に説明せよ。ただし，説明文中では，次の語をすべて用いること。

　　　　分離　　　生殖細胞　　　1対

問4　下線部3）の染色体について。原核生物は一般に細胞内に1分子の環状DNAを備え，それ自体を染色体とよぶこともあるが，真核細胞の染色体は文中で説明されているようなDNAとタンパク質からなり，複相（$2n$）の生物の細胞には，核内に1対の相同染色体が存在する。このような真核細胞の染色体を念頭に，遺伝子，ゲノムについて，それぞれの括弧内の4つずつの語を用いて説明せよ。ただし，ミトコンドリアや葉緑体に存在するDNAについて考慮する必要はない。

(1)　遺伝子　　　（染色体　　　DNA　　　転写　　　情報）

(2)　ゲノム　　　（染色体　　　DNA　　　遺伝子　　　n）

問5　下線部4）について。実際にDNAに保持されているのは，RNAの塩基配列の情報と，その翻訳によって合成されるタンパク質の情報だけであり，多糖類，脂質などの情報がDNA分子中に存在するとはいえない。それにもかかわらずこのような表現が可能な理由を簡潔に説明せよ。

② 遺伝法則が成立する理由

(1) 優性の法則（顕性の法則）と遺伝子産物の機能

　メンデルが研究したエンドウの「丸としわ」という対立形質は，マメでのデンプン合成酵素の機能の違いで生じることが分かっています（☞p.94　問題39）。優性の法則は，多くの場合，遺伝子産物の機能によって説明できます。

(a) 対立形質と優性形質（顕性形質）・劣性形質（潜性形質）

　丸としわのように，どちらか一方が現れる対立形質は，染色体上の同じ位置（遺伝子座）に存在する対立遺伝子によって支配されており，純系の両親（P）間の雑種第一代（F_1）では，対立形質のうちのどちらか一方が現れるという法則が優性の法則です。F_1で現れる形質が優性形質，現れない形質が劣性形質です。

(b) 遺伝子の機能と優性の法則

　「優性遺伝子産物は正常な機能をもち，劣性遺伝子産物は機能がない」という関係が，ほぼ成立します。なお，別個体のもつ遺伝子を，同じく遺伝子 A と表現する場合，それらの遺伝子産物は同じ機能をもっていますが，DNAの塩基配列や，タンパク質のアミノ酸配列まで完全に等しいとは限りません。塩基配列やアミノ酸配列が多少違っていても，遺伝子産物の機能が同じであれば，同じく遺伝子 A と表現します。

　遺伝子 a 産物に正常な機能がない原因はさまざまです。遺伝子自体の欠失，塩基の置換による酵素の活性部位の構造を決めるアミノ酸の変化，塩基の欠失や挿入によるコドンの読み枠の変化，遺伝子の調節領域の異常による遺伝子発現の停止など，さまざまな原因が考えられます。正常遺伝子 A に対する劣性遺伝子 a を変異の位置によって区別すると，a_1, a_2, a_3, a_4, a_5…が含まれます。遺伝子産物の機能の有無によって A か a かの２つに分けた。それが優性遺伝子と劣性遺伝子です。

(c) 酵素遺伝子と優性の法則

　「相同染色体の一方に正常な酵素遺伝子が存在すれば，酵素はあるので反応は進むから，両方の染色体に正常な酵素遺伝子が存在する場合と区別できない」という理解で十分ですが，より厳密には以下のとおりです。

　下記のような一連の反応によって物質R（赤色色素）が合成され，物質R以外の中間産物はすべて無色と仮定します。

物質Rの合成過程に関与する酵素と反応速度

物質1 $\xrightarrow{v_1}$ 物質2 $\xrightarrow{v_2}$ 物質3 $\xrightarrow{v_3}$ 物質4 $\xrightarrow{v_4}$ 物質5 $\xrightarrow{v_5}$ 物質6 … 物質R
（赤色色素）

　　酵素A　　酵素B　　酵素C　　酵素D　　酵素E

　酵素 A ～ E の基質親和性や最大反応速度は違いますが，反応に伴って特定の中間産物が増減せず，反応が安定して進行している状態では，すべての段階の反応速度は同じです（図1の関係より，$v_1 = v_2 = \cdots = v_5$）。この状態から酵素 C の量が半分に変化し，反応速度 v_3 が反応速度 v_2 の半分の状態に変化したと仮定します。物質3が増加しますが，物質3は酵素 C の基質なので，基質の増加によって v_3 も上昇します（図2の↗）。酵素反応速度が最大速度に達していない場合，反応速度が上昇する「余力」があるため，酵素量が半分になっても，元と同じ反応速度に戻れるのです。

図1　一連の反応系の中間産物の動的平衡

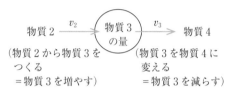

安定状態では $v_2 = v_3$ の関係が成立している。一時的に v_3 が遅くなって物質3が増えても，基質の増加は v_3 を上昇させ，物質3の量も安定する。

図2　律速酵素以外の酵素の基質濃度と反応速度

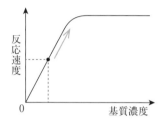

↗：基質濃度の上昇とともに，反応速度は上昇する。

　この関係は，反応系の中で最も遅い酵素については成立しません。遅い酵素の基質濃度は十分高く（仕事が遅いと仕事がたまるのと同じ），基質飽和の状態なので，基質濃度が上昇しても酵素量当たりの反応速度は変化しません（図3の→）。したがって，酵素量が半分になれば，その段階の反応速度は半分のままです。その結果次の酵素反応の基質が減少し，以後の段階の反応速度も順次低下し，結局最終産物は半分になります。

図3　律速酵素の反応速度と基質濃度の関係

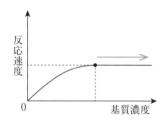

→：基質飽和の状態なので，基質濃度が上昇しても反応速度は上昇しない。

　反応系全体の速度は，最も遅い反応段階（律速段階）の反応速度と一致します。反応系全体の速度を決めているのは，最も遅い酵素である律速酵素です。
　一連の反応系の速度が律速酵素によって決定されていることが理解できれば，優性の法則が成立する理由も理解できます。正常な酵素遺伝子を1つだけもつヘテロ接合体の場合，酵素量は通常優性ホモ接合体の半分ですが，この酵素が律速酵素でなければ，ヘテロ接合体であっても，反応系全体の速度が大きく低下することはないのです。

律速酵素遺伝子のヘテロ接合体の場合，律速酵素の量が半分になると反応速度が半分になるため，最終産物である色素の量が半減し，赤い花が桃色になるような場合が出てきます。優性の法則に例外が多いのは，律速酵素では成立しないためです。

(d) 優性の法則のその他の例外

優性の法則が成立しない原因は，他にもあります。3つほど挙げてみましょう。

①細胞膜成分などの構造成分の遺伝子

細胞膜成分の遺伝子がヘテロ接合の場合，通常両方の対立遺伝子が発現し，型の違う物質が細胞膜に現れます。その代表例に，ABO式血液型があります。

ABO式血液型は，凝集原とよばれる赤血球表面の抗原決定基の型によって決まり，O型抗原（H抗原）に新たな物質を結合させる酵素の有無により，血液型が決まります。A遺伝子があればO型抗原にある物質が結合してA型抗原に変化し，B遺伝子があればO型抗原に別の物質が結合してB型抗原に変化します。

相同染色体の一方にA遺伝子，他方にB遺伝子が存在する場合，多数のO型抗原の一部にA遺伝子産物の酵素，一部にB遺伝子産物の酵素が作用し，A型抗原とB型抗原の両方ができます。A遺伝子やB遺伝子は酵素の情報がないO遺伝子に対して優性ですが，A遺伝子とB遺伝子の間に優劣関係はありません。

ごく稀にO型遺伝子をもたない人もおり，その場合，A型遺伝子やB型遺伝子があってもA，B遺伝子産物の酵素が作用するO型抗原が存在しないため，AやBの型物質ができません。これがO型と誤認されやすいボンベイ型とよばれる血液型です。

臓器移植の際に問題となるMHC（主要組織適合抗原複合体）も多数の対立遺伝子に優劣関係はなく，相同染色体に存在する型物質の遺伝子の両方が発現します。

②四次構造タンパク質の遺伝子

酵素が複数のペプチド鎖からなる四次構造タンパク質の場合，律速酵素でなくても優性の法則が成立しない場合があります。

劣性遺伝子産物は正常とは異なるアミノ酸配列のペプチド鎖の情報をもち，酵素は対立遺伝子産物であるペプチド鎖（サブユニット）4本からなり，4つのサブユニットのすべてが正常な場合にのみ，正常な機能をもつ酵素になると仮定します。

正常なペプチド鎖と正常でないペプチド鎖の情報をもつ遺伝子の発現量は等しく，4つのペプチド鎖が全く偶然に結合してタンパク質ができると仮定します。両方のペプチド鎖の存在確率はともに$\frac{1}{2}$なので，すべてのサブユニットが正常なタンパク質ができる確率は$\left(\frac{1}{2}\right)^4 = \frac{1}{16}$です。酵素活性が正常な場合の$\frac{1}{16}$まで低下すると，この酵素の反応速度が反応系で一番遅くなり，最終産物の量が減る場合が多くなります。

４つのサブユニットからなる四次構造タンパク質と対立遺伝子

正常な
サブユニット

正常でない
サブユニット

ランダムに集合

四次構造タンパク質とそれぞれの出現確率

$\dfrac{1}{16}$　$\dfrac{4}{16}$　$\dfrac{6}{16}$　$\dfrac{4}{16}$　　$\dfrac{1}{16}$

機能ナシ　　　　機能
　　　　　　　　アリ

③単相（n）で機能する遺伝子

　　優性の法則は，１対の対立遺伝子をもつ二倍体（$2n$）の生物における法則であり，アカパンカビなどの菌類の多く，細菌などの一倍体（n）の生物の場合，１対の対立遺伝子型自体が存在しないため，遺伝子型がそのまま表現型として現れます。

　　二倍体の真核生物でも，ミトコンドリアや葉緑体は，卵細胞のみから子に伝わります。したがって，ミトコンドリア，葉緑体DNA中の遺伝子については常に母親由来ということになり，一倍体と同様の遺伝様式になります（☞p.66，73）。

　　二倍体の核内遺伝子の発現による形質であっても，ゲノム刷り込みという現象が見られる遺伝子は，母親から，または父親からもらった遺伝子だけが発現します。母親から受け取った遺伝子が発現する刷り込みがなされている場合，母親からa，父親からAを受け取っていれば，遺伝子型がAaでも，表現型は［a］です（☞p.68）。

　　X，Z染色体上の遺伝子による伴性遺伝も，一方の性では一倍体と同様の遺伝様式になる例です。ヒトなどのXY型では，男子はX染色体を母親のみから受け取るため，X染色体上の遺伝子については一倍体であり，母親から受け取った遺伝子型がそのまま表現型に現れます（☞p.38）。

◇◇◇　ここが重要 !!! ◇◇◇◇◇◇◇◇◇◇◇◇◇◇◇◇◇◇◇◇◇◇◇◇◇◇◇◇◇◇◇◇◇◇◇◇◇◇

１．同じ遺伝子座に存在する遺伝子が対立遺伝子。

２．遺伝形質のうち，雑種第一代で発現するのが優性形質，発現しないのが劣性形質。

３．遺伝子領域の塩基配列には，個人ごとに多少の違い（多型）があるが，通常機能をもつ遺伝子が優性遺伝子，機能をもたない遺伝子が劣性遺伝子。

４．一連の反応系で最も遅い酵素遺伝子では，優性の法則が成立しない場合が多い。

５．膜タンパク質の遺伝子，複数のサブユニットからなる酵素遺伝子などでも，優性の法則が成立しない場合が多い。

６．一倍体（n）の生物や，XY型性決定の雄のX染色体上の遺伝子など，対立関係にある２つの遺伝子が存在しない場合，遺伝子型がそのまま表現型に現れる。

2 レベル **B**　遺伝子産物が以下の特徴を示す対立遺伝子 *A*, *B* について，ヘテロ接合で その遺伝子の特徴が現れる場合を優性，現れない場合を劣性とする。以下 の(1)〜(4)では，それぞれ *A*, *B* のどちらが優性遺伝子か。*A* が優性遺伝子の場合は A, *B* が優性遺伝子の場合は B，優劣関係がない場合は△と答えよ。ただし，機能をもつ遺伝 子産物の場合，遺伝子が相同染色体の一方のみに存在するだけで，その機能が現れるのに 十分な量の遺伝子産物ができ，過剰発現の場合，対立遺伝子の一方だけが過剰発現の遺伝 子であれば，遺伝子産物は十分過剰になる。ゲノム刷り込みなどの特殊な遺伝様式は考慮 しなくてよい。

(1)　*A*：正常な活性を示す酵素の遺伝子　　　*B*：活性が失われた酵素の遺伝子

(2)　細胞表面に存在し，自己と非自己の識別に関与する膜タンパク質の遺伝子について，

　　　A：ある型の膜タンパク質の遺伝子

　　　B：*A* とは異なる型の膜タンパク質の遺伝子

(3)　*A*：正常な細胞分裂促進因子の遺伝子

　　　B：機能が過剰になった細胞分裂促進因子の遺伝子

(4)　*A*：細胞の異常な増殖を抑制する機能をもつ物質の遺伝子

　　　B：*A* の機能が失われた対立遺伝子

【ヒント】

　文中の説明を元に，両方の遺伝子産物が同量存在した場合，どちらの遺伝子の特徴が現 れるかを考える。

3 レベル **B**　突然変異にはさまざまな種類があるが，酵素 A の情報をもつ優性遺伝子 *A* のホモ接合体 *AA* の真核細胞において，遺伝子 *A* の一方に次のような 変化が生じたと仮定する。遺伝子の機能に注目した場合，それぞれの変化のうち，優性遺 伝子 *A* が優性遺伝子 *A* のまま変化していないものは A，劣性遺伝子への変化と見なせる ものは a，A や a とは異なる優性遺伝子への変化と見なせるものは B と答えよ。

(1)　遺伝子 *A* のプロモーター領域の塩基配列が変化し，基本転写因子が結合できなくなっ た。

(2)　酵素 A の活性部位のアミノ酸を指定する塩基が 1 個だけ別の塩基に変化し，同じ基 質を別の物質に変化させる反応を触媒する酵素の遺伝子に変化した。

(3)　酵素 A の活性部位のアミノ酸を指定する塩基が 1 個欠失し，触媒機能をもたない物 質の遺伝子に変化した。

(4)　遺伝子 *A* の 1 つのイントロンの中央付近の塩基配列が変化した。

(5) 染色体突然変異により，遺伝子 A が失われた。

≡【ヒント】≡
　変異を起こした遺伝子産物が，元と同じ機能をもつか，機能を失ったか，別の機能をもつようになったかを考える。

 ABO 式血液型に関して，下記の問いに答えよ。

問1　次の血液型の両親の組み合わせから生まれる子の血液型として可能性のあるものをすべて答えよ。

(1) AB 型 × AB 型　　(2) AB 型 × O 型　　(3) O 型 × O 型　　(4) A 型 × B 型

問2　右の図は，ある家系の ABO 式血液型を示したものである。この家系図を元に，下記の問いに答えよ。ただし，○は女性，□は男性であることを示す。

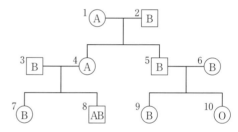

(1) 図中において，遺伝子型が特定できる人をすべて選び，その番号と遺伝子型を答えよ。

(2) 男子 3 の遺伝子型は，第三子としてある血液型の子が生まれることで確定する場合がある。どのような血液型の子が生まれればどう確定するか。2つの場合を答えよ。

≡【ヒント】≡
　ABO 式血液型のしくみについては p.8 を参照。A 型と B 型の遺伝子型が AA，BB などのホモか，AO，BO などのヘテロかが問題。ホモであれば出現するはずのない遺伝子型の子が出現していれば，ヘテロと考えられる。

(2) 分離・独立の法則と染色体の挙動

(a) 分離の法則 ── 相同染色体上の１対の対立遺伝子に注目した場合

分離の法則とは，１対の対立遺伝子は分離して別々の生殖細胞に入るという法則です。この法則が成立する理由は，減数分裂における相同染色体の挙動によって説明できます。

遺伝子型 Aa とは，両親から１本ずつ受け取った相同染色体の一方に遺伝子 A，他方に遺伝子 a が存在する状態です。図１のように，染色体DNAは細胞周期のＳ期に複製され，分裂期の染色体を構成する１対の姉妹染色分体の中には，１分子ずつのDNAが存在します。

図２の体細胞分裂では，染色体は分裂期に赤道面に並び，縦裂面で分離して別々の細胞に入ります。分裂後の２つの細胞には，全く同じ遺伝子を含む染色体が分配されます。

図３の減数分裂では，相同染色体が対合した二価染色体が形成された後，第一分裂で相同染色体が対合面で分離し，第二分裂では染色体が縦裂面で分離します。

細胞周期の各時期の染色体と遺伝子の関係
（遺伝子型 Aa とし，●は遺伝子 A，○は遺伝子 a のある位置をあらわす）

図１　間期の染色体とDNA合成

S期
（DNA合成）

G₁期の染色体　　　　　　　　　G₂期の染色体

（実際ははるかに長い。はっきり見えないため，点線でおおわれた形で表現している）

図２　体細胞分裂での染色体の分配

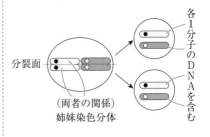

分裂面

各１分子のDNAを含む

（両者の関係）
姉妹染色分体

図３　減数分裂での染色体の分配

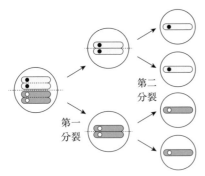

第二分裂

第一分裂

（注）分裂期における染色体は，本来下図の左のような形だが，右図のように模式的に表現する。

体細胞分裂時に見られる染色体

減数分裂時に見られる二価染色体

（実際に近い図）　　　（模式化した図）

　　Aa の細胞の減数分裂では，第一分裂で A を2個もつ細胞と a を2個もつ細胞ができ，第二分裂で A をもつ細胞と a をもつ細胞が2個ずつできます。動物の卵母細胞や植物の胚のう母細胞の減数分裂では，卵細胞や胚のう細胞は1個ずつしかできませんが，多数の細胞の分裂により，A をもつ細胞と a をもつ細胞がほぼ半分ずつできます。

　　分離の法則は減数分裂を遺伝法則の形で表現したもので，核内遺伝子については例外なく成立します。ミトコンドリアや葉緑体 DNA 中の遺伝子は卵細胞の細胞質のみを通じて子に伝わるため，分離の法則は成立しません。

(b)　独立の法則 ── 異なる染色体上の2対の対立遺伝子に注目した場合

　　独立の法則は，2対の遺伝子は互いに無関係に遺伝するということを示し，メンデルの三法則のうち，最も例外の多い法則です。この法則が成立する理由を，異なる染色体上の2対の対立遺伝子 $A(a)$ と $B(b)$ に注目して考えてみましょう。

　　減数分裂の結果，各細胞に相同染色体のどちらが入るかは，全くの偶然です。図4のように A を上，a を下に固定して B，b との位置関係を考えると，①と②の分裂が同確率で起こります。①と②の結果を合計すると，$AaBb$ のつくる多数の配偶子は，AB：Ab：aB：$ab = 1 : 1 : 1 : 1$ $(AB + Ab + aB + ab)$ になります。

　　この結果は，Aa が A と a，Bb が B と b に互いに無関係に分かれた結果である $(A + a)(B + b)$ の式展開の結果と一致しており，独立の法則が成立していることを示しています。この点は，確率論を踏まえ，後で詳しく説明します（☞ p.25）。

図4　$AaBb$ の減数分裂に伴う，異なる染色体上の遺伝子 $A(a)$ と $B(b)$ の挙動

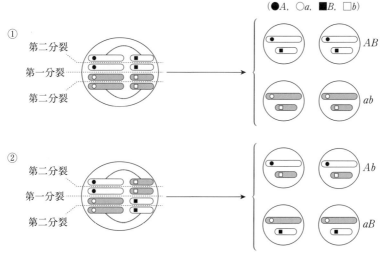

分裂の結果生じるすべての細胞を合計すると，$AB : Ab : aB : ab = 1 : 1 : 1 : 1$ になる

(c) 連鎖と組換え ── 同一染色体上の2対の対立遺伝子に注目した場合

図5は，遺伝子 $A(a)$ と $B(b)$ が同一染色体上に存在すると仮定して，P $= AABB \times$ $aabb$ の交配で生まれた F$_1$ $= AaBb$ での減数分裂を表現したものです。

図5　連鎖に伴う遺伝子の分配（P $= AABB \times aabb$ の F$_1$ の減数分裂の場合）

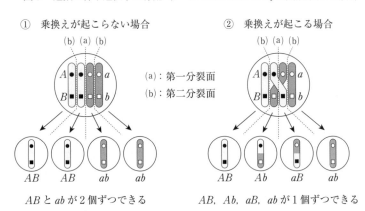

① のみが起こるのが完全連鎖（配偶子比は $AB:ab = 1:1$）。① と ② の両方が起こるのが不完全連鎖。① が起こる分だけ AB と ab の割合が大きくなるため，①，② の両方が起こる不完全連鎖における配偶子比は $AB:Ab:aB:ab = n:1:1:n(n>1)$ になる。P の組み合わせが $AABB \times aabb$ でなく，$AAbb \times aaBB$ であれば，F$_1$ がつくる配偶子比の場合，完全連鎖で $Ab:aB = 1:1$，不完全連鎖で $AB:Ab:aB:ab = 1:n:n:1$ になる。

図5の例では，F$_1$ $AaBb$ は両親から A と B が存在する染色体と a と b が存在する染色体を受け取っているため，図5①のような形で減数分裂が起こると，この細胞からは AB が存在する生殖細胞2個と，ab が存在する生殖細胞2個ができます。このような遺伝子の組み合わせしか生じないのが完全連鎖です。

ある細胞で，図5②のような染色体の乗換えが起こったと仮定します。この細胞の減数分裂で生じる4つの細胞の遺伝子型は AB，Ab，aB，ab になります。

①のような細胞と②のような細胞が半分ずつ存在すると仮定して，減数分裂で生じる細胞の合計について考えてみましょう。①，②ともに，1個の細胞から4個の細胞が生じるため，①からは AB と ab が2個ずつ，②からは AB，Ab，aB，ab が1個ずつ生じます。これらの合計は，$(2AB + 2ab) + (AB + Ab + aB + ab)$ より，$AB:Ab:aB:ab$ $= 3:1:1:3$ になります。つまり，独立遺伝の場合と異なり，連鎖の場合，4種類の配偶子（AB, Ab, aB, ab）の割合は等しくなりません。

図5の例では，F$_1$ の両親が $AABB$ と $aabb$ なので，F$_1$ は両親から AB と ab を受け取っ

ており，AB と ab の配偶子が多くなります。仮に F_1 の両親が $AAbb$ と $aaBB$ の場合，F_1 は両親から Ab と aB を受け取っているため，Ab と aB の配偶子が多くなり，配偶子比は $AB : Ab : aB : ab = 1 : 3 : 3 : 1$ のような形になります。

　ヒトの場合，23本の染色体に約2万個の遺伝子が存在します。平均して染色体1本に千個弱の遺伝子が存在するため，各遺伝子は約千個の遺伝子と連鎖し，残りの遺伝子とは独立の関係にあるということになります。

　なお，同一染色体上でも，独立の法則が成立しているように見えることもあります。染色体の両端のような離れた位置にある遺伝子の間では乗換えが何度も起こります。その結果，配偶子に存在する遺伝子の組み合わせは，両親の遺伝子の組み合わせと無関係になってしまうのです。実際，メンデルが独立の法則が成立する例として挙げたものの中にも，同一染色体上の離れた位置の遺伝子の組み合わせが含まれていました。

◇◇◇ **ここが重要 *!!!*** ◇◇◇◇◇◇◇◇◇◇◇◇◇◇◇◇◇◇◇◇◇◇◇◇◇◇◇◇

1．体細胞分裂では，半保存的複製で生じた DNA 分子が1分子ずつ細胞に分配されるため，1つの細胞から全く同じ遺伝子をもつ細胞が2個生じる。

2．減数分裂時の相同染色体の対合と分離により，Aa が減数分裂すると，A をもつ細胞と a をもつ細胞が半分ずつできる。これを遺伝法則で表現したのが分離の法則。真核細胞の核内遺伝子について成立する。

3．独立の法則は，別々の対立遺伝子は互いに無関係に分離することを表現しており，異なる染色体上の遺伝子について成立する。この法則は，別々の二価染色体は互いに無関係に分離することに対応している。

4．連鎖とは，減数分裂の際に同一染色体上の遺伝子が伴って分離する現象のことで，連鎖している遺伝子については，独立の法則は成立しない。

5．連鎖は完全でない場合が多く，不完全連鎖の場合，両親から受け取ったものと異なる遺伝子の組み合わせの配偶子もできる。染色体上の遺伝子の位置が近ければ，両親と同じ遺伝子の組み合わせの配偶子の割合が高くなり，両親のいずれとも異なる遺伝子の組み合わせの配偶子の割合が低くなる。

右の図は，遺伝子型 Aa の分裂期の細胞に存在する1つの染色体を模式的に示したものである。この模式図において，点線で仕切られた上下は1つの染色体を構成する1対の姉妹染色分体を示し，染色体の中にある縦の実線は動原体，染色体の中にある●は，遺伝子 A の位置を示している。

この染色体およびこの染色体と相同な染色体が，(1)〜(3)の時期の細胞内でどのような形で存在しているかを描け。ただし，姉妹染色分体の間の乗換えは起こらないものとし，遺伝子 A の位置に●，遺伝子 a の位置に○を記入すること。なお，複数の図が考えられる場合，そのうちの1つを描けばよい。

(1) 体細胞分裂中期　　　(2) 減数第一分裂中期　　　(3) 減数第二分裂中期

════【ヒント】════════════════════════════════

体細胞分裂と減数分裂の際，相同染色体がどのような位置関係で並んで分裂するかを考える。

6 レベルA 次の図は，$2n = 4$ の仮想生物について，遺伝子型 $AABBCC$ の雌と遺伝子型 $aabbcc$ の雄を両親とする遺伝子型 $AaBbCc$ の細胞の，体細胞分裂の中期に見られる染色体を模式的に示したものである。この模式図において，灰色に描いた染色体は雌親由来，白く描いた染色体は雄親由来であることを示している。

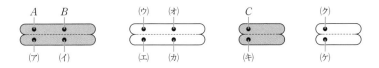

問1　図中の(ア)〜(ケ)にはこれらの遺伝子のうちのどれかが存在する。それぞれの位置に存在すると考えられる遺伝子を遺伝子記号で答えよ。

問2　これらの遺伝子について，次の関係にある2つずつの遺伝子の組み合わせをすべて答えよ。ただし，遺伝子記号は小文字のみを用いて答えよ。

(1)　独立の関係にある

(2)　連鎖している

問3　この生物が減数分裂を行った場合に生じる細胞の遺伝子型の種類として考えられる組み合わせをすべて挙げよ。ただし，乗換えは起こらないものとし，例えば1つの母細胞の減数分裂によって4種類の遺伝子型の細胞が生じると考えた場合，それら4種類を $[AbC，ABc，aBC，abc]$ のように $[\quad]$ でくくってまとめて答えよ。

≡【ヒント】≡

　同じ染色体に遺伝子座が存在するのが連鎖，異なる染色体に遺伝子座が存在するのが独立と考えてよい。問3では乗換えが起こらないという前提なので，同じ染色体上の遺伝子は常に伴って移動する。異なる染色体の場合，減数分裂の際に染色体は互いに無関係に対合し，その後分離するため，相同染色体の位置関係は2通り考えられる。

II
遺伝計算の方法

① 遺伝計算の前提となる確率論

確率論を踏まえて遺伝計算を行う方法には，次のような利点があります。

1．計算がすばやく，容易にできる

$4 \times 4 = 16$ 個の碁盤の目を埋めるやり方の場合，20 回ほどの計算が必要ですが，確率論を基礎にすれば，5 回ほどの計算で終わります。

2．答えの意味が理解できる

答えの意味が分かっていないと，計算間違いをしたときに気づくことができません。数値の意味を理解していれば，間違えるとおかしいと気づき，直せます。

まず，以下の考え方を常に意識し，使いこなせるようになって下さい。

(1) 余事象と排反事象〈横に並べるもの〉

余事象とは，「A」に対する「A でない」事象のことです。A の確率が p，A でない確率が q とすると，$p + q = 1$ という式が成立します。合計 1 は，どちらか一方が必ず起こるということです。

排反事象とは，両方の事象が同時には起こらないという関係です。サイコロで 1 の目と 6 の目が同時に出ることはありませんし，表現型［A］と表現型［a］が同時に現れることはありません。したがってこれらの事象は互いに排反事象です。

図1　排反・余事象の正方形による表現

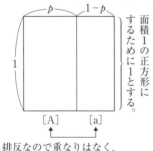

排反なので重なりはなく，
余事象なので隙間はなく合計 1。

確率は，面積 1 の正方形で考えると理解しやすくなります。図 1 は事象［A］，［a］の起こる確率がそれぞれ p，$1-p$ であることを示す図です。排反事象なので［A］と［a］に重なりがなく，互いに余事象なので合計 1 です。

この関係は，長さ 1 の線分で表現することもできますが，縦を 1 として，常に正方形の面積で考えることにします。

(2)　独立事象と確率の積の法則（確率の乗法定理）〈縦横に置くもの〉

　独立とは，互いに無関係に起こるという関係です。2つ（以上）の事象が独立事象の場合，それらが同時に起こる確率は，各事象が起こる確率の積になります。

　「右手のサイコロの目が3の倍数で，左手のコインが表になる確率」を問われたら，$\frac{1}{3} \times \frac{1}{2} = \frac{1}{6}$ と答えるでしょう。これは，サイコロの6通りの目の出方は同様に確からしく，コインの表と裏の出方も同様に確からしいことを前提とし，サイコロの目とコインの表裏が独立事象なので，確率の積の法則を用いて計算したものです（図2）。

図2　独立事象の正方形による表現

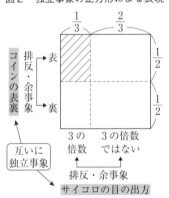

　独立事象が同時に起こる確率は，図1と同様に排反事象を横に並べた上でその事象と独立の関係にある事象を縦に並べることで，正方形の中で表現できます（図2）。

　確率を縦横1の正方形の中の面積で表現できるのは，図1のような1組の排反事象と図2のような2組の独立事象の場合だけで，3組（以上）の独立事象は正方形では表現できません。その場合，単に計算で処理します（☞p.27）。

(3)　事象のその他の関係

　独立とは異なる関係に，必ず同時に起こる従属関係や，関連性のある相関関係があります。相関関係とは，一方が起こると他方も同時に起こりやすい（正の相関）または同時には起こりにくい（負の相関）関係です。「雨が降っている」という事象と「歩いている人が傘をさしている」という事象は相関性が高いですが，従属事象ではありません。2対の対立遺伝子に関して，完全連鎖は従属事象，不完全連鎖は相関性が高い事象です（☞p.30）。

◇◇◇ ここが重要 !!! ◇◇◇◇◇◇◇◇◇◇◇◇◇◇◇◇◇◇◇◇◇◇◇◇◇◇◇◇

　1．「A」に対する「A でない」が余事象，同時に起こらないのが排反事象。横に並べる。

　2．AとBが無関係に起これば，AとBは独立事象。縦横に置く。

　3．独立事象が同時に起こる確率は，縦横1の正方形の中の面積として求められる。

　4．A が起こると必ず B が起こる場合，B は A の従属事象。

　5．AとBが同時に起こりやすいのが正の相関，同時に起こりにくいのが負の相関。

② 一遺伝子雑種と確率法則

(1) 優性の法則と検定交雑

優性の法則は，P $= AA \times aa$ の交配による F_1（雑種第一代）である Aa の表現型が，遺伝子型 AA のPと同じ，表現型 [A] になることを示していました。

[A] の遺伝子型が AA か Aa かは，劣性ホモ aa との交配で確認できます。AA と aa の交配結果は F_1 と同じで，遺伝子型は Aa，表現型は [A] です。Aa と aa の交配結果は，正方形の図で考えてみましょう（図1）。

図1 F_1 Aa の検定交雑

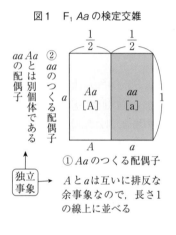

① Aa のつくる配偶子

A と a は互いに排反な余事象なので，長さ1の線上に並べる

Aa は確率 $\frac{1}{2}$ ずつで A, a の配偶子をつくります。

両者は互いに排反な余事象なので，長さ1の横線の中に記入します（図1の①）。

この個体と交配する aa は，確率1で配偶子 a をつくります。雌雄の配偶子形成は独立事象ですから，配偶子 a は，長さ1の縦線で表現します（図1の②）。

この正方形は，次世代では確率 $\frac{1}{2}$ ずつで Aa（[A]）と aa（[a]）が生まれることを表現しています。

劣性ホモと交配すると遺伝子型が分かるため，この交配は検定交雑とよばれます（図2）。

図2 検定交雑（×aa）

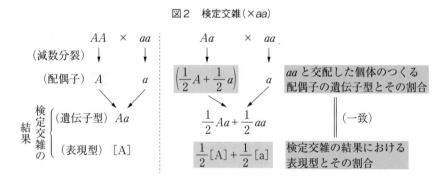

(2) 分離の法則と F₂ の分離比

次に，$F_1(Aa)$ 同士の交配で F_2 をつくる場合を考えてみましょう。

図3 F₁×F₁(F₂)の分離比

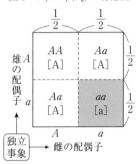

雌雄の配偶子形成は独立事象なので，縦横に書きます。

雌雄がつくる配偶子とその確率はともに A, a が $\frac{1}{2}$ ずつなので，図3のように縦横を $\frac{1}{2}$ ずつに区切ります。

図3より，F_2 で表現型［a］（遺伝子型 aa）の個体が生じる確率は，$\frac{1}{2} \times \frac{1}{2} = \frac{1}{4}$，表現型［a］に対する余事象である表現型［A］になる確率は，$1 - \frac{1}{4} = \frac{3}{4}$ です。

配偶子 A と a のどちらができるかは排反な余事象なので長さ1の線上に並べたこと，雌雄の配偶子形成は別々に起こる独立事象なので縦横に置いたことを確認して下さい。

(3) 自家受精の繰り返し

自家受精とは，同じ遺伝子型の個体同士の間のみで交配を行うことです。まず，(2)で得た一遺伝子雑種 F_2 を更に自家受精させ，F_3 をつくる場合を考えましょう（図4）。

図4 F₂の自家受精による F₃

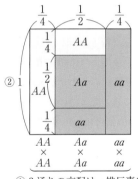

① 3通りの交配は，排反事象

F_2 には AA, Aa, aa の個体が順に $\frac{1}{4}$, $\frac{1}{2}$, $\frac{1}{4}$ の割合で含まれるため，F_2 の自家受精とは，$AA \times AA$, $Aa \times Aa$, $aa \times aa$ の交配を，順に $\frac{1}{4}$, $\frac{1}{2}$, $\frac{1}{4}$ の割合で実行するということです。まず，これらの交配は互いに排反なので横に並べます（図4の①）。縦は面積を1にするために1とし（図4の②），3通りの交配のそれぞれについて，生まれる子の遺伝子型とその割合を図に書き込みます。図4が描ければ，各遺伝子型とその割合は，次のように計算できます。

$$AA : \frac{1}{4} \times 1 + \frac{1}{2} \times \frac{1}{4} = \frac{3}{8} \qquad Aa : \frac{1}{2} \times \frac{1}{2} = \frac{1}{4} \qquad aa : \frac{1}{2} \times \frac{1}{4} + \frac{1}{4} \times 1 = \frac{3}{8}$$

ヘテロ接合体 Aa が生まれるのは，ヘテロ接合体の自家受精の結果のうちの $\frac{1}{2}$ だけなので，自家受精を繰り返すと，ヘテロ接合体の割合は半減してゆきます。

⑷　自由交配（ランダム交配）

　自家受精は同じ遺伝子型同士の交配だけを行うことでした。すべての遺伝子型の組み合わせの交配が偶然に起こるのが自由交配です。図3の$F_1 \times F_1$の交配で得られたF_2には，AA，Aa，aa がそれぞれ $\frac{1}{4}$，$\frac{1}{2}$，$\frac{1}{4}$ の割合で含まれます。この集団で自由交配を行うということは，雌雄のすべての遺伝子型の組み合わせについて，全くの偶然に基づいて交配を行うということです。雌雄それぞれに互いに排反な3通りの遺伝子型があり，かつ，雄の遺伝子型と雌の遺伝子型は独立事象です。したがって，雌雄の遺伝子型を縦横に置くやり方ですと，正方形を図5のように区切り，

図5　自由交配の，遺伝子型の組み合わせによる表現（良い方法ではない）

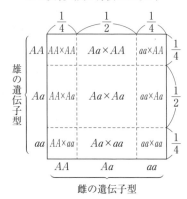

3×3＝9通りの交配を実行し，それらの結果を合計したものが自由交配の結果

9通りすべての組み合わせの交配で生まれる子の割合を計算し，それらを合計するという，面倒な手順を踏まなくてはいけません（図5では9通りの雌雄の組み合わせのみを示しており，生まれる子の割合は示していません）。このやり方はお勧めしません。

　自由交配の場合，まず，雌雄それぞれについて，多数の個体がつくる配偶子とその割合を求め，次いで，それらを独立事象として縦横に置くことで，ずっと楽に計算できます。

　たとえば，沢山の雌の魚が卵を放出し，そこに多数の雄の魚が精子をかける様子を想像して下さい。どの雌の個体が放出した卵とどの雄の個体が放出した精子の組み合わせで受精卵ができるかは偶然であり，それが自由交配ということです。魚のように卵・精子を放出する生物でなくても，数が多ければあらゆる遺伝子型の配偶子の組み合わせが全くの偶然によって起こると見なせるため，多数の魚の受精と同じように考えてよいのです。

図6　F_2集団の遺伝子型と配偶子の割合

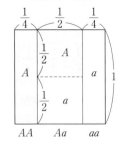

　F_2集団の配偶子とその割合は，F_2集団中の個体の遺伝子型とその割合から，次のように求めることができます（図6）。

　まず，遺伝子型とその割合から，配偶子とその割合を求めます。遺伝子型 AA，Aa，aa の他に遺伝子型はないため，これらは互いに排反事象で，合計1です。減数分裂の結果，AA からは確率1で配偶子 A ができ，Aa からは確率 $\frac{1}{2}$ ずつで配

偶子 A と a, 遺伝子型 aa からは確率1で配偶子 a ができます。図6はこの関係を縦軸を1として正方形で表現したもので, 下の計算は, 図6から配偶子とその割合を求めたものです。

$$A : \frac{1}{4} \times 1 + \frac{1}{2} \times \frac{1}{2} = \frac{1}{2} \qquad a : \frac{1}{2} \times \frac{1}{2} + \frac{1}{4} \times 1 = \frac{1}{2}$$

次に, この配偶子とその割合を元に, 自由交配の結果を求めます（図7）。

図7 F$_2$集団での自由交配

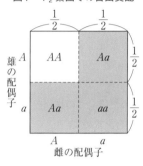

雌雄の配偶子形成は独立事象ですから, 縦横に置きます。

雌雄の配偶子とその割合は A, a ともに $\frac{1}{2}$ ですから, $\frac{1}{2}$ ずつで区切ります。この結果から, 次世代の遺伝子型とその割合は, 次のとおりです。

$$AA : \frac{1}{2} \times \frac{1}{2} = \frac{1}{4}$$

$$Aa : \frac{1}{2} \times \frac{1}{2} + \frac{1}{2} \times \frac{1}{2} = \frac{1}{2}$$

$$aa : \frac{1}{2} \times \frac{1}{2} = \frac{1}{4}$$

この結果を数式によって表現すると, 下記のようになります。

$$\left(\frac{1}{2}A + \frac{1}{2}a \right) \times \left(\frac{1}{2}A + \frac{1}{2}a \right) = \frac{1}{4}AA + \frac{1}{2}Aa + \frac{1}{4}aa$$

◇◇◇ ここが重要 !!! ◇◇◇◇◇◇◇◇◇◇◇◇◇◇◇◇◇◇◇◇◇◇◇◇◇◇◇◇◇◇◇◇◇◇◇◇◇◇

1. 優性ホモ接合体とヘテロ接合体は, 検定交雑（×劣性ホモ）で識別でき, 検定交雑の結果の表現型の分離比は, 劣性ホモと交配した個体の配偶子比と一致する。

2. 分離の法則は, Aa が確率 $\frac{1}{2}$ ずつで配偶子 A, a をつくることを表現したもの。

3. 同じ遺伝子型同士のみの交配が自家受精。自家受精を繰り返すと, ヘテロ接合体の割合は半減していく。

4. 自由交配の結果は, 次の二段階の手順で求めるのが最も一般的。

  まず, 雌雄の遺伝子型を元に, 雌雄の配偶子とその割合を求める。次に, 雌雄の配偶子形成は独立事象なので縦横に置き, 次世代の遺伝子型とその割合を求める。

$\mathrm{P}:AA \times aa$ からの自家受精の繰り返しによる $\mathrm{F_3}$ では，遺伝子型 AA, Aa, aa の個体がそれぞれ $\dfrac{3}{8}$, $\dfrac{1}{4}$, $\dfrac{3}{8}$ の割合で現れる。これを前提として，下記の問いに答えよ。ただし，解答は既約分数の形で表現すること。

問1　$\mathrm{F_3}$ の自家受精による $\mathrm{F_4}$ における AA, Aa, aa の割合を求めよ。

問2　$\mathrm{F_3}$ 集団全体で自由交配を行った場合，次世代の AA, Aa, aa の割合を求めよ。

問3　$\mathrm{F_3}$ 集団から表現型 [A] の個体のみを集め，この集団内で自家受精を行った。その結果得られた集団でのヘテロ接合体 Aa の割合を求めよ。

問4　問3と同様に $\mathrm{F_3}$ 集団から表現型 [A] の個体のみを集めた後，すべての個体に劣性ホモ aa の個体を交配した。その結果得られた集団での表現型 [A] の個体の割合を求めよ。

問5　問3と同様に $\mathrm{F_3}$ 集団から表現型 [A] の個体のみを集めた後，この集団内で自由に交配させた。その結果得られた集団での AA, Aa, aa の割合を求めよ。

═══【ヒント】═══════════════════
1．検定交雑の結果は，配偶子とその割合と一致している。
2．自家受精では，3通りの遺伝子型の組み合わせは互いに排反なので横に並べ，縦を1として面積を求める。
3．自由交配では，3通りの遺伝子型は互いに排反なので，まず，集団における各遺伝子型とその割合から配偶子とその割合を求める。次に，雌雄の配偶子とその割合を縦横に並べて交配結果を計算する。

③　独立の法則と二遺伝子雑種

(1)　独立二遺伝子雑種の分離比計算

　独立の法則とは，異なる対立遺伝子の挙動は互いに無関係，独立事象であるということです。この法則は常に成立するものではなく，減数分裂の際に互いに無関係に分離する別々の染色体上の遺伝子の間などで成立します。

　一遺伝子雑種の計算の際には，雌雄の配偶子形成が独立事象なので，雌雄のつくる配偶子とその割合を正方形の縦横に置きました。独立二遺伝子雑種でこのようなやり方をすると，正方形を最大 $4 \times 4 = 16$ の領域に分ける必要があり，大変繁雑になります。

　雌雄の配偶子形成だけでなく，異なる染色体上の対立遺伝子の挙動も独立事象であるということは，これらを縦横に置けるということです。このように置くと，二遺伝子雑種の交配結果は，遺伝子型で最大 $3 \times 3 = 9$ つの領域，表現型で最大 $2 \times 2 = 4$ つの領域に分けるだけで表現できます。

　図1，2は2対の独立な対立遺伝子 $A(a)$ と $B(b)$ に関する $AaBb \times AaBb$ の交配結果を，面積1の正方形の中で表現したものです。

　$Aa \times Aa$ と $Bb \times Bb$ は独立事象なので，$Aa \times Aa$ の結果の遺伝子型や表現型とその割合を横に並べ，$Bb \times Bb$ の結果の遺伝子型や表現型とその割合を縦に並べます。

図1　独立二遺伝子雑種 F_2 の遺伝子型とその割合

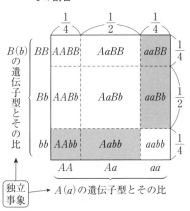

図2　二遺伝子雑種 F_2 の表現型とその割合

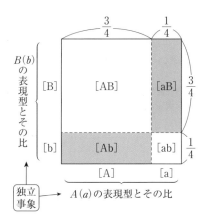

図3 図1，図2の結果の，式の展開による表現

P　　　　　　　　　$AABB$　　　　×　　　　$aabb$

（減数分裂）↓　　　　　　　　　　　↓

配偶子　　　　　　　AB　　　　　　　　ab

F_1　　　　　　　　$AaBb$　　　　×　　　　$AaBb$

（減数分裂）↓　　　　　　　　　　　↓

配偶子　　　$\left(\dfrac{1}{2}A+\dfrac{1}{2}a\right)\left(\dfrac{1}{2}B+\dfrac{1}{2}b\right)$　$\left(\dfrac{1}{2}A+\dfrac{1}{2}a\right)\left(\dfrac{1}{2}B+\dfrac{1}{2}b\right)$

F_2の遺伝子型　$\left(\dfrac{1}{4}AA+\dfrac{1}{2}Aa+\dfrac{1}{4}aa\right)\left(\dfrac{1}{4}BB+\dfrac{1}{2}Bb+\dfrac{1}{4}bb\right)$　…図1

F_2の表現型　　$\left(\dfrac{3}{4}[A]+\dfrac{1}{4}[a]\right)\left(\dfrac{3}{4}[B]+\dfrac{1}{4}[b]\right)$　…図2

例えば表現型[Ab]になる確率だけを知りたい場合，次のように計算します。

[A]が生じる確率は$\dfrac{3}{4}$，[b]が生じる確率は$\dfrac{1}{4}$であり，これらの事象は独立事象であるから，確率の積の法則より，$\dfrac{3}{4}\times\dfrac{1}{4}=\dfrac{3}{16}$（答）

F_1（$AaBb$）の両親Pが$AABB\times aabb$でなく，$AAbb\times aaBB$でも同じです。対立遺伝子が異なる染色体に存在し，無関係に動く以上，対立遺伝子がF_1の両親のどちらに由来したものであろうと関係ありません。しかし，連鎖の場合はこれとは異なり，対立遺伝子は同一染色体に存在し，伴って動きます。そのため，Pが$AABB\times aabb$か$AAbb\times aaBB$かによって，F_1の配偶子とその割合は違ってきます（☞p.30）。

図4　独立遺伝での$Aabb\times AaBb$の
　　　表現型の分離比

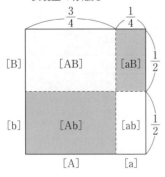

独立遺伝の場合，どんな遺伝子型の個体間の交配でも計算方法は同じです。図4は$Aabb\times AaBb$の交配で得られる次世代の表現型とその分離比を示したものです。$Aa\times Aa$と$bb\times Bb$は独立事象なので縦横に置きます。式で表現すれば以下のようになります。

$$\left(\dfrac{3}{4}[A]+\dfrac{1}{4}[a]\right)\times\left(\dfrac{1}{2}[B]+\dfrac{1}{2}[b]\right)$$

$$=\dfrac{3}{8}[AB]+\dfrac{3}{8}[Ab]+\dfrac{1}{8}[aB]+\dfrac{1}{8}[ab]$$

遺伝子型とその割合は，以下の式展開の結果で求

められます。

$$\left(\frac{1}{4}AA + \frac{1}{2}Aa + \frac{1}{4}aa\right) \times \left(\frac{1}{2}Bb + \frac{1}{2}bb\right)$$

上の式を元に表現型の割合と遺伝子型の割合を比較すると，例えば $\frac{3}{8}$ [AB] の内訳は，以下のようになることがわかります。

$$\left(\frac{1}{4}AA + \frac{1}{2}Aa\right) \times \frac{1}{2}Bb$$

⑵　3 対以上の独立遺伝とその計算法

3 対以上の独立遺伝でも，基本的な扱いは同じですが，二遺伝子雑種と異なり，縦横 1 の正方形の中で表現することはできません。単に確率計算を実行することになります。

例えば，「互いに独立の関係にある 4 対の遺伝子に関して，$AabbCCDd \times AaBbCcDd$ の結果の表現型とその割合」であれば，$Aa \times Aa$，$bb \times Bb$，$CC \times Cc$，$Dd \times Dd$ なので，次式の展開結果になります。

$$\left(\frac{3}{4}[A] + \frac{1}{4}[a]\right)\left(\frac{1}{2}[B] + \frac{1}{2}[b]\right)[C]\left(\frac{3}{4}[D] + \frac{1}{4}[d]\right)$$

全体に占める［ABCD］の割合を問われた場合，次のように計算します。

$[A] = \frac{3}{4}$，$[B] = \frac{1}{2}$，$[C] = 1$，$[D] = \frac{3}{4}$ であり，これらは互いに独立事象なので，確率の積の法則より，$\frac{3}{4} \times \frac{1}{2} \times 1 \times \frac{3}{4} = \frac{9}{32}$（答）

◇◇◇ ここが重要 !!! ◇◇◇◇◇◇◇◇◇◇◇◇◇◇◇◇◇◇◇◇◇◇◇◇◇◇◇◇◇◇◇◇

1．独立とは，互いに無関係，別々に扱えるということ。独立二遺伝子雑種では，対立遺伝子の遺伝子型・表現型とその割合を縦横に置き，面積 1 の正方形中の面積によってその割合を表現できる。

2．3 対以上の独立遺伝の場合，正方形を用いた直感的な表現はできないが，対立遺伝子間に確率の積の法則が成立することを利用して計算できる。

8 互いに異なる染色体上に遺伝子座が存在する 2 対の対立遺伝子 $A(a)$, $B(b)$ について，以下の交配を行った。それぞれの交配で得られる個体の表現型とその分離比を答えよ。

(1) $AAbb \times aaBb$

(2) $AaBb \times aaBb$

(3) $Aabb \times aabb$

≡【ヒント】≡

　互いに独立の関係にある以上，別々に扱うことができる。例えば(1)は，$AA \times aa$ と $bb \times Bb$ の組み合わせである。それを確率の積の法則に従ってまとめればよい。この問題のような分離「比」を求める問題では，「合計 1」という基本原則にこだわらない方法もある。

9 互いに異なる染色体上に遺伝子座が存在する 4 対の対立遺伝子 $A(a)$～$D(d)$ について，$AaBbCcDd \times aaBBCcDd$ の交配を行った。この結果得られる集団について，次の条件に一致する個体の割合を既約分数で答えよ。

(1) 表現型 ［ABCD］の個体

(2) 表現型 ［aBcD］の個体

(3) 4 対すべての遺伝子についてヘテロ接合体

(4) 4 対すべての遺伝子についてホモ接合体

≡【ヒント】≡

　3 対以上の対立遺伝子に関する問題の場合，すべての分離比を答えさせようとすると，解答も長く見にくい形になることが多い。そのため，この問題のように，条件に合うものの割合を求める問題が多くなる。その場合，まず，1 つ 1 つの対立遺伝子について，題意と一致するものの割合を考える。

　何対の対立遺伝子が話題になっていようと，1 つ 1 つの対立遺伝子に分けてしまえば，それぞれが一遺伝子雑種である。そして，独立遺伝の場合，それらの対立遺伝子が無関係に遺伝するのであるから，それらの結果を確率の積の法則によってまとめたものが答えである。

2対の対立遺伝子に関して，ある遺伝子型の個体間の交配を行ったところ，次の分離比（[AB]：[Ab]：[aB]：[ab]）が得られた。交配した個体の遺伝子型の組み合わせとして考えられるものをすべて答えよ。ただし，どちらの遺伝子型が雌雄のどちらであるかは，区別しなくてよい。

(1)　$3:3:1:1$

(2)　$1:1:1:1$

≡【ヒント】≡

　1対ずつの対立遺伝子に注目するという基本は常に同じ。たとえば [AB] も [Ab] も，$B(b)$ を無視すれば [A] である。

　$A(a)$ と $B(b)$ は連鎖しており，組換え価10%，それと独立の関係にある $C(c)$ と $D(d)$ は連鎖しており，組換え価5%，$E(e)$ はこれらとは独立と仮定する。このとき，$AaBbccddEE \times AABbccDdee$ の交配による表現型とその分離比を求めよ。

≡【ヒント】≡

　連鎖現象についてはすでに触れている（☞p.14）ため，知ってはいても，連鎖に関する分離比計算の方法は，まだ扱っていない（p.30以降で扱う）。この段階で2組の連鎖関係を含む5対の対立遺伝子に関する分離比計算問題には戸惑ったであろう。

　1対の対立遺伝子のみを問題にしている場合でも，その遺伝子は同一染色体に存在する多数の遺伝子との間で連鎖関係にあり，異なる染色体上に存在する多数の遺伝子とは独立の関係にある。他の遺伝子との関係をすべて無視し，1つの遺伝子だけに注目した場合の遺伝法則が優性の法則と分離の法則である。そして，連鎖関係にある遺伝子との関係を無視し，異なる染色体上の遺伝子間の関係だけに注目した場合の遺伝法則が独立の法則である。遺伝の問題の背後では，注目していない多数の遺伝子間の独立や連鎖という関係が無視されているのである。この問題は，「無視する」ということの重要性を味わってもらうための問題であり，かなりの難問であろう。自力で正解が得られた人は，相当自信を持ってよい。

　まず，1対ずつの対立遺伝子に注目することが何よりも大事である。その後，独立，連鎖といった他の遺伝子との関係について検討すべきである。結果として，「連鎖関係を無視」できたとしたら，「独立遺伝の問題であった」ということになる。

④ 連鎖と組換え

(1) 連鎖と組換え

連鎖とは，同一染色体上に存在する遺伝子が減数分裂の際に伴って分離する現象です。連鎖している遺伝子の間では，メンデルの独立の法則は成立しません。

連鎖という現象が起こるのは，遺伝子の数が染色体の数よりも圧倒的に多いためです。ヒトの場合，ゲノム当たり約 2 万個の遺伝子が 23 本の染色体に存在するため，同じ染色体上の遺伝子とは連鎖，残る 22 本の染色体上の遺伝子とは独立の関係にあります。

連鎖している遺伝子でも，別々に移動することがあります。減数分裂の際，染色体を構成する姉妹染色分体の間の乗換えによる遺伝子の組換えが起こるためです（☞p.14）。

同一染色体上の遺伝子 $A(a)$ と $B(b)$ に関して，両親 P が $AABB$ と $aabb$ の場合，$F_1(AaBb)$ は両親から遺伝子 AB と ab を受け取っています。そのため，連鎖が完全であれば F_1 のつくる配偶子の遺伝子型は AB と ab のみですが，乗換えの結果，遺伝子型が Ab や aB の配偶子も生じます。この現象を確率論の言葉で表現すると（☞p.19），事象 A と事象 B（事象 a と事象 b）の関係は完全な従属事象ではなく，相関性の高い事象であるということです。相関性の程度をあらわす指標が，組換え価です。

(2) 組換え価と染色体地図

組換え価とは，すべての配偶子に対する，相関性の低い組み合わせの遺伝子をもつ配偶子が生じる確率です。組換え価が p（$0 \leq p < 0.5$：通常 100 倍して％で表現する）とは，$F_1(AaBb)$ が両親から配偶子 AB と ab を受け取っている場合，減数分裂の際に A は確率 $(1-p)$ で B とともに行動し，確率 p で b とともに行動するということです。

独立遺伝の場合に p を求めると，0.5 になります。これは，A が B とともに行動する確率と，A が b とともに行動する確率が等しく，$A(a)$ と $B(b)$ は無関係，独立事象のためです。

染色体の乗換えは，多少とも例外的な現象であり，乗換えが起こる確率の方が乗換えが起こらない確率よりも高いとは考えられないため，組換え価が 50％ を超えることはありません。

F_1 の両親 P が $AAbb$ と $aaBB$ であれば，減数分裂の際に A が b と伴って分離する確率は 0.9 のように 0.5 より大きくなりますが，この場合の組換え価は 90％ でなく，10％ です。組換え価 p と F_1 のつくる配偶子比の関係は図 1 のようになります。P のつくる配偶子の違いに，特に注目して下さい。

図 1 の配偶子比の合計は 2 になっています。合計 1 に対する割合で考える場合，図 1 の配偶子比の数値をすべて半分にします。つまり，組換えによって生じた 2 種の配偶子の全

配偶子に対する割合は，ともに$\frac{1}{2}p$，合計pです。この見方からは，組換え価とは，F_1の
つくる全配偶子に対する組換え型配偶子の割合です。

図1　F_1の配偶子比と組換え価（組換え価＝pとする）

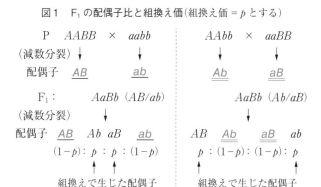

（両親のつくる配偶子と異なる遺伝子の組み合わせの配偶子が，組換えで生じた配偶子）

　　配偶子を顕微鏡で観察しても，組換えが起こった配偶子かどうかはわかりませんが，検
定交雑，すなわち劣性ホモ接合体との交配により，配偶子比を確認することができます。
配偶子Aと配偶子aの組み合わせであれば表現型［A］のAaになり，配偶子aと配偶子
aの組み合わせであれば表現型［a］のaaになります。検定交雑を行うと，劣性ホモと交
配した相手の配偶子比が分離比に現れます（☞p.20）。
　　複数の遺伝子間の組換え価を求める場合，多重ヘテロ接合体$AaBbCcDd…$に劣性ホモ
接合体$aabbccdd…$を交配し，得られた結果を2つずつの対立遺伝子に注目してまとめます。
そうすると，興味深い結果が得られます。
　　連鎖している3対の対立遺伝子に関するヘテロ接合体と三重劣性個体の交配（三点交雑）
を行い，2つずつの遺伝子について組換え価を求めた場合，値が小さい2つの組換え価の
合計は，大きな値の組換え価とほぼ一致します。例えば，図2のような位置関係であれば，
$a-c$間の組換え価は約5％になり，$a-b$間の3％と，$b-c$間の2％の合計と一致します。
　　組換え価は，遺伝子間の距離と完全に比例するとは言えま
せんが，図2のように，組換え価をもとに，3つの遺伝子の
位置関係を表現したのが遺伝学的染色体地図です。
　　3つの組換え価の間に，完全にこのような関係が成立する
ことは稀で，実際は次頁の例のように小さい2つの組換え価
の合計は，大きい組換え価より通常少し大きくなります。

図2　遺伝学的染色体地図

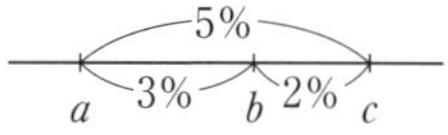

例：$a-c$ 間：15%，$a-b$ 間：10%，$b-c$ 間：7%

これは，乗換えが2回以上起こる場合があるためです。3回以上乗換えが起こる可能性を無視すると，この例では図3の一番右側の二重乗換えが1%の割合で起こったと考えられます。二重乗換えの結果は $A(a)-B(b)$ 間の組換え価10%と，$B(b)-C(c)$ 間の組換え価7%の中には含まれますが，$A(a)-C(c)$ 間の組換え価15%には含まれないため，（9%＋1%）＋（6%＋1%）と，（9%＋6%）の間に差が出てしまうのです。

図3　組換え価と二重乗換え（P：$AABBCC×aabbcc$ の F_1 のつくる配偶子）

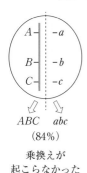
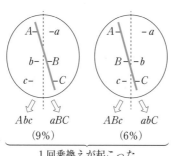

ABC　　abc
（84%）

乗換えが
起こらなかった
（最も多い）

Abc　　aBC
（9%）

ABc　　abC
（6%）

1回乗換えが起こった
$A(a)-B(b)$ 間または $B(b)-C(c)$ 間
の乗換えの結果，$A(a)-C(c)$ 間にも
組換えが起こった

AbC　　aBc
（1%）

2回乗換えが起こった
$A(a)-B(b)$ 間と $B(b)-C(c)$ 間の
乗換えの結果，$A(a)-C(c)$ 間では
組換えが起こっていない。

(3)　F₂ の分離比

不完全連鎖における F_2 の分離比は，メンデルの法則をきちんと理解できていれば簡単に求めることができます。例として，「P：$AABB×aabb$ で，組換え価10%のときの F_1 × F_1 による F_2 の表現型の分離比」を求めてみましょう。

解き方と答え

まず，F_1 $AaBb$ は両親から AB と ab の配偶子を受け取っているので，組換え価が10%ということは，$AaBb$ の配偶子の式は $(0.9AB+0.1Ab+0.1aB+0.9ab)$ です。雌雄ともこの式であれば，F_2 の遺伝子型とその比は，次の式を展開したものです。

$$(0.9AB+0.1Ab+0.1aB+0.9ab)^2$$

この式の展開結果による表現型の割合には，以下の特徴があります。

まず，[ab] は $ab×ab$ 以外からは生じないため，[ab]：$0.9×0.9=0.81$　…①

次に，上の式は配偶子全体を2と置いてますから，分離比の合計は $2^2=4$　…②

そして，$A(a)$ のみに注目すれば $Aa×Aa$ なので，$B(b)$ との連鎖関係に関わりなく次の関係式が成立しています。

[A]：[a]＝([AB]＋[Ab])：([aB]＋[ab])＝3：1　…③

①～③と式の対称性（問題 **13** の解説を参照）から，残りの分離比が求められます。
手順を整理しますと，配偶子比をあらわす式を元に，以下の計算を実行します。

——— $AaBb \times AaBb$ の表現型の求め方 ———

(1)　劣性ホモ［ab］の分離比を，$ab \times ab$ の係数から出す。

(2)　分離比合計を出す。

(3)　［A］：［a］＝ 3：1 と式の対称性から，残りの分離比を出す。

整数比である $(9AB + Ab + aB + 9ab)^2$ から計算すれば，以下のとおりです。

⑴より，［ab］＝ $9 \times 9 = 81$

⑵より，分離比合計は $(9 + 1 + 1 + 9)^2 = 400$

⑶より，$400 \div 4 = 100$ なので，［AB］＋［Ab］＝ 300，［aB］＋［ab］＝ 100
この結果と式の対称性から，［aB］＝［Ab］＝ $100 - 81 = 19$　　　［AB］＝ $300 - 19 = 281$
したがって　［AB］：［Ab］：［aB］：［ab］＝ $281 : 19 : 19 : 81$

なお，不完全優性や致死遺伝子が関係する連鎖の場合，優性ホモとヘテロを区別する必要があるため，遺伝子型とその比を求める必要があります。この場合，どちらか一方の対立遺伝子に注目しながら計算すると，比較的速く正確に求めることができます。以下の例は，A と a に注目した計算です。

$$(\underline{9AB + Ab} + \underline{aB + 9ab})^2 = (9AB + Ab)^2 + 2(9AB + Ab)(aB + 9aB) + (aB + 9ab)^2$$
$$= A^2(9B + b)^2 + 2Aa(9B + b)(B + 9b) + a^2(B + 9b)^2$$
$$= (81A^2B^2 + 18A^2Bb + A^2b^2) + (18AaB^2 + 164AaBb + 18Aab^2) + (a^2B^2 + 18a^2Bb + 81a^2b^2)$$

したがって求める遺伝子型とその分離比は下記のとおり。

$AABB : AABb : AAbb : AaBB : AaBb : Aabb : aaBB : aaBb : aabb$
$= 81 : 18 : 1 : 18 : 164 : 18 : 1 : 18 : 81$

◇◇◇ **ここが重要 *!!!*** ◇◇◇◇◇◇◇◇◇◇◇◇◇◇◇◇◇◇◇◇◇◇◇◇◇◇◇◇◇◇◇◇◇◇◇◇◇◇

1．組換え価とは，減数分裂の際，同一染色体上の遺伝子が伴って行動しない割合。
　　または，F_1 のつくる配偶子のうち，両親と異なる組み合わせの遺伝子の割合。

2．F_1 の配偶子比は，F_1 に対する検定交雑の分離比と一致する。

3．同一染色体上の 3 つの遺伝子間では，最も遠い遺伝子間の組換え価が一番大きい。
　　このことを利用して，遺伝子の位置関係を示す遺伝学的染色体地図が作成できる。

4．連鎖関係があっても，1 対の対立遺伝子のみに注目すれば一遺伝子雑種であることを意識することで，F_2 の分離比は容易に求められる。

12 レベル**A** 純系同士の交配で得られた三重ヘテロ接合体 *AaBbCc* と三重劣性接合体 *aabbcc* の交配により，次の表現型とその分離比が得られた。

[ABC]	[ABc]	[AbC]	[Abc]	[aBC]	[aBc]	[abC]	[abc]	合計
410	23	2	70	72	2	21	400	1,000

問1　三重ヘテロ接合体の親の遺伝子型を答えよ。

問2　遺伝子 $A(a)$ と $B(b)$ 間の組換え価（％）を求めよ。

問3　問2と同様に他の組み合わせの遺伝子間の組換え価を求めることにより，遺伝子 A，B，C の位置関係を直線上に表現せよ。ただし，隣り合う位置の遺伝子間の組換え価だけを図中に記入すること。

問4　[AbC] と [aBc] が生まれる原因となった，三重ヘテロ接合体における減数分裂第一分裂の中期染色体の様子を描け。ただし，染色体は一本の曲線として，これらが生まれる原因となった姉妹染色分体2本の様子のみを描き，線の中に6個の遺伝子の存在位置を書き込むこと。

═══【ヒント】═══

1．検定交雑の結果の表現型の分離比は，劣性ホモと交配した相手の配偶子比と一致する。

2．組換えは多少とも例外的な現象であるから，組換えを起こさない配偶子が最も高い割合になる。この配偶子が両親の遺伝子型に対応している。

3．組換え価を求める際は，3対のうち1対ずつを無視し，2対ずつ，3組の対立遺伝子の組み合わせを作る。

4．二重乗換えの結果，3組のうち最も大きな値となる組換え価は，残り2つの合計よりも多少とも小さくなるのが普通。

13 レベル**B** 下の(1)〜(4)それぞれの条件における F_1（*AaBb*）に関して，次の(a)，(b)の交配によって得られる個体の表現型とその分離比を答えよ。ただし，(3)，(4)の(a)については，F_1 の雌と劣性ホモの雄を交配した場合のみ答えればよい。解答は [AB]：[Ab]：[aB]：[ab] の比とし，出現しない表現型の比については0として答えよ。

　　(a)　劣性ホモ接合体との交配　　(b)　F_1 同士の交配（F_2）

(1)　P：*AABB* × *aabb*（組換え価25％）

(2)　P：*AAbb* × *aaBB*（組換え価20％）

(3)　P：*AABB* × *aabb*（雌は組換え価15％，雄は完全連鎖）

(4)　P：*AAbb* × *aaBB*（雌は組換え価7％，雄は完全連鎖）

1対の対立遺伝子のみに注目すれば，優性の法則と分離の法則は成立している。このことを利用して，数値の意味を考えながら計算すれば，計算が簡単なだけでなく，間違えたときにすぐに気づくことができる。

14 B レベル

2対の対立遺伝子に関するホモ接合体のPの間の交雑で得られた二重ヘテロ接合体のF_1同士を交配して得たF_2の表現型の分離比（[AB]：[Ab]：[aB]：[ab]）が，(1)～(3)のようになったとする。このとき，(1)～(3)のそれぞれについて，以下の(ア)～(エ)を求めよ。なお，(1)，(2)については雌雄の組換え価が等しく，(3)については雌（卵母細胞）の減数分裂では染色体の乗換えによる遺伝子の組換えが起こるが，雄（精母細胞）では組換えが起こらないものとする。

(1)　201：99：99：1　　(2)　66：9：9：16　　(3)　59：1：1：19

(ア)　Pの遺伝子型の組み合わせ。ただし，どちらの遺伝子型が雌雄どちらであるかは区別しなくてよい。

(イ)　組換え価（(3)については雌のみ）

(ウ)　2対の遺伝子の両方についてホモになっている個体の遺伝子型とその分離比

(エ)　遺伝子aについてホモになっている個体の遺伝子型とその分離比

組換え価からF_2の分離比を求める計算と逆の計算であり，基本的な考え方は分離比を求める場合と同じである。(ア)は，まず，独立遺伝のF_2の分離比である[AB]：[Ab]：[aB]：[ab]＝9：3：3：1と比較して，数値がどの方向に偏っているかを調べる。(イ)については，分離比の合計と劣性ホモの分離比の2カ所に注目する。配偶子の式に関して適当な未知数を設定し，与えられた分離比から未知数を求める方法もあるだろう。組換え価を求めることができたら，確認と練習の意味で，その値からF_2の分離比を求め，問題に与えられている比と一致するか調べてみるのが望ましい。

(ウ)，(エ)を解くための原始的な方法として，両親の配偶子の式を掛け合わせて$4 \times 4 = 16$の碁盤目を作って遺伝子型とその比を全部出し，題意と一致するものを探す方法もあるが，かなり繁雑で間違いやすい。解説では，式の特徴を踏まえた方法を紹介する。この方法を使えば，遺伝子型とその比を全部出すのはそれほど面倒ではない。

15 c レベル 2対の対立遺伝子$A(a)$と$B(b)$に関する二重ヘテロ接合体$AaBb$において，遺伝子AとB，aとbが同一染色体上に存在し，これらの遺伝子間の組換え価は10%であった。このような二重ヘテロ接合体同士を交配して次世代を得た。ただし，遺伝子Bに関するホモ接合体BBは胎児段階で死亡すると仮定する。

問1 遺伝子Bが致死遺伝子でなく，受精卵がすべて正常に発生すると仮定した場合，得られた次世代の表現型の分離比（[AB]：[Ab]：[aB]：[ab]）を答えよ。

問2 発生途上で死亡する個体は，どのような遺伝子型の卵と精子の組み合わせでできた受精卵に由来するか。$A(a)$，$B(b)$に関する遺伝子型の組み合わせを，「卵の遺伝子型×精子の遺伝子型」の形ですべて答えよ。

問3 問1，問2の結果を踏まえ，生まれて来る個体の表現型の分離比（[AB]：[Ab]：[aB]：[ab]）を答えよ。

═══ **【ヒント】** ═══

連鎖に関して最も厄介な，致死遺伝子が関係する連鎖である。問題37（☞p.91）で扱う「遺伝子をノックアウトしたES細胞を胚盤胞に組み込んでキメラマウスを作出し，キメラマウスが生んだ黒毛個体同士の交配」というような場面で分離比計算を実行する場合，この形になることが多い。その場合，Bは遺伝子を破壊されたことで生じる病的形質の遺伝子，Aは黒毛など，遺伝子Bの近くに存在し，確認しやすい形質の遺伝子である。

問3は問題14 (1)(エ)の式展開に関する説明で用いた記号を使えば，$(R + S)^2$のうちのRRが死亡するため，2RS + SSである。2RS + SSを直接計算してもよいが，問1，問2が正解を得るためのステップとなっており，そのことに気づけば，より楽な計算になったはずである。

5　性染色体と伴性遺伝

(1)　性決定と性染色体

　ハ虫類は発育途上の温度，クマノミは群れの中の大きさなど，他の方法で性が決まる種もありますが，性は性染色体によって決まるのが普通です。性染色体による性決定の場合，雌雄の比は一遺伝子雑種の $Aa \times aa$ の分離比と同様，1：1 になります。

　ヒトの 46 本の染色体のうちの 44 本は常染色体とよばれ，男女とも 2 本ずつ同型同大で同じ遺伝子座が存在します。男女で構成が異なる染色体が性染色体で，男女両方に存在するのが X 染色体，男性のみに存在するのが Y 染色体です。常染色体の 1 組を A と書くと，女性は 2A + XX，男性は 2A + XY という染色体構成です。このような性決定様式は XY 型とよばれ，雄ヘテロ型に分類されます。

　ヒトの場合，Y 染色体に男（雄）の性決定に関与する遺伝子が存在し，性は Y 染色体の有無で決まります。ショウジョウバエも XY 型ですが，Y 染色体は性決定と関係なく，常染色体のセット数と X 染色体の本数の比で決まります。そのため，2A + XXY のような染色体数異常の場合，ヒトでは雄（男子），ショウジョウバエでは雌になります。

　Y 染色体は雄の子のみに伝わるため，生存上必須な遺伝子は配置しにくく，進化の過程で Y 染色体が失われた場合もあるようです。雄ヘテロ型には，雌が 2A + XX，雄が 2A + X の XO 型もあり，XO 型の種の一部は，祖先が XY 型であった可能性もあります。

　XY 型と XO 型では，卵の染色体構成はともに A + X であり，精子の染色体構成は XY 型では A + X または A + Y，XO 型では A + X または A です。したがって，雄ヘテロ型の性は受精の瞬間に精子によって決定されます。

　カイコやニワトリの性決定様式は，雌ヘテロ型の ZW 型であり，雌の染色体構成は 2A + ZW，雄の染色体構成は 2A + ZZ です。雌ヘテロ型には，ZW 型のほか，雌の性染色体が一本少ない ZO 型もあり，ZO 型では雌は 2A + Z，雄は 2A + ZZ です。

　雌ヘテロ型の精子の染色体構成はすべて A + Z のため，精子は性決定と無関係で，雌ヘテロ型の性は受精以前に，卵によって決定しています。

　◇◇◇　**ここが重要** *!!!*　◇◇◇◇◇◇◇◇◇◇◇◇◇◇◇◇◇◇◇◇◇◇◇◇◇◇
1．性の決定方法にはさまざまなものがあるが，性染色体による方法が一般的。
2．雄ヘテロ型性決定にはヒト，ショウジョウバエなどの XY 型とセンチュウなどの XO 型があり，雄ヘテロ型では精子によって性が決定される。
3．雌ヘテロ型の性決定にはカイコ，ニワトリなどの ZW 型と ZO 型があり，雌ヘテロ型では卵によって性が決定される。

(2) 伴性遺伝

X染色体またはZ染色体の遺伝子による遺伝が伴性遺伝です。性染色体と遺伝子の両方を表現する必要上，$X^A X^a$ のように，性染色体に遺伝子記号を付けて表現します。

Y染色体上の遺伝子は父親から男子だけに伝わり，W染色体上の遺伝子は母親から女子だけに伝わりますが，メダカの体色遺伝子のようにX，Y両染色体に遺伝子座をもつ遺伝子もあります。この場合，X染色体上に R，Y染色体上に r があれば $X^R Y^r$ と書きます。

伴性遺伝では雌雄の遺伝様式が異なるため，子の分離比合計を1とせず，雌雄それぞれの子の合計を1と表現した方が理解しやすくなります（図1）。

図1　伴性遺伝の2つのタイプ

	左の交配	右の交配
P	$X^A X^A$ [A] $\times$ $X^a Y$ [a]	$X^A X^a$ [a] $\times$ $X^A Y$ [A]
（減数分裂）	$\downarrow$　　　　$\downarrow$	$\downarrow$　　　　$\downarrow$
（配偶子）	X^A　　　　$(X^a + Y)$	X^a　　　　$(X^A + Y)$
F_1	$X^A X^a + X^A Y$（雌雄とも[A]）	$X^A X^a$（雌は[A]）$+ X^a Y$（雄は[a]）
（減数分裂）	$\downarrow$　　　　$\downarrow$	$\downarrow$　　　　$\downarrow$
（配偶子）	$\left(\dfrac{1}{2}X^A + \dfrac{1}{2}X^a\right)$　$(X^A + Y)$	$\left(\dfrac{1}{2}X^A + \dfrac{1}{2}X^a\right)$　$(X^a + Y)$
F_2 雌	$\dfrac{1}{2}X^A X^A + \dfrac{1}{2}X^A X^a$（[A]）	$\dfrac{1}{2}X^A X^a + \dfrac{1}{2}X^a X^a$（[A]：[a]=1：1）
F_2 雄	$\dfrac{1}{2}X^A Y + \dfrac{1}{2}X^a Y$　　（[A]：[a]=1：1）	$\dfrac{1}{2}X^A Y + \dfrac{1}{2}X^a Y$（[A]：[a]=1：1）

(注)　$\dfrac{1}{2}X^A X^A + \dfrac{1}{2}X^A Y + \dfrac{1}{2}X^a X^A + \dfrac{1}{2}X^a Y$ のように展開すると，雌と雄の子が交互に出て，見にくい。雄の配偶子（後の式）から展開すべき。

常染色体上の対立遺伝子に関する純系同士の交配の場合，雌親，雄親のどちらが AA，aa でも F_1 はすべて Aa ですが，雄ヘテロ型の雄ではそうなりません。

図1中の F_1 の雌は左右どちらの交配でも遺伝子型 $X^A X^a$ であり，常染色体上の遺伝子と同様に優性の法則に従い，表現型は[A]です。他方，F_1 の雄は，左の交配では表現型[A]，右の交配では[a]です。左の雄は X^A，右の雄は X^a を雌親から受け取っており，雄親から受け取るY染色体には対立遺伝子が存在しないためです。

雄の子はX染色体が1本しかないため，その遺伝子が優性遺伝子か，劣性遺伝子かに関係なく，雌親から受け取った遺伝子がそのまま表現型に現れます。そのため，雄の子の分離比は，雌親に対する検定交雑の結果とみなすことができます。この考え方は，家系図

の中の雌が優性ホモかヘテロかを決める場合などで威力を発揮します。もちろん，ZW 型の場合は逆に，「雌の子の分離比は，雄親に対する検定交雑の結果」です。

　雄ヘテロ型の場合，F_1 の雌の形質が優性形質です。F_1 の雌には X 染色体が 2 本存在するため，どちらの遺伝子が表現型に現れるかで，遺伝子の優劣が判定できます。

　一般に，常染色体上に存在し雌雄両方で発現する遺伝子の場合，雌雄の子の分離比に違いが出ることはありません。そのため，図1の右側の交配の場合，F_1 の雌雄の分離比が異なることから，伴性遺伝と確定します。しかし，左側の交配の場合，F_1 は雌雄とも ［A］になり，この結果のみでは常染色体上の遺伝子と区別が付きません。しかし，この場合でも，F_2 では雌雄の子の表現型の分離比が違っています。雌雄の子の遺伝様式が違うため，伴性遺伝では F_1 か F_2 で雌雄の子の分離比に違いが出ます。

(3)　X染色体上の連鎖

　伴性遺伝で，かつ，連鎖というと，大変面倒のようですが，実は常染色体上の連鎖よりもずっと簡単です。雄は X 染色体が 1 本しかないため，F_2 の分離比を求める際も面倒な計算にはなることはありません。例えば，組換え価10%で連鎖している遺伝子 $A(a), B(b)$ に関する次の交配で，表現型の分離比を求める計算を考えてみましょう。

　　　例 1：$X^{AB}X^{ab} \times X^{AB}Y$　　　　例 2：$X^{AB}X^{ab} \times X^{ab}Y$　　　　例 3：$X^{Ab}X^{aB} \times X^{aB}Y$

解き方

例 1：組換え価10%なので雌親のつくる配偶子は Ab と aB の割合が5%ずつ，AB と ab が45%ずつであり，$AB:Ab:aB:ab = 9:1:1:9$ です。雌の子は雄親の X^{AB} を受け取るため，すべて ［AB］，雄の子は雌親に対する検定交雑の結果なので，雌親のつくる配偶子比（$AB:Ab:aB:ab = 9:1:1:9$）が表現型の分離比です。

例 2：雌親のつくる配偶子は，例1と同様，$AB:Ab:aB:ab = 9:1:1:9$ であり，雄親のつくる配偶子である X^{ab} は Y と同様に表現型に対する発現力がありません。したがって雌雄の表現型の分離比はともに検定交雑の結果と見なすことができ，［AB］：［Ab］：［aB］：［ab］＝ 9：1：1：9 です。

例 3：例1，2と異なり，雌親のつくる配偶子は，Ab と aB の割合が45%ずつ，AB と ab が5%ずつなので，$AB:Ab:aB:ab = 1:9:9:1$ です。

　　　雌の子については，雄親から受け取る X^{aB} に優性遺伝子 B が存在することに注目して下さい。次世代はすべて ［B］です。$A(a)$ については，雌親の配偶子 X^A または X^a と，雄親の配偶子の X^a の組み合わせなので，［A］：［a］＝ 1：1。したがって雌の子は ［B］（［A］＋［a］）より，［AB］：［aB］＝ 1：1 です。

　　　雄の子は雌親に対する検定交雑の結果なので，［AB］：［Ab］：［aB］：［ab］＝ 1：9：9：1 です。

• 例1の雌の子：雄親から AB を受け取る→すべて［AB］

• 例1と例2の雄の子

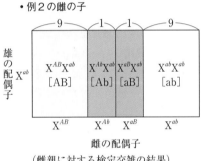

（Y染色体上には対立遺伝子が存在しないため，
雌親に対する検定交雑の結果と同じ）

• 例3の雌の子

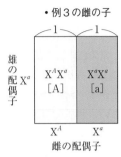

（すべて［B］であり，$A(a)$ については
雌親に対する検定交雑の結果と同じ）

• 例2の雌の子

（雌親に対する検定交雑の結果）

• 例3の雄の子

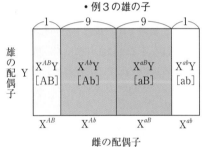

（雌親に対する検定交雑の結果）

解答

例1　雌はすべて［AB］

　　　雄は［AB］：［Ab］：［aB］：［ab］＝ 9：1：1：9

例2　雌雄とも［AB］：［Ab］：［aB］：［ab］＝ 9：1：1：9

例3　雌は［AB］：［aB］＝ 1：1

　　　雄は［AB］：［Ab］：［aB］：［ab］＝ 1：9：9：1

(4)　常染色体と性染色体の間の独立遺伝

　常染色体に存在する遺伝子と，性染色体に存在する遺伝子の組み合わせを考えることも
あります。このような問題に関しても，特に新しい内容はありません。以下の基本原則を
しっかり意識することだけが重要です。

　(1)　常染色体上の遺伝子と性染色体上の遺伝子は独立に遺伝する。

　(2)　伴性遺伝の場合，雌雄の遺伝様式が異なるため，別々に扱った方がよい。

例えば以下のような問題です。

例題　ショウジョウバエの突然変異体に，暗体色や，白眼が知られている。Pとして白眼で正常体色の雌と赤眼で暗体色の雄の間で交配を行ったところ，F_1の雌はすべて赤眼で正常体色，雄はすべて白眼で正常体色の個体が得られた。

問1　この交配結果のみをもとに判断したとき，これらの遺伝子の所在について正しく説明している文を次から選べ。

(ア)　白眼遺伝子，暗体色遺伝子は，ともにX染色体上に存在する。

(イ)　白眼遺伝子はX染色体上に存在するが，暗体色遺伝子については常染色体上，X染色体上の両方の可能性がある。

(ウ)　白眼遺伝子はX染色体上に存在するが，暗体色遺伝子は常染色体上に存在する。

(エ)　どちらの遺伝子についても，この結果のみではX染色体上，常染色体上の両方の可能性がある。

問2　白眼遺伝子と暗体色遺伝子が同一染色体上に存在し，組換え価25％で連鎖していると仮定したとき，F_1同士の交配によるF_2の表現型の分離比を求めよ。

問3　白眼遺伝子と暗体色遺伝子が異なる染色体上に存在し，独立の関係にあると仮定したとき，F_1同士の交配によるF_2の表現型の分離比を求めよ。

考え方

問1　各遺伝子が伴性遺伝するのか，常染色体上の遺伝子による遺伝かが問われています。2対の遺伝子を1対ずつに分けて考える必要があります。

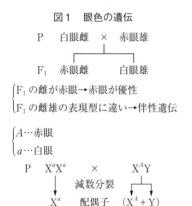

図1　眼色の遺伝

F_1の雌が赤眼→赤眼が優性
F_1の雌雄の表現型に違い→伴性遺伝

A…赤眼
a…白眼

まず眼色について。ショウジョウバエの白眼は伴性遺伝で有名ですが，白眼は眼で機能する色素合成系酵素の欠損で生じ，常染色体上の白眼遺伝子もありますから，単に白眼というだけで伴性遺伝と決めつけてはいけません。問題文に白眼の雌と赤眼の雄の交配により，雌はすべて赤眼，雄はすべて白眼が生まれたことが説明されています。雌雄の子の表現型に違いが出ていることから，伴性遺伝であると判断できます。

雌雄の親からX染色体を受け取った，ヘテロ接合体である雌の子に優性形質が現れるため，赤眼が優性，白眼が劣性です。赤眼遺伝子をA，白眼遺伝子をaと書くと，両親Pは$X^A X^a$×$X^A Y$と考えられます（図1）。

図2　体色の遺伝

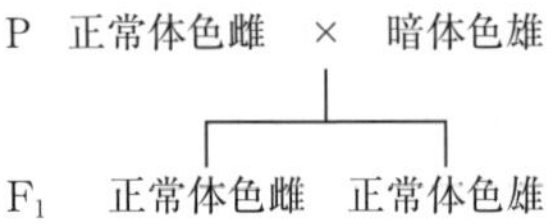

P　正常体色雌　×　暗体色雄

F₁　正常体色雌　正常体色雄

F₁の雌が正常体色→正常体色が優性(B)

F₁の雄が正常体色になった原因として、正常体色遺伝子は以下の両方が考えられる。

1. 常染色体上の優性遺伝子
2. 雌親由来のX染色体上の遺伝子

次に体色について。問題文で正常体色の雌と暗体色の雄の交雑により、すべて正常体色の個体が得られたことが説明されています。正常体色が優性、暗体色が劣性です。そこで、正常体色の遺伝子記号をB、暗体色の遺伝子記号をbと書くことにします。

この交配結果は、体色遺伝子は常染色体上の遺伝子であると仮定しても説明が付きますが、伴性遺伝と仮定しても矛盾はありません。雌親が正常体色のホモ接合体$X^B X^B$であれば、雄の子には雌親から受け取った遺伝子Bがそのまま発現するため、雄の子も正常体色になります（図2）。

この結果のみから分かることは、雌は正常体色の遺伝子に関するホモ接合体BBであるということだけであり、Bが常染色体、X染色体のどちらにあるかは決定できません。

問2　問1の検討で用いた遺伝子記号を用いると、眼色については$X^a X^a \times X^A Y$です。白眼遺伝子と暗体色遺伝子が同一染色体上に存在しているということは、これらの遺伝子がともにX染色体上に存在し、連鎖していることを示しています。

体色についてはF_1がすべて正常体色なのでPの雌は優性ホモと確定し、両親は$X^B X^B \times X^b Y$です。

眼色と体色をまとめると、Pの遺伝子型の組み合わせは$X^{aB} X^{aB} \times X^{Ab} Y$、$F_1$の遺伝子型は$X^{aB} X^{Ab}$と$X^{aB} Y$です（図3）。

組換え価25%という値から、F_1の雌のつくる配偶子は$AB : Ab : aB : ab = 1 : 3 : 3 : 1$、これがX染色体上に存在し、雄では減数分裂によってX^{aB}とYに分離します。したがって、F_1の雌雄がつくる配偶子は、下記のようになります。

雌：$X^{AB} + 3X^{Ab} + 3X^{aB} + X^{ab}$

雄：$X^{aB} + Y$

雌雄の子は異なる遺伝様式で生まれるため、F_2では両者を分けて考えます。

図3　連鎖している場合の交配

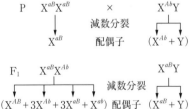

まず、F_2の雌は$(X^{AB} + 3X^{Ab} + 3X^{aB} + X^{ab}) \times X^{aB}$の結果です（図4）。素直に計算してもよいですが、少し楽をしましょう。

図4 F_2 の雌の分離比

- 雄から B を受け取る→すべて［B］
- $A(a)$ に関して

{ 雌から a または A を受け取る
雄から a を受け取る

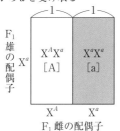

$A(a)$ については $(X^A + X^a) \times X^a$ より，

［A］:［a］= 1 : 1。

$B(b)$ については雄から B を受け取るため，すべて［B］。

まとめると，(［A］+［a］)［B］より，

雌の子の表現型は［AB］:［aB］= 1 : 1。

次に F_2 の雄について（図5）。

$(X^{AB} + 3X^{Ab} + 3X^{aB} + X^{ab}) \times Y$ の結果です。Y 染色体上に対立遺伝子は存在しないため，F_1 雌に対する検定交雑と同じことである。したがって雄の子の表現型の分離比は雌親の配偶子比である $AB : Ab : aB : ab = 1 : 3 : 3 : 1$ と一致し，［AB］:［Ab］:［aB］:［ab］= 1 : 3 : 3 : 1。

図5 F_2 の雄の分離比

F_1 雌の配偶子比
‖
F_2 雄の表現型の分離比
（×Y は検定交雑と同じ）

問3 暗体色遺伝子がX染色体上に存在する遺伝子と独立の関係にあるということは，常染色体上に存在するということです。常染色体上の遺伝子と X 染色体上の遺伝子は遺伝様式が違うことを意識しながら計算を実行すべきです。独立遺伝である以上，まとめて計算する必要はありません。別々に扱い，最後にまとめたものが答えです。

図6 体色遺伝子は常染色体上

P BB 雌 × bb 雄
↓
F_1 Bb × Bb
↓ 減数分裂 ↓
$(B+b)$ 配偶子 $(B+b)$

$F_2 = BB + 2Bb + bb = 3$［B］+［b］

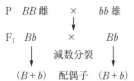

まず，体色に関して（図6）。

P : $BB \times bb \rightarrow F_1 : Bb$ より，F_2 は雌雄ともに

［B］:［b］= 3 : 1 …①

図7 眼色遺伝子は X 染色体上

P X^aX^a × X^AY
↓ ↓
X^a $(X^A + Y)$
F_1 X^AX^a X^aY
↑ ↑
どちらを受け取っても，F_2 の結果は検定交雑と同じ

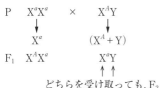

眼色に関して（図7）。

P : $X^aX^a \times X^AY \rightarrow F_1 : X^AX^a$，$X^aY$ より，F_2 は雌雄ともに検定交雑の結果と同じになり，

［A］:［a］= 1 : 1 …②

結果的に雌雄の結果は同じになりました。

図8 体色と眼色をまとめる

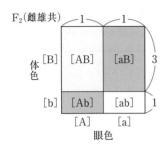

①，②の結果をまとめたものが答えです（図8）。体色と眼色は独立事象ですから，F_2 は雌雄ともに（[A] + [a]）（3[B] + [b]）の展開結果になり，[AB]：[Ab]：[aB]：[ab] = 3：1：3：1（答）

問1 (イ)

問2 雌：赤眼・正常体色：白眼・正常体色 = 1：1
　　　　雄：赤眼・正常体色：赤眼・暗体色：白眼・正常体色：白眼・暗体色 = 1：3：3：1

問3 雌：赤眼・正常体色：赤眼・暗体色：白眼・正常体色：白眼・暗体色 = 3：1：3：1
　　　　雄：赤眼・正常体色：赤眼・暗体色：白眼・正常体色：白眼・暗体色 = 3：1：3：1

◇◇◇ **ここが重要 !!!** ◇◇

1．伴性遺伝では，雑種第二代（F_2）までに雌雄の子の分離比に違いが出る。伴性遺伝の存在は，連鎖と同様，遺伝子が染色体上に存在することを示す証拠。

2．XY 型では雌は 2 本の X 染色体をもつため，F_1 の雌に現れる表現型が優性形質。ZW 型では F_1 の雄に現れる表現型が優性形質。

3．XY 型の場合，雄の子は遺伝子の優劣と無関係に，雌親から受け取った X 染色体の遺伝子がそのまま表現型に現れ，雄の子の分離比は雌親に対する検定交雑の結果と一致する。ZW 型では雌の子は雄親の遺伝子型が表現型に現れる。

4．X 染色体上の連鎖遺伝は，交配の特徴を押さえれば，常染色体上の連鎖より簡単。

5．常染色体上の遺伝子と X 染色体上の遺伝子は独立の関係にあることを忘れずに。

16 レベル **B**　ショウジョウバエの眼色には，多くの遺伝子が関係しているが，優性遺伝子を欠くと赤眼（野生型）でなく白眼になる X 染色体上の遺伝子が存在することが知られている。この遺伝子に関して，赤眼の雌個体と白眼の雄個体を交配したところ，F_1 は雌雄ともすべて赤眼になった。この結果をもとに，眼色遺伝子に関する下記の問いに答えよ。ただし，交配の結果 1 つの表現型しか現れない場合，「すべて赤眼」のように答えること。

問 1　F_1 個体同士の交配による F_2 の分離比を雌雄に分けて答えよ。

問 2　F_2 の多数の雌に赤眼の雄を交配したとき，得られる個体の眼色とその分離比を雌雄に分けて答えよ。

問 3　F_2 の多数の雌に白眼の雄を交配したとき，得られる個体の眼色とその分離比を雌雄に分けて答えよ。

═══【ヒント】═══════════════════════════════════════

　XY 型で Y 染色体に対立遺伝子が存在しない場合（特に指示がないかぎり，存在しないと考えてよい），雄の子の X 染色体は雌親から受け取った 1 本のみなので，雌親から受け取った X 染色体上の遺伝子がそのまま表現型に現れる。雌の子は両親から 1 本ずつの X 染色体を受け取るため，表現型は 1 対の対立遺伝子に関する優性の法則に従う形になる。

　このように，雌雄の子の表現型は異なる遺伝様式で決定されるのだから，出題者の指示がなくても，雌の子と雄の子に分けて答えを出し，必要な場合はそれらをまとめるのが得策である。

下の家系図は,同一家系に赤緑色覚異常と血友病の両方が現れた例である。赤緑色覚異常と血友病の遺伝子はともにX染色体上に存在し,正常遺伝子に対して劣性遺伝子である。これらの遺伝子間の組換え価は5%である。配偶子形成の際に組換えが起こる可能性も考慮しながら,下記の問いに答えよ。

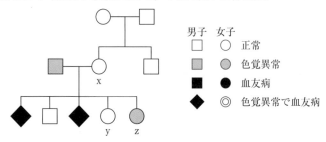

男子　女子
□　○　正常
■　●　色覚異常
■　●　血友病
◆　◎　色覚異常で血友病

問1　色覚異常の遺伝子を c,血友病の遺伝子を h とし,それらの遺伝子に対する正常な対立遺伝子を+と表現したとき,家系図中の女性 x, y, z のそれぞれについて,X染色体における遺伝子の配置を選べ。ただし,y, z については複数の可能性が考えられるため,可能性のある配置すべてとそれぞれの確率を小数第二位まで答えよ。

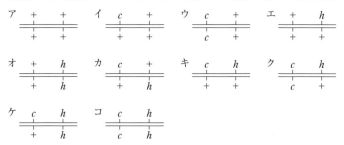

問2　女性 y が正常な男性と結婚したとき,第一子に血友病の男子が生まれる確率を小数第四位まで求めよ。ただし,子の色覚異常の有無は考慮しないものとする。

問3　女性 z が正常な男性と結婚したとき,第一子に血友病の男子が生まれる確率を小数第四位まで求めよ。ただし,子の色覚異常の有無は考慮しないものとする。

═══【ヒント】═══

まず,問題の内容とは関係ないが,この機会に,問題を解く以前の遺伝子記号について注意しておく。

出題者が遺伝子記号を指定していない場合,当然ながら自由に遺伝子記号を設定してよいが,その遺伝子記号は出題者には通じないことに注意して答える。

出題者が遺伝子記号を指定している場合,その記号が使いやすいものであればそのまま

使う。問題中で表現型 A を［A］のように表記していない場合，表現型は問題文中の表現に合わせる。

　出題者が指定した記号が使いにくい場合があり，この問題がそれに該当する。$C(c)$ は大文字と小文字がよく似ているため，常染色体の遺伝子であっても混同しやすく，伴性遺伝の場合は X^c のように X 染色体に遺伝子記号を小さく書き加える形になるため，特に混同しやすい。優性遺伝子は区別せずに + という表現も，使いやすいとは言えない。

　このような場合，遺伝子記号を混同しにくいものに置き換えて計算し，最後に出題者が決めた遺伝子記号に戻すのが得策である。

　解説 では，c を a，c に対する優性遺伝子を A，h に対する優性遺伝子を H と書き直した上で説明している。

　内容的には，男子の遺伝子型は表現型から自動的に決まる。女子については，たとえば二重ヘテロ［AH］と確定しても，$X^{AH}X^{ah}$ と $X^{Ah}X^{aH}$ の可能性があることや，配偶子形成の際に組換えが起こる場合もあることも考慮する必要があるため，かなりの難問。まずは，問 1 の解答がしっかり理解できることを目標としたい。

18 レベル c

カイコは絹糸を得るために古くから飼育されてきた昆虫であり、染色体数は $2n = 56$ である。ヒトやショウジョウバエと異なり、性決定様式はZW型であり、W染色体には雌の性決定因子以外の遺伝子は存在しないと見なせる。カイコの幼虫の遺伝に関する下記の問いに答えよ。ただし、分離比を答える問いで1種類の表現型しか現れない場合、「すべて無半月紋」のように答えよ。

問1　カイコの幼虫の第5体節には、通常半月紋とよばれる斑紋があるが、この斑紋を欠く無半月紋の形質をもつ場合がある。無半月紋の遺伝に関して、以下の交配結果が得られた。

交配1：幼虫が無半月紋であった個体同士を交配したところ、得られた幼虫は雌雄ともに無半月紋：半月紋あり＝2：1であった。

交配2：幼虫が無半月紋であった個体と幼虫が正常（半月紋あり）であった個体を交配したところ、雌雄どちらが無半月紋幼虫から育った個体であった場合も、得られた幼虫は雌雄ともに無半月紋：半月紋あり＝1：1であった。

(1)　交配1で特徴的な分離比が得られたのは、無半月紋遺伝子の作用によるものである。この作用から、無半月紋遺伝子のような遺伝子は特に何とよばれるか。

(2)　交配1で得られた個体を自由に交配させた。この交配で得られた幼虫に占める無半月紋の幼虫の割合を分数で答えよ。ただし、幼虫の時期の半月紋の有無は、成虫の交配や産卵数に影響を与えないものとする。

問2　正常なカイコの幼虫の皮膚は白色不透明であるが、皮膚の形質を支配する遺伝子に突然変異が生じ、皮膚が油紙のように透明になる油蚕（あぶらこ）とよばれる形質が現れることがある。油蚕には、原因遺伝子によって複数の系統が存在するが、ある系統の油蚕と、正常系統のものを交配したところ、以下の結果が得られた。ただし、幼虫が油蚕であるかどうかは、成虫の交配や産卵数に影響を与えないものとする。

交配3：油蚕系統の雌に正常系統の雄を交配したところ、得られた幼虫は雌雄ともすべて正常形質になった。

交配4：油蚕系統の雄に正常系統の雌を交配したところ、得られた幼虫の雄はすべて正常形質、雌はすべて油蚕になった。

(1)　これらの実験結果を元に、油蚕遺伝子の正常遺伝子に対する遺伝的優劣関係と、油蚕遺伝子の存在する染色体について簡潔に説明せよ。

(2)　交配3で得られた個体同士を交配して得られた幼虫の形質とその分離比を、雌雄に分けて答えよ。

(3)　交配4で得られた個体同士を交配して得られた幼虫の形質とその分離比を、雌雄に分けて答えよ。

問3　半月紋を欠くが皮膚の色は正常な幼虫から羽化した雌と，半月紋が存在するが油蚕の幼虫から羽化した雄を交配した。この交配で得られた幼虫の形質（半月紋の有無，油蚕か正常か）とその分離比を，雌雄に分けて答えよ。

問4　問3の交配で得られた幼虫のうち，半月紋を欠く幼虫から羽化した成虫同士を交配した。この交配で得られた幼虫の形質（半月紋の有無，油蚕か正常か）とその分離比を，雌雄に分けて答えよ。

=== 【ヒント】 ===

　問1は，問題16で練習した自由交配に関する再確認。幼虫の紋の有無を確認する以前に死亡する個体が出るとしたら，生存している幼虫に占める割合が答えとなる。

　問2は伴性遺伝に関する練習。伴性遺伝の問題は，ヒト，ショウジョウバエなどのXY型が題材になることが多く，ZW型に関して練習する機会は多くないであろうが，XY型に関してしっかり理解していれば，決して難しくないはずである。

　問3，4は常染色体の遺伝と伴性遺伝の両方に関係する問題。常染色体と性染色体は異なる染色体であり，それらに存在する遺伝子は互いに独立に遺伝することを意識して計算すれば，素早く，確実に解答できるはず。

Ⅲ
進化と遺伝

① 集団遺伝とハーディ・ワインベルグの法則

(1) ハーディ・ワインベルグの法則の前提条件

　ハーディ・ワインベルグの法則は，以下の5つの条件が成立する場合，集団内の遺伝子頻度は何代経っても変化しないという法則です。これらの条件が成立する集団はメンデル集団とよばれますが，まず，これらの成立条件について考えてみましょう。

　［成立条件］
　1．突然変異は起こらない。
　2．対立遺伝子間に生存上の優劣がない。
　3．交配は対立遺伝子とは無関係に，ランダムに起こる。
　4．大きな集団である。
　5．集団の外部との交流がない。

　集団内の小さな変化である遺伝子頻度さえ変化しないとしたら，進化と言えるような大きな変化が起こるはずはありません。ハーディ・ワインベルグの法則は，進化が起こらない条件を示したものと言えます。しかし，「進化が起こるのは，これらの条件のうちの少なくとも1つが成立しない場合である」と見ることもできます。これらの前提条件には「進化の原因の逆」という性格があるということです。

　条件1は，突然変異の逆です。突然変異が起こらないことが進化が起こらないための条件であるとは，進化が起こるのは突然変異が起こる場合であると言うのと同じです。

　条件2は，自然選択の逆です。対立遺伝子間に生存上の優劣がないことが進化が起こらないための条件であるとは，進化が起こるのは，対立遺伝子の生存上の優劣に基づく自然選択が起こる場合であると言うのと同じです。

　条件3は自由交配（ランダム交配），つまり性選択の逆です。これもダーウィン説と深く関係しています。この点に関する逸話に，ダーウィンはクジャクを大変嫌っていたという話があります。

　主著『種の起源』を著す過程でダーウィンを悩ませたのは，雄のクジャクの羽はなぜあのように美しいかということの説明であったと言われています。クジャクの派手な羽は明らかに目立ち，天敵に襲われやすいと考えられ，派手な羽をもつことを，自然選択説によって説明するのは困難です。ダーウィンは，自然選択説に対する有力な反論を自ら思いついてしまっていたのです。

　しかし，ダーウィンは，気候条件，餌となる生物，天敵などの外部からの選択だけでなく，同種の異性個体による選択も進化の原因であるという考え方にたどり着きます。これが性選択です。クジャクの目立つ羽は，天敵との関係では不利ですが，雌が大きく美しい羽の個体を交尾相手として選ぶとしたら，羽を派手にする遺伝子が子孫に残ります。

　性選択が起こらないことが進化が起こらないための条件であるとは，進化が起こるのは，性選択が起こる場合であると言うのと同じです。

　1〜3の前提条件は，突然変異，自然選択，性選択が起こらない場合，進化が起こらないということであり，裏返すと（対偶関係の命題としては），進化が起こるのは，突然変異，自然選択，性選択のどれかが起こる場合であるということです。

　4と5の前提条件は，進化の原因と関係した前提条件ではなく，数値処理，確率論的な手法で遺伝子頻度の変化や進化を考える上での前提条件です。

　まず，条件4は，確率論の前提である大数（たいすう）の法則そのものです。例えば，$Aa \times Aa$ の交配結果の数学的確率は［A］= 0.75，［a］= 0.25 ですが，数が少ないと，すべて［A］とか，［A］と［a］が同数程度出現することは普通に起こります。数が少ない場合，確率論から期待される結果が得られるとは限りません。

　この条件を進化と結び付けることもできます。数が極端に少ない場合，生存上の優劣と無関係に遺伝子頻度が大きく変化したり，対立遺伝子の一方が失われたりするような遺伝的浮動が起こることがあります。それが進化の原因になる可能性はありますが，それはハーディ・ワインベルグの法則が適用できる場面ではありません。

　最後に条件5は，注目した集団を閉じた系とみなし，その中だけで考えるということです。

　元の集団とは遺伝子頻度が異なる集団が流入するとか，一定の遺伝子構成の個体だけが外部に出て行けば，遺伝子頻度が変化する可能性はあります。しかし，それは考えず，現在注目している集団の中だけで，外部要因は無視して考えようということです。これは，因果関係を科学的に考える際の絶対条件でもあります。

⑵　ハーディ・ワインベルグの法則の証明

　さて，5つの前提条件が成立する場合，本当にハーディ・ワインベルグの法則が成立するのか，その証明過程を調べてみましょう。

[証明]

　5つの前提が成立する集団における対立遺伝子 A，a の遺伝子頻度をそれぞれ p，q（$p + q = 1$）とすると，集団内の遺伝子型とその割合は，次式であらわされる。

$$(pA + qa)^2 = p^2 AA + 2pq\,Aa + q^2 aa \qquad \text{…式①}$$

この集団がつくる配偶子頻度，したがって次世代の遺伝子頻度は次式のようになる。

$$A : p^2 \times 1 + 2pq \times \frac{1}{2} = p^2 + pq = p(p + q) = p \quad (\because \quad p + q = 1)$$

$$a : 2pq \times \frac{1}{2} + q^2 \times 1 = pq + q^2 = q(p + q) = q \quad (\because \quad p + q = 1)$$

…式②

②の遺伝子頻度は，前の世代と同じである ［証明終］

これで証明できたと言える理由は，下記のとおりです。

まず，$p + q = 1$，これは，確率という合計1の世界で考えるという宣言です。

式①は，雌雄の遺伝子頻度が等しいことを前提に，雌雄の配偶子が全くの偶然で出会うということから，確率の積の法則を使っています。

ある集団のもつ遺伝子全体は遺伝子プールと言われますが，下の図は，遺伝子プールを雌雄に分け，両者の間の全くの偶然の組み合わせで次世代が生じることを示しています。前提条件の中のランダム交配ということを利用した計算です。

式①の自由交配の結果
（$p + q = 1$ として，雌雄ともに A, a の遺伝子頻度はそれぞれ p, q）

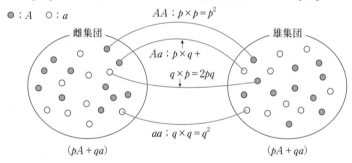

遺伝子頻度を配偶子の遺伝子頻度と考え，配偶子が全くの偶然で出会うとすれば，式①の右辺は受精卵の遺伝子型とその割合です。遺伝子型によって生存率が違うとしたら，成体の遺伝子型とその割合は，受精卵のものとは違ってきますが，対立遺伝子間に生存上の優劣がなく，自然選択は起こらないという前提です。そのため，受精卵の遺伝子型とその割合は，成体の遺伝子型とその割合と同じとみなすことができます。

式①の右辺における各遺伝子型の係数 p^2, $2pq$, q^2 は，集団内での各遺伝子型の個体の割合です。そして，遺伝子型 AA の個体は，確率1で遺伝子 A をもつ配偶子をつくり，遺伝子型 Aa の個体は，確率 $\frac{1}{2}$ ずつで遺伝子 A, a をもつ配偶子をつくり，遺伝子型 aa の個体は確率1で遺伝子 a をもつ配偶子をつくります。それらは互いに排反なので，確率

の和として A, a それぞれの配偶子の割合を求めることができ，その計算が式②です。下の図は，これらを図示したものです。

式①：遺伝子頻度から，遺伝子型とその割合を求める

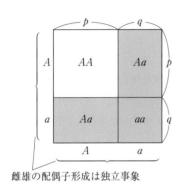

雌雄の配偶子形成は独立事象

式②：遺伝子型とその割合から，遺伝子頻度を求める

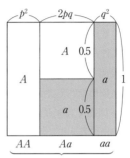

3通りの遺伝子型は互いに排反事象

　最後に，なぜこれで証明されたと言えるか。数学的帰納法です。この結果は，任意の世代（第 n 世代）の遺伝子頻度と，次世代（第 $n+1$ 世代）の遺伝子頻度が同じであることを示しています。初期値（第1世代）における遺伝子頻度が p, q であれば，この結果により，第1世代の遺伝子頻度は第2世代の遺伝子頻度と等しく，第2世代の遺伝子頻度は第3世代の遺伝子頻度と等しい…という形で，何代経っても遺伝子頻度は変化しないことが証明されています。

　集団遺伝の計算問題は，基本的に式①の遺伝子頻度から遺伝子型を求める計算と，式②の遺伝子型とその割合から遺伝子頻度を求める計算のどちらかです。

◇◇◇　ここが重要 *!!!* ◇◇◇◇◇◇◇◇◇◇◇◇◇◇◇◇◇◇◇◇◇◇◇◇◇◇◇◇◇◇◇◇◇

1．ハーディ・ワインベルグの法則は，一定の条件のもとでは遺伝子頻度の変化，ひいては進化は起こらないことを，数学的方法を用いて証明している。

2．ハーディ・ワインベルグの法則の前提条件は，これらの条件が満たされない場合には遺伝子頻度の変化，進化が起こり得ることを示していると見ることもできる。

3．ハーディ・ワインベルグの法則の前提条件は，進化の原因の逆，数値処理を行うための前提という性格を備えている。この点の理解が重要。

4．ハーディ・ワインベルグの法則に関係する集団遺伝の計算問題は，ハーディ・ワインベルグの法則の証明過程をしっかり理解していれば決して難しくない。

19 レベル A ハーディ・ワインベルグの法則が成立する集団における1対の対立遺伝子 A, a に関して，この集団における表現型［A］の個体の割合は 0.64 であった。このとき，下記の問いに答えよ。

問1　対立遺伝子 A, a それぞれの遺伝子頻度を求めよ。

問2　この集団における遺伝子型 AA, Aa, aa それぞれの割合を求めよ。

問3　問2の集団から表現型［a］の個体を取り除き，新たな集団を作った。

(1)　新たに作られた集団における A, a それぞれの遺伝子頻度を求めよ。

(2)　この集団でランダム交配を行わせたとき，次世代における遺伝子型 $AA : Aa : aa$ の比を整数比で答えよ。

(3)　(2)の集団内で自家受精を行わせたとき，次世代における遺伝子型 $AA : Aa : aa$ の比を整数比で答えよ。

≡【ヒント】≡

　ハーディ・ワインベルグの法則の式とその証明過程が理解されていれば解決できる。併せて，ランダム交配と自家受精の扱い方の違いについても再確認しておきたい。

20 レベル A ハーディ・ワインベルグの法則が成立する集団において，1対の対立遺伝子 A または a のホモ接合体の割合は合計 0.58 で，A の遺伝子頻度は a の遺伝子頻度よりも大きかった。

問1　A, a の遺伝子頻度を求めよ。

問2　遺伝子型 AA, Aa, aa それぞれの集団内の割合を求めよ。

≡【ヒント】≡

　ハーディ・ワインベルグの法則の式を未知数 p, q に関する方程式と見なし，p, q を求める。p, q がわかれば，すべて解決する。

21 レベル A ある集団における ABO 式血液型に関して，次の(1)〜(3)の事実が明らかになっているものとする。この集団では，ABO 式血液型の遺伝子についてハーディ・ワインベルグの法則が成立すると仮定して，下記の問いに答えよ。

(1)　A 型は B 型よりも多い。

⑵　O 型の割合は 0.49 である。

⑶　AB 型の割合は 0.04 である。

問1　遺伝子 A, B, O それぞれの遺伝子頻度を求めよ。

問2　集団内における A 型，B 型の割合をそれぞれ答えよ。

==【ヒント】==

　ABO 式血液型は，（緊急時の輸血可能性を除き）生存上の有利不利のない形質であり，一般にハーディ・ワインベルグの法則が成立する。ただし，複対立遺伝子であるから，未知数は p, q の 2 つでは足りない。

22 B　1 対の対立遺伝子 A, a について，遺伝子型 AA, Aa, aa の個体が 1：2：2 の比に含まれる多数の個体からなる集団を一定の空間内につくり，その内部のみで自由に交配を行わせた。

問1　この集団における対立遺伝子 A, a の遺伝子頻度を求めよ。

問2　問題文から考えて，この集団が次世代を残す条件は，ハーディ・ワインベルグの法則が成立するための前提条件のうちの 3 つを満たしている。しかし，次世代以降ハーディ・ワインベルグの法則が成立していると言えるためには，それに加えて，問題文にない 2 つの条件が成立していることが必要である。これらの条件を短文で答えよ。

問3　問2の条件も満たされていると仮定して，次世代の個体の遺伝子型とその割合を求めよ。

==【ヒント】==

　ハーディ・ワインベルグの法則の前提条件は，この問題のようにヒントを与えながら問うこともあるが，前提なしで 5 つの条件を問う場合もある。

　集団遺伝の計算問題は，遺伝子頻度から遺伝子型とその割合を求める計算と，遺伝子型とその割合から遺伝子頻度を求める計算のどちらかである。遺伝子型とその割合を求める場合，雌雄の遺伝子頻度が等しく自由交配であれば，二乗計算になる。遺伝子頻度を求める計算の場合，ハーディ・ワインベルグの法則が成立することが前提されていれば，上の問題のように一般式を立て，未知数 p, q などを求める方程式を解けばよい。ハーディ・ワインベルグの法則の成立が前提できない集団では，問題 **19** 問3⑴のように，すべての遺伝子型とその割合から遺伝子頻度を求める方法で求める。

② 進化と遺伝子頻度，血縁度

(1) 集団における遺伝子頻度の変化

(a) 遺伝計算とハーディ・ワインベルグの法則の成立条件

　進化と集団遺伝の関係を考える前提として，**Ⅱ　遺伝計算の方法**　で扱ったさまざまな計算において，ハーディ・ワインベルグの法則の成立条件はとっくに使われていたことを確認しておきたいと思います。いわゆる遺伝計算と集団遺伝は決して別のものではなく，遺伝計算とは，集団遺伝の中の一部を取り出したものに過ぎません。例として，図1の一遺伝子雑種 F_1 同士の交配について検討します。

図1　一遺伝子雑種 F_1 同士の交配による F_2

$$F_1 \qquad Aa \qquad \times \qquad Aa$$

（減数分裂）　　　　↓　　　　　　　　↓

（配偶子）　$(0.5A + 0.5a)$　　$(0.5A + 0.5a)$

F_2 の遺伝子型とその割合　　　$0.25AA + 0.5Aa + 0.25aa$

　1番目の突然変異は起こらないという条件に関して。図1の交配結果は，F_1 のもつ対立遺伝子 A，a 以外の遺伝子が新たに出現したり，A が a に変化することは想定していません。明らかに，この条件を前提としています。

　2番目の対立遺伝子間に生存上の優劣がないという条件に関して。図1の計算は，いくつかの点で，この条件を前提としています。

　まず，Aa の減数分裂により，$0.5A + 0.5a$ という配偶子ができていますが，遺伝子 A や a が配偶子形成に関与する遺伝子で，A をもつと正常な配偶子ができにくいなどということになったら，配偶子比はこれとは違うものになります。さらに，配偶子のランダムな組み合わせで F_2 ができるとして計算していますが，配偶子の生存・受精率が遺伝子によって違っていれば，受精卵のできる確率は遺伝子によって変化します。そして受精卵から成体になる過程の生存率が遺伝子型によって違っていれば，受精卵と成体の遺伝子型とその割合は違うものになります。

　図1での F_2 の遺伝子型とその割合は，これらの違いがないと見なした場合の割合であり，対立遺伝子間に生存上の優劣がないという条件を前提としています。

　3番目の自由交配という条件に関して。図1の交配は同じ遺伝子型同士の交配なので，この交配だけから交配が対立遺伝子と無関係かどうかは議論できません。複数の遺伝子型の個体を含む集団であれば，自由交配と自家受精では計算のやり方が違ってきます（☞ p.21）。しかし，自由交配には自家受精も他家受精も含まれており，自家受精は，自由交配という全体の中の一部だけを取り出したものであり，自由交配と自家受精は対立す

るものではありません。

　なお，4番目の大きな数の集団であるという条件は，確率計算では当然の前提です。分離比は，数を多くしたときにそこに近づく理論比であり，数が少ないときにはそれとは大きく異なる比になることは普通に起こります。

　5番目の外部との遺伝的交流がないという条件も同様に計算上の前提であり，計算結果と無関係な個体を付け加えるとか，計算結果の一部を取り除くとしたら，ただの計算間違いです。これらの条件の成立も前提とされていたのです。

　以上のとおり，ここまでに扱った計算では，すべてハーディ・ワインベルグの法則の前提条件は成立していたのです。

(b)　ハーディ・ワインベルグの法則の前提条件が成立しない場合

　ハーディ・ワインベルグの法則の前提条件が成立しない場合といっても，数が少なく遺伝的浮動によって遺伝子頻度が不規則に変化するような場合は，そもそも確率計算ができません。ここでは，対立遺伝子の間に生存上の優劣があり，特定の遺伝子型の個体が淘汰される場合を取り上げます。例えば，下の例のような計算です。

例　ある集団における A，a の遺伝子頻度はともに 0.5 であり，優性形質の個体はすべて成体になるが，劣性形質の個体は，出生後成体になるまでに 4 割死亡すると仮定する。この集団での自由交配による次世代の成体における遺伝子 A，a の遺伝子頻度を分数の形で答えよ。

考え方

　まず，遺伝子頻度をもとに，受精卵での遺伝子型とその割合を求めます。

$$(0.5A + 0.5a)^2 = 0.25AA + 0.5Aa + 0.25aa$$

　問題文より，AA と Aa の生存率を 1 とすると，aa の生存率は 0.6 です。したがって，次世代の成体における遺伝子型とその割合は，下記のようになります。

（受精卵の遺伝子型とその割合）	0.25AA	0.5Aa	0.25aa
	↓ ×1	↓ ×1	↓ ×0.6
（成体の遺伝子型とその割合）	0.25AA	0.5Aa	0.15aa

　遺伝子型 aa の個体の死亡により，成体の遺伝子型とその割合の合計が 1 でなくなり，0.25 + 0.5 + 0.15 = 0.9 になってしまいました。そこで下記のように，それぞれの数値を数値の合計である 0.9 で割り，生き残った個体全体を 1 とする割合に直します。

$$AA : \frac{0.25}{0.9} = \frac{5}{18} \quad Aa : \frac{0.5}{0.9} = \frac{5}{9} \quad aa : \frac{0.15}{0.9} = \frac{1}{6} \quad \cdots ①$$

生き残った個体の遺伝子頻度

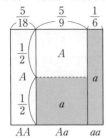

①の集団での遺伝子頻度は左図のように表現でき，集団内の遺伝子頻度は以下のように計算できます。

$$A : \frac{5}{18} \times 1 + \frac{5}{9} \times \frac{1}{2} = \frac{5}{9}$$

$$a : \frac{5}{9} \times \frac{1}{2} + \frac{1}{6} \times 1 = \frac{4}{9}$$

…② （答）

　細かいことですが，①や②の答えを出した時点で，「合計1になっている」ことを確認する注意深さが必要です。②の遺伝子 A の遺伝子頻度が求められた時点で，a の遺伝子頻度は，$1 - \frac{5}{9} = \frac{4}{9}$ と求めることはできますが，お勧めしません。計算ミスをすると合計が1にならなくなり，気付くことができる。それが，合計1にすることの大きな利点です。

　生育途中の生存率に違いがある場合，この問題のように生存率の低い個体の死亡によって合計が1でなくなってしまう点が厄介です。合計1でなくなったら，その都度合計1に戻すのが，最も安全な方法です。

　計算の結果，0.5ずつだった A と a の遺伝子頻度が，1世代後に $\frac{5}{9}$ と $\frac{4}{9}$ に変化しました。2世代，3世代 … n 世代後にはさらに a の遺伝子頻度は低下していくと考えられます。遺伝子頻度が世代を重ねることによって変化する様子は漸化式によって表現でき，n 世代後の遺伝子頻度は n を用いた一般式で表現できます。この点に関しては，問題に関連して触れることにしましょう（☞解答・解説編 p.39 〜 41）。

(2) 血縁度と血縁選択

(a) 適応度と利他的行動の謎

　例 で見たように，遺伝子によって生存率が違う場合，生存上不利な遺伝子をもつ個体は子を残す力が弱いため，そのような遺伝子の遺伝子頻度は時間とともに低下していきます。「子を残す力」の数値的表現が，適応度という概念です。個体が子を残す力という意味で，いったん次のように定義しておきます。この定義は特に個体適応度とよばれるものです。

適応度＝ある個体が生涯で産んだ子の数のうち，繁殖可能な年齢に達する数
　　　　＝1個体が残す子の数×出生から繁殖可能な年齢に達するまでの生存率

　生まれる子の数が多くても，生まれた子が繁殖可能な年齢に達する前に死亡したら，適応度は下がります。その点を考慮し，適応度は出生数と生存率の積で表現されます。

　この定義は，個体の繁殖力に基づく定義ですが，遺伝子によって適応度が違う場合，集団内の遺伝子頻度は変化していきます。適応度の違いは遺伝子頻度の違いをもたらすため，対立遺伝子間の相対的な適応度は，次の定義を用いて比較できます。

　　　適応度＝ある遺伝形質を産み出す遺伝子が，集団内で遺伝子頻度を高める速度

　この定義は遺伝的適応度とよばれます。ハーディ・ワインベルグの法則の前提条件が成立するのは，対立遺伝子の遺伝的適応度が等しい場合です。

　突然変異によって出現した新たな遺伝子の遺伝的適応度が対立遺伝子より高い場合，自然選択や性選択を通じて，集団内におけるその遺伝子の遺伝子頻度は上昇していくでしょう。逆に遺伝的適応度が低い遺伝子の遺伝子頻度は低下していきます。その積み重ねの結果，進化が起こると考えられます。

　ただし，適応度に基づく見方では説明困難な現象が，自然界には普通に存在します。それは，ハチ，アリなどの社会性昆虫で特によく発達し，群れをつくる哺乳類などでも見られる利他的行動です。

　自らの生存・繁殖機会を減らしながら，姉妹の個体などの子育てを助ける利他的行動を行うヘルパーの個体は，利他的行動を行わない個体よりも適応度は小さくなり，特に社会性昆虫におけるハタラキバチのようなワーカーは子孫を残さないため，適応度は0と計算されます。適応度が0の行動を引き起こす遺伝子はすみやかに集団から失われていくはずなのに，なぜこのような行動をする個体が存在するのでしょうか。

(b)　利他的行動と血縁選択説

　利他的行動が存在するという事実は，適応度という概念の変更を迫るものです。ハミルトンは適応度を拡張した包括適応度という概念を元に，血縁選択説を提唱しました。

　包括適応度という考え方の基本は，「自分自身で繁殖を行わなくても，自らの遺伝子を残すことは可能である」ということです。自分と同じ，ないし似た遺伝子をもつ血縁個体の繁殖を助け，その個体の適応度を高める利他的行動を行えば，助けを受けた血縁個体の適応度の上昇を通じ，自らの遺伝子を多く残すことができます。利他的行動によって他の個体の適応度を高めることを通じて間接的に自らの適応度を高める場合も含めた適応度が，包括適応度という概念です。そして，血縁個体に対する利他的行動を包括適応度を高める行動であると説明するのが，血縁選択説です。

　血縁選択説では，利他的行動を行う個体とその行動によって適応度が高まる個体の間の遺伝的な近さが重要であり，個体間の遺伝的な近さを示す値が血縁度です。

一般に，ある個体 X から見た，個体 Y の血縁度とは，個体 X のもつ任意の遺伝子について，同じ遺伝子を個体 Y がもっている確率のことです。個体は多数の遺伝子をもつため，結果として，ある個体 X から見た Y の血縁度が 0.5 であれば，X のもつ遺伝子のうち約半数を Y がもつと考えられます。

　血縁度は，ハーディ・ワインベルグの法則と同様，進化を数値計算に基づいて論理的に考えるための道具です。そして，ハーディ・ワインベルグの法則と同様，減数分裂に関する理解と，確率論の基本さえ身についていれば，血縁度は容易に求められます。

　雌雄の性染色体の違いに基づく遺伝子の違いが気になる人もいるかも知れません。血縁度は概算的な数字なので，その点は無視します。

(c)　二倍体生物の血縁度

　右の図のように，雌親 A と雄親 B の間に，子 C と子 D がいると仮定します。雌親 A あるいは雄親 B から見た，子 C の血縁度を計算してみましょう。

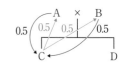

→：親から見た子の血縁度
　（減数分裂による）

→：子から見た親の血縁度
　（両親から 1 つずつ
　　　受け取ることによる）

　雌親 A のもつ任意の遺伝子は相同染色体のどちらか一方に存在し，減数分裂の結果，子 C には相同染色体の一方のみが渡るため，同じ遺伝子を子 C がもつ確率は，0.5　…①

　次に，子 C から見た雌親 A や雄親 B の血縁度を計算しましょう。

　子 C のもつ任意の遺伝子は，母親から受け取ったか，父親から受け取ったかのどちらかであり，両者は同確率であるから，子 C から見た雌親 A や雄親 B の血縁度は 0.5 …②

　親から子を見たときの血縁度と，子から親を見たときの血縁度はともに 0.5 という同じ値になりました。しかし，計算方法は違います。親から子を見る場合は，減数分裂の結果，1 対の相同染色体の一方のみが配偶子に入ることが計算の根拠です。子から親を見る場合，受精によって両親から相同染色体の 1 本ずつを受け取ることが計算の根拠です。

　次に，兄弟姉妹である C から見た D の血縁度を計算しましょう。

　まず，ある遺伝子が D と同じである場合には，雌親由来の遺伝子が同じになった可能性と雄親由来の遺伝子が同じになった可能性があります。雌親由来の確率は②と同様 0.5，そして，その遺伝子が D に渡っている確率は①と同様 0.5 です。つまり，雌親由来で同じ遺伝子をもつ確率は 0.5 × 0.5 = 0.25 です。雄親由来の同じ遺伝子をもつ確率も同じく 0.25 であり，両者は排反なので，0.5 × 0.5 + 0.5 × 0.5 = 0.5 となります。

(d)　ハチ，アリなど，雄が単相の場合の血縁度

　ハチ，アリなどの場合，受精卵は雌になり，未受精卵が単独発生すると雄になります。そのため，両親から見た子 C や D の血縁度は，雌親と雄親で違います。雌親 A から見ると二倍体生物と同様 0.5 ですが，雄親 B からの遺伝子は減数分裂を経ず，そのまま子に

伝わるため，雄親Bから見た血縁度は1です。…①'

　　しかし，子CやDから見ると，雌親Aと雄親Bの血縁
度に違いはありません。遺伝子は雌親から受け取ったか，
雄親から受け取ったかのどちらかなので，子CやDから
見た血縁度は雌親Aも雄親Bも0.5です。…②'

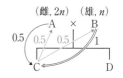

⇒：雄親から見た子の血縁度
　　（減数分裂を経ず，その
　　まま渡す）

　　これらの結果を元に姉妹CとDの間の血縁度を計算す
る場合，二倍体のときと同様，子Cから見た親の血縁度
②'と親から見た子Dの血縁度①'を，雌親と雄親の両方について求め，それらを合計し
ます。その結果は，以下のようになります。

$$0.5 \times 0.5 + 0.5 \times 1 = 0.75$$

　　ハチ，アリなどの社会性昆虫の場合，同じ両親から生まれた雌の子同士の血縁度は，
二倍体生物の場合の値（0.5）よりも大きくなります。利他的行動は鳥など，他の動物
にも見られますが，ハチやアリでよく発達しています。ハタラキバチは繁殖に関与しな
いワーカーですが，女王バチの産んだ雌の子は，ハタラキバチと姉妹関係にあります。
そして，ハタラキバチ自身が子を産んだとしてもその子の自分との血縁度は0.5であり，
姉妹の血縁度は0.75なので自分の子より大きいのです。このように考えると，ハタラ
キバチの利他的行動は，包括適応度の観点から合理性があると考えられます。

◇◇◇ **ここが重要 *!!!*** ◇◇◇◇◇◇◇◇◇◇◇◇◇◇◇◇◇◇◇◇◇◇◇◇◇◇◇◇◇◇◇◇◇

1．ハーディ・ワインベルグの法則の前提条件の多くは，通常の分離比計算の中で特
　に意識せずに使っている条件。集団遺伝は，さまざまな遺伝子型の個体が入り混じっ
　た集団において，可能性のあるすべての交配結果の合計である。

2．遺伝子型によって生存率が異なる場合など，ハーディ・ワインベルグの法則の前
　提条件が成立しない場合，ランダム交配であっても集団内の遺伝子頻度は徐々に変
　化し，その積み重ねによって進化が起こる可能性がある。

3．個体Aのもつ遺伝子と同じ遺伝子を個体Bがもつ確率が，Aから見たBの血縁度。
　親から見た子の血縁度を計算する場合，減数分裂による染色体数の半減が起こるか
　どうかに注目する。子から見た親の血縁度を計算する場合，受精によって雌雄の両
　方から遺伝子を受け取っていることに注目する。

4．二倍体生物の場合，親子の間の血縁度はどちらから見ても同じ0.5であるが，ハチ，
　アリなどの雄が半数体（n）の動物の場合，雄親から見た雌の子の血縁度と，雌の
　子から見た雄親の血縁度は異なり，雌の子同士の血縁度は高い。そのことが利他的
　行動の進化，社会構造の形成の重要な原因になっていると考えられている。

23 レベル **B** ハツカネズミの黄色毛の形質は，優性遺伝子 Y によって発現するが，遺伝子型 YY の個体は胎児段階ですべて死亡し，劣性ホモ接合体 yy の個体の毛色は灰色になる。問1〜問5それぞれの交配で得られる黄色毛の個体の割合を求めよ。ただし，解答はすべて既約分数で答えること。

問1 ヘテロ接合体 Yy 同士を交配させる。

問2 問1の交配で得られた集団について，同じ毛色の個体同士を交配させる。

問3 問2の交配で得られた集団について，同じ毛色の個体同士を交配させる。

問4 問1の交配で得られた集団について，毛色と無関係に自由に交配させる。

問5 問4の交配で得られた集団について，毛色と無関係に自由に交配させる。

═══ 【ヒント】 ═══════════════════════════════

劣性致死遺伝子をもつとホモ接合体は死に至るため，このような遺伝子は生存上不利な遺伝子の典型例である。致死遺伝子を題材に，生存上優劣のある遺伝子の扱い方について確認する。自家受精とランダム交配の計算方法の違いについても，再確認する。

24 ⟨レベル c⟩ 　鎌状赤血球貧血症は，ヘモグロビン遺伝子において塩基1個が置換し，アミノ酸1個が変化することで生じる遺伝的疾患である。この遺伝子 S のホモ接合体の人は，成人になる前に死亡するため，子孫を残すことはない。ヘテロ接合体 AS の人の症状は軽く，マラリアに対する抵抗性があるため，マラリア蔓延地域では，AS の人は S 遺伝子をもたない AA の人よりも生存率が高い。あるマラリア蔓延地域において，成人の集団での遺伝子 S の遺伝子頻度は0.2で安定していた。遺伝子 A と遺伝子 S の間に生存上の優劣が存在することを除き，この地域の人々の集団ではハーディ・ワインベルグの法則の前提条件が成立すると仮定して，下記の問いに答えよ。

問1　この集団における新生児の遺伝子型とその割合を推定せよ。

問2　この地域の成人集団における遺伝子型 AA の人と AS の人の比（$AA:AS$）を，整数比で答えよ。

問3　AA の新生児が成人に達するまでのマラリアによる死亡率を求めよ。ただし，出生後成人に達するまでのマラリア以外の原因による死亡率は AA，AS で差がなく，ともに無視できる程度とする。

問4　この地域において，ある年からマラリアの撲滅が達成され，成人に達するまでのマラリアによる死亡が見られなくなった。その結果，この年の新生児の集団（問1の新生児集団）のうち，SS の人以外の全員が成人に達した。この成人集団の次の世代の成人における遺伝子 S の遺伝子頻度を小数第三位を四捨五入し，小数第二位までで答えよ。

═══ 【ヒント】 ═══

　新生児の遺伝子頻度は，前の世代の成人の遺伝子頻度を元に求めることができるが，問題はこの新生児の生存率は，遺伝子型ごとに異なることである。問2では成人集団には AA と AS しかいないことと遺伝子頻度0.2という値から，成人の遺伝子型とその割合を求める。

25 B レベル　動物個体群では，個体が密な集団である①群れをつくり，まとまって行動することがある。哺乳類では，群れの中で生まれた子を親以外の個体も協力して育てる共同繁殖が見られる場合があり，この場合，親以外の個体を　 a 　とよび， a 　は世話をする個体の　 b 　であることが多い。 a 　の行動は，自分の生存や繁殖機会を減らしながら他の個体の生存や繁殖を助ける行動，すなわち　 c 　である。生存競争という観点からは一見不合理に見える　 c 　が，なぜ行われているのであろうか。

　2つの個体の間で遺伝子を共有する確率を，両者の血縁度とよぶ。哺乳類を含む多くの動物は，雌雄ともゲノムを2組もつ二倍体（2n）である。この場合，図1に示すように雌Aと雌Bの血縁度は0.5 × 0.5 + 0.5 × 0.5 = 0.5になる。雌Bの産んだ子と雌Aの血縁度は，　 d 　である。

　 c 　を伴う共同繁殖は，ハチやアリでは哺乳類以上に一般的に見られる。ハチやアリでは，性は性染色体によらず，卵が受精するか否かによって決定される。図2のように，受精卵は雌になり，受精しなかった卵は単独で発生し，雄になる。

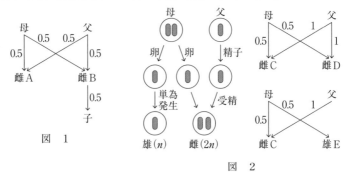

図　1

図　2

　雌は二倍体（2n）であるのに対し，雄は一倍体（n）であるため，同じ両親から生まれた雌Cと雌Dの血縁度は　 e 　となり，哺乳類とは異なる結果になる。これは，雌Cが父親から受け継いだ遺伝子は必ず（確率1で）雌Dにも伝わるからである。また，同じ両親から生まれた雌Cと雄Eの血縁度は　 f 　となる。これは，雄は父親から遺伝子を受け継がないためである。

　ミツバチ，アリ，シロアリなどでは，集団内の役割分業によって集団が維持されている。このような昆虫は　 g 　性昆虫とよばれる。 g 　性昆虫の集団内では，女王1個体（ないし少数個体）のみが生殖を行い，大多数の雌はワーカー（労働個体）として採食，巣づくり，育児，防衛などを行い，生殖には関与しない。

　ある個体が次世代に残せた繁殖可能な個体数を適応度という。適応度の高い形質をもつ個体は　 h 　によって生き残るため，集団内での適応度の高い個体の割合は時間ととも

に上昇し，適応度の低い個体の割合は，時間とともに減っていくと考えられる。　g　性昆虫では，ワーカーになった個体は自分の子（次世代）を残せないため，適応度は0である。適応度から考えると，このような個体は集団からすみやかに消滅するはずであり，ワーカーが存在する理由を説明できない。②ハミルトンは，血縁度という概念を用いて，ワーカーの存在を説明した。

問1　文中の空欄　a　～　c　に入る適切な語を次の(ア)～(ケ)から1つずつ選べ。
(ア) 相互作用　　(イ) カースト　　(ウ) 血縁者
(エ) 遠縁者　　(オ) ヘルパー　　(カ) 利他的行動
(キ) ニッチ　　(ク) リーダー　　(ケ) 本能行動

問2　下線部①に関して，群れをつくる意義を40字以内で説明せよ。

問3　文中の空欄　d　～　f　に適する数値と，　g　，　h　に適する語を答えよ。

問4　下の文は，下線部②について説明したものである。空欄　i　に適する語を答え，1）～3）については正しい語を選び，その記号を答えよ。

[文]
　ハミルトンは，個体が次世代に残そうとしているのは自分の子というより，自分の　i　であると考え，ワーカーの存在を説明しようとした。つまり，同じ両親から生まれた雌同士の血縁度は，母とその娘の血縁度よりも1）[ア：大きい　イ：小さい]ので，ワーカーは2）[ア：自分　イ：女王]の娘を育てるよりも，3）[ア：自分　イ：女王]の娘を育てた方が適応度が高くなる。

═══【ヒント】═══
　図1，図2において，親から見た子の血縁度が示されている。この数字が，子から見た親の血縁度と等しくない場合があることに注意する。

Ⅳ
遺伝計算とさまざまな場面

① 動物の生殖・発生と遺伝子発現

(1) ミトコンドリア DNA と遺伝

　動物の配偶子形成では，始原生殖細胞から卵原細胞・精原細胞の体細胞分裂の後，卵母細胞から卵細胞，精母細胞から精細胞ができる過程で減数分裂が起こります。受精卵の核は卵と精子に由来する減数分裂完了後の核が合体したものですが，卵母細胞からは細胞質を通じ，大量の細胞小器官，物質も提供されます。この点に注目すると，卵と精子が次世代に与える影響は同じではありません。この違いが関係する遺伝現象が，ここで取り上げるミトコンドリア DNA による遺伝と，次に触れる母性因子による遺伝です。

　受精の際に卵内に入った精子のミトコンドリアは分解されるため，受精卵に含まれるミトコンドリアは，卵由来のものだけです。そのため，ミトコンドリア DNA に起因する遺伝形質は，母親だけから伝わります。

　この遺伝様式をとる遺伝的疾患の例に，ミトコンドリア遺伝子の異常によって発症する「ミトコンドリア糖尿病」があります。しかし，ミトコンドリア遺伝子に異常があれば必ず発症するわけではありません。母親から受け取った多数のミトコンドリアのうち，突然変異を起こしたものがごく一部であれば，顕著な症状が現れないこともあります。

　なお，ミトコンドリアの機能の異常のすべてがミトコンドリア DNA に起因するわけではありません。ミトコンドリアの中のタンパク質には，核の遺伝子に基づいて合成され，ミトコンドリアに運ばれて来たものも多く存在するためです。

(2) 母性因子と発生

　卵の細胞質には，卵黄の他に多量の RNA やタンパク質も含まれています。これらの物質は卵形成の減数分裂完了前に卵内で合成されたもの（ウニなど）や，卵細胞を取り巻く細胞で合成されて卵細胞に運び込まれたもの（ショウジョウバエなど）なので，卵の細胞質中の物質は，受精卵の核や減数分裂後の卵の核の遺伝子産物ではなく，母体の体細胞の核の遺伝子産物です。

　発生初期の卵割の進行に必要な 1 つの優性遺伝子を A，A に対する機能欠損の劣性遺伝子を a とします。両親の遺伝子型が Aa であれば，確率 $\frac{1}{4}$ で aa の受精卵ができますが，この受精卵では正常に卵割が起こります。Aa の母親が産卵した卵なので，卵の細胞質中には遺伝子 A 産物が存在し，この物質の作用で卵割が進行するためです。

　遺伝子型 *aa* の雌と遺伝子型 *AA* の雄の組み合わせの場合，子の遺伝子型はすべて *Aa* ですが，受精卵が正常に発生することはありません。受精卵の核の遺伝子型は *Aa* であっても，細胞質には遺伝子 *A* 産物が存在しないためです（図1）。

図1　受精卵の核と細胞質に対する，卵細胞と精子の影響

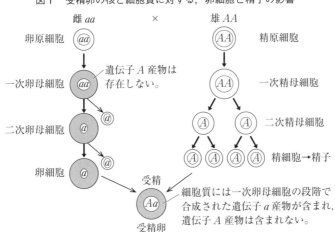

　この現象には，図2の発生における核酸合成の特徴も関係しています。受精後の卵割期は，雌親の体細胞と同じ遺伝子産物の作用によって進行し，受精卵の核の遺伝子は，胞胚期以降になって発現します。

　このことが現れた例に貝の巻き方の遺伝があります。巻き貝の巻き方は，らせん卵割とよばれる卵割様式によって決定され，卵の細胞質に遺伝子 *D* 産物が存在する場合は右巻き，*D* 産物が存在しない場合は左巻きになるという形で，貝の巻き方は母性

図2　発生と核酸合成

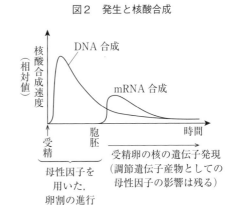

因子によって決定されます。例えば，受精卵の核の遺伝子型が *Dd* であっても，雌親の遺伝子型が *dd* であれば，その貝は左巻きになります。母性因子によって決まるこのような遺伝様式は母性遺伝とよばれますが，遺伝子発現が一代遅れて起こっているように見えるため，遅滞遺伝ともよばれます。

　母性因子は，卵割期より後の段階での遺伝子発現にも影響を与えます。ショウジョウバエの未受精卵では，母性因子であるビコイド mRNA が頭部側，ナノス mRNA が尾部側

に蓄積しています。これらの mRNA は受精後に翻訳され，ビコイドタンパク質が頭部に多くナノスタンパク質が尾部側に多い濃度勾配が形成されます。これらのタンパク質は，その濃度に応じて核の遺伝子の発現に影響を与える調節タンパク質であり，その作用によって各部で特定の分節遺伝子が発現し，各部が体のどの位置の体節になるかが決まります。受精卵の核に頭部形成に関与する遺伝子群が存在しても，卵内にそれらの遺伝子の発現を促進する母性因子が存在しない場合，頭部形成は起こりません。

(3) エピジェネティック制御と遺伝子発現

(a) エピジェネティック制御

　ツメガエルの核移植によるクローンガエルの作出は 1960 年代に成功しましたが，哺乳類であるヒツジのクローン作出の成功は，その約 30 年後です。哺乳類の細胞の核は，DNA の塩基配列を変化させずに遺伝子の発現状態を変化させる調節であるエピジェネティック制御とよばれる調節を受けていることが多く，分化した細胞の核を受精直後と同じ状態にするのは，大変困難だったためです。

　受精卵のもつ遺伝子のうち，特定の細胞で発現するのはごく一部であり，発現しない遺伝子は，塩基シトシンのメチル化修飾やヒストンの化学的修飾によって発現できなくされていることがあります。分化した哺乳類の細胞では，分化した状態を維持・固定させるエピジェネティック制御が多くなされていることが，哺乳類でのクローンの作出を困難にしていた原因でした。

　ゲノム刷り込み（ゲノムインプリンティング）や雌の X 染色体 1 本の不活性化は，エピジェネティック制御により，遺伝の法則と矛盾するように見える表現型が現れる例です。

(b) ゲノム刷り込み

　ゲノム刷り込みとは，一部の遺伝子について，母親から受け取った方，または父親から受け取った方だけが発現する現象です。ある遺伝子が，母親（卵）に由来するか，父親（精子）に由来するかということが「記憶されており，しかも，その記憶の影響がずっと続く」という特徴が刷り込みに基づく行動と似ているため，こう名付けられました。

　例えば，母親の遺伝子型が優性ホモ AA，父親の遺伝子型が劣性ホモ aa の場合，子の遺伝子型は Aa となり，通常優性遺伝子である A が表現型に現れます。しかし，母親由来の遺伝子は読まず，父親由来の遺伝子を読むという刷り込みがなされていたら，劣性遺伝子 a が表現型に現れます。

　ゲノム刷り込みは，体細胞では維持されていますが，生殖細胞の形成過程で消去され，自らの性に基づく刷り込みに直されます。その結果，次世代でも，卵由来の染色体は雌型の刷り込み，精子由来の染色体は雄型の刷り込みを受けている状態になります。

(c)　X 染色体の不活性化

　　哺乳類の雌の場合，間期の細胞でも，1 本の X 染色体が強く凝集しています。この凝集は，不活性化されていることのあらわれです。雌の X 染色体の 1 本が不活性化され，遺伝子が発現しなくなっている理由は，以下のように考えられています。

　　例えば第 21 染色体という小さな染色体が 1 本多いだけでダウン症候群という遺伝的疾患が生じるように，正常発生には遺伝子の発現量のバランスが重要です。X 染色体はかなり大きく，ヒトの女性で 2 本，男性で 1 本という本数の違いに由来する発現量の違いを放置すると，男女いずれかに遺伝的な疾患が発症したり死亡する危険があります。それを防ぐため，哺乳類の雌では，発生途上で X 染色体の 1 本が不活性化されるのです。

　　この不活性化は発生の途中で細胞ごとにランダムに起こり，2 本の X 染色体を X_1X_2 のように区別して書くと，ある細胞では X_1，別の細胞では X_2 が発現します。このような特徴がはっきり現れた遺伝に，三毛ネコの遺伝があります。

　　ネコの毛色を茶色にする遺伝子は X 染色体上に存在し，この遺伝子が発現しないと，常染色体上の黒色にする遺伝子が発現します。X^A を茶色遺伝子，X^a を黒色遺伝子と書くと，雌では X 染色体が 2 本存在するため，毛をつくる皮膚の細胞で X^A が発現している場所では茶色の毛，X^a が発現している場所では黒色の毛がつくられます。X^A，X^a に加え，常染色体上にある白斑をつくる優性遺伝子も発現すると，茶色，黒色に白斑が混じる三毛ネコが出現します。

　　雄では X 染色体が 1 本しかありませんので，茶色，黒色，およびそれぞれの色に白斑が混じるネコはいても，三毛ネコはいません。しかし，染色体異常による染色体構成 XXY の雄ネコの場合，雄でも X 染色体の不活性化は起こるため，ごく稀に雄の三毛ネコもいます。

◇◇◇　ここが重要 *!!!* ◇◇◇◇◇◇◇◇◇◇◇◇◇◇◇◇◇◇◇◇◇◇◇◇◇◇◇◇◇◇

1．動物のゲノムには，卵と精子の両方から 1 組ずつ供給される核ゲノムと，卵の細胞質を通じて雌親のみから次世代に伝わるミトコンドリアゲノムがある。
2．卵の細胞質には，卵黄のほか，RNA，タンパク質などの母性因子が含まれ，初期の発生は受精卵の核の遺伝子でなく，母性因子の作用によって進行する。
3．母性因子の発現を支配する遺伝子は，雌親の体細胞の遺伝子と同じである。
4．1 対の相同染色体上の遺伝子に関して，遺伝的刷り込みがなされている場合，遺伝的な優劣と無関係に，母親，または父親由来の遺伝子が発現する。
5．三毛ネコの遺伝は，哺乳類の雌の X 染色体が 1 本不活性化されることのあらわれ。

26 レベル **B** モノアラガイの巻き方は卵割期の卵割の仕方によって決定され，卵割の仕方を決定する因子は母体の体細胞の核の遺伝子の情報によって合成され，卵内に蓄積されている。卵割の仕方と貝の巻き方を決定する遺伝子は右巻きが優性で，左巻きが劣性である。

問1　右巻き系統の雌と左巻き系統の雄を用いた純系同士の交配で生じる F_1 の巻き方と，F_1 同士を交配して得られる F_2 の巻き方を，「すべて左巻き」，「右巻き : 左巻き = 1 : 1」のように答えよ。

問2　左巻き系統の雌と右巻き系統の雄の組み合わせで交配を行った場合，問1と同様に F_1，F_2 の巻き方を答えよ。

問3　問2で得られた多数の F_2 雌のそれぞれに右巻き系統の雄を交配して得られる F_3 の巻き方を，問1と同様に答えよ。

問4　問2で得られた多数の F_2 雌のそれぞれに左巻き系統の雄を交配して得られる F_3 の巻き方を，問1と同様に答えよ。

27
レベルB

ビコイド遺伝子は，キイロショウジョウバエの頭部・胸部形成を始めとする体の基本体制の形成に重要な作用をもつ遺伝子である。ビコイド遺伝子は，卵形成の過程で，卵細胞の周囲の体細胞である哺育細胞で転写され，ビコイドmRNAは卵細胞に運び込まれる。ビコイドmRNAは卵の頭部に局在しているが，受精後翻訳され，ビコイドタンパク質は頭部になる前方に多く，腹部になる後方に少ない濃度勾配を形成する。卵内にビコイドタンパク質を欠く胚は，頭部と胸部が形成されず，発生途中で死亡する。ビコイド遺伝子は野生型遺伝子 bcd^+ が突然変異型の対立遺伝子 bcd^- に対して優性である。これらの事実を踏まえ，下記の問いに答えよ。

問1　正常な形態を備えたヘテロ接合体 bcd^+/bcd^- 同士を交配させ，多数の受精卵を得た。この受精卵のうち，ビコイド遺伝子の異常が原因で発生途中で死亡するものの割合を0，1または既約分数で答えよ。

問2　問1の交配で得た多数の雌と野生型 bcd^+/bcd^+ の雄を交配した。

(1)　この交配の結果，途中で死ぬ卵のみを産む雌の割合を問1と同様に答えよ。

(2)　この交配の結果，途中で死ぬ卵を半数だけ産む雌の割合を問1と同様に答えよ。

問3　問1の交配で得た多数の雄と，ヘテロ接合体 bcd^+/bcd^- の雌を交配した。この交配において，雌が途中で死ぬ卵のみを産む割合を問1と同様に答えよ。

問4　ビコイド遺伝子はショウジョウバエの常染色体の一つである第三染色体に存在し，第三染色体には野生型（赤眼）に対して劣性のセピア眼遺伝子も存在する。ビコイド遺伝子とセピア眼遺伝子の間の組換え価は20％である。

(1)　野生型の純系の雌と，セピア眼でビコイド変異体遺伝子のホモ接合体の雄を両親（P）として交配し，F_1 を得た。そして F_1 の雌をPの雄と同じ遺伝子型の雄と交配させた。この交配で得られた個体のうち，赤眼のものの割合を問1と同様に答えよ。

(2)　(1)の F_1 雌とPの雄の交配で得られた多数の雌個体を，Pの雄と同じ遺伝子型の雄と交配させた。この交配の結果，雌の一部は正常に発生する卵のみを産み，一部は正常に発生しない卵を産んだ。正常に発生する卵のみを産んだ雌のうち，赤眼の雌の割合はどの程度であったと考えられるか。問1と同様に答えよ。

28 レベル **B**　哺乳類の遺伝子には，ゲノム刷り込みとよばれる現象がしばしば見られる。
この現象は，両親から受け取った1対の対立遺伝子のうち，一方がDNA
のメチル化修飾を受けて発現しなくなる現象であり，両親のどちらの遺伝子が発現するか
は遺伝子によって異なる。DNAの脱メチル化とメチル化は生殖細胞の形成過程で起こり，
体細胞では，発生およびその後の過程を通じ，メチル化は維持される。

両方ともゲノム刷り込みが起こることが明らかになっている2対の対立遺伝子 $A(a)$ と
$B(b)$ について，下記の問いに答えよ。ただし，表現型は，表現型Aを［A］のように表
記するものとする。

問1　遺伝子型 $AABB$ の雌と $aabb$ の雄を交配したところ，生まれた子の表現型は［Ab］
　　であった。次のそれぞれの遺伝子は，雌親，雄親のどちらに由来する遺伝子がメチル化
　　修飾を受けるか。雌または雄と答えよ。
　(1)　遺伝子 $A(a)$　　(2)　遺伝子 $B(b)$

問2　遺伝子型 $aaBB$ の雌に問1の交配で得られた表現型［Ab］の雄を交配させた。こ
　　の交配で得られる子の表現型とその分離比を答えよ。

29 レベル **B**　哺乳類の性決定様式はXY型であり，発生途上，雌では2本存在するX
染色体の1本が不活性化される。どちらのX染色体が不活性化されるかは，
細胞ごとにランダムに決定され，この決定はその細胞が分裂した後も維持される。ネコの
毛色の決定にはさまざまな遺伝子が関係しているが，三毛猫の遺伝には下記の遺伝子が関
係している。三毛猫とは，皮膚の毛をつくる細胞の中にオレンジ色の毛をつくる細胞と黒
色の毛をつくる細胞が混在しており，かつ，白斑があるネコのことである。

　　遺伝子 R：X染色体上に存在し，毛色をオレンジ色にする遺伝子。対立遺伝子 r のみを
　　　　　　もつと，毛色は黒色になる。
　　遺伝子 S：常染色体上に存在し，白斑をつくる優性遺伝子。劣性の対立遺伝子 s のみを
　　　　　　もつと，白斑はできない。

問1　次の遺伝子型のネコの毛色を「オレンジ・黒」，「黒・白斑」または「三毛」のよう
　　に答えよ。
　(1)　$SsX^R X^r$　　(2)　$ssX^R X^r$　　(3)　$ssX^R Y$　　(4)　$SsX^R Y$

問2　問1の(1)と(4)の交配で得られるネコの毛色と分離比を雌雄に分けて答えよ。

② 植物の受精，種子形成と遺伝

(1) 葉緑体DNAと遺伝

葉緑体にはミトコンドリアと同様に環状DNAが存在し，葉緑体DNAは核内遺伝子とは別に，卵細胞質中の未熟な葉緑体（原色素体）によって伝えられます。雌親由来のものだけが次世代に伝わる点も，ミトコンドリアDNAと同様です。

葉に緑色の部分と白色の部分が混じる斑入り形質には，核内遺伝子の作用によってクロロフィル合成が局所的に抑制されている場合もありますが，葉緑体DNAの異常によって，クロロフィルが合成されない場合もあり，後者は細胞質を通じて遺伝します。

卵細胞の中に含まれる多くの原色素体の中に，クロロフィルが合成できるものとできないものが混在している場合もあります。細胞分裂に伴い，分裂・増殖した原色素体も分配されます。その結果，クロロフィル合成ができない原色素体だけを分配された細胞が生じる場合があり，白く見える部分は，このような細胞の集まりです。

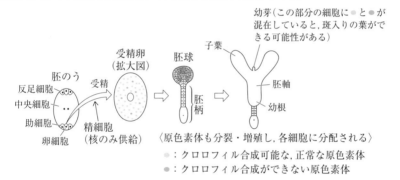

幼芽（この部分の細胞に●と●が混在していると，斑入りの葉ができる可能性がある）

〈原色素体も分裂・増殖し，各細胞に分配される〉
● : クロロフィル合成可能な，正常な原色素体
● : クロロフィル合成ができない原色素体

(2) 重複受精と種子，果実の形成

被子植物の減数分裂は，胚珠の中で胚のう母細胞が胚のう細胞になる過程と，葯の中で花粉母細胞が花粉四分子になる過程で起こります。胚のう細胞が胚のうになる過程と花粉四分子の細胞が花粉管になる過程では体細胞分裂が起こるため，1つの胚のうや花粉管の中の核の遺伝子構成はすべて同じになります。

例えば遺伝子型Aaの株のめしべに遺伝子型aaの花粉親からの花粉がついて種子ができたとします。この場合，次頁の図のように遺伝子型Aaの母株にできる1つの胚のうの中の8個の核の遺伝子型はすべてAかすべてaのどちらかであり，花粉から伸びた1本の花粉管の中の花粉管核と2個の精細胞の遺伝子型は，すべてaです。

遺伝子型Aの卵細胞とaの精細胞の組み合わせで遺伝子型Aaの受精卵ができた場合，この種子の胚乳は卵と同じAをもつ中央細胞の核2個とaをもつ精細胞の受精で生じた

ものなので，その遺伝子型は AAa になります。

　子房壁や胚のうを包む珠皮は，母株の体細胞からできています。そのため，下図の例の場合，この株につく果実の果皮や果肉，種皮の遺伝子型はすべて Aa です。

　胚，胚乳，種皮や果肉の三者の遺伝子型が異なるという事実は，農作物の可食部の形質に対する花粉の影響の違いとしても現れます。ダイズ，クリなどの胚に由来する子葉の形質，イネやコムギなどの胚乳の形質には，花粉親に由来する精細胞の遺伝子が影響を与えます。しかし，カキやモモなど，子房壁に由来する果肉の形質には花粉の影響は現れず，1つの木につく果実の果肉の遺伝的特徴はすべて同じになります。

果実の各部の遺伝子型（雌しべ：Aa　花粉親：aa の場合）

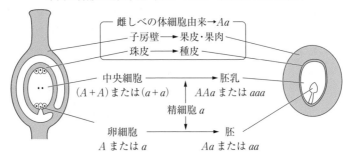

　針葉樹，イチョウなどの裸子植物の胚は，被子植物と同様に受精によってできますが，胚乳は減数分裂によって生じた細胞が体細胞分裂したものであり，受精前の卵細胞と同様，核相 n の細胞で構成されています。さらに，胚珠を包む子房壁は存在せず，胚珠は裸出しています。イチョウの実の硬い種子を包む柔らかい部分（触れるとかぶれる可能性のある部分）は，子房壁由来ではなく，種皮が変化したものです。

(3)　自家不和合性

　一部の植物では，1つの株の中で雌しべに花粉がついても，受精が起こらないことが知られています。自家受精ができず，他家受精しか成立しないということです。別の株の間でも，完全に，または部分的に受精が起こらないことがあります。

　自家不和合性は，雌しべと花粉の遺伝子の共通性が原因で起こります。自家不和合性に関与する遺伝子は，雌しべで発現するタンパク質と花粉で発現するタンパク質のセットを含み，同一セット内のタンパク質は，ホルモンと受容体，抗原と抗体のように特異的に結合しますが，他のセットのものとは結合しません。両者の結合をきっかけに花粉管の成長が阻害され，受精が起こらなくなります。

　免疫現象では自己と非自己が区別され，非自己が排除されますが，自家不和合性の場合，自己の花粉が拒絶されます。免疫における拒絶反応は，複対立遺伝子の関係にある多数の

MHC 遺伝子産物の型が異なる場合に起こりますが，自家不和合性における花粉の拒絶は，複対立遺伝子の関係にある多数の自家不和合性遺伝子産物の型が同じ場合に起こります。

　自家不和合性の一つのタイプは配偶体自家不和合性とよばれ，雌しべと花粉（n）の遺伝子の組み合わせで決まります。配偶体自家不和合性の場合，雌しべの遺伝子型が a_1a_2 で花粉親の遺伝子型が a_1a_3 とすると，a_1a_3 のつくる花粉（a_1 または a_3）のうち a_3 の花粉は正常に受精が起こりますが，a_1 の花粉の花粉管が途中で伸びなくなり，受精できなくなります。その結果，受精卵は a_1 または a_2 の卵細胞と a_3 の精細胞の組み合わせになり，その遺伝子型は a_1a_3 または a_2a_3 です。

　自家不和合性のもう一つのタイプは胞子体自家不和合性とよばれ，雌しべと花粉親（$2n$）の遺伝子型の組み合わせで決まります。胞子体自家不和合性の場合，雌しべの遺伝子型が a_1a_2 で花粉親の遺伝子型が a_1a_3 とすると，a_1 という共通の遺伝子の存在により，a_1a_3 のつくるすべての花粉の花粉管が伸びなくなります（下図）。

自家不和合性の2つの型（雌しべ；a_1a_2，花粉親；a_1a_3 の場合）

配偶体自家不和合性

雌しべと共通の a_1 をもつため，花粉管の伸長が停止

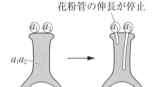

a_1a_2

胞子体自家不和合性

花粉親が雌しべと共通の a_1 をもつため，どちらの花粉も花粉管が伸びない

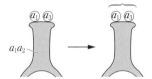

a_1a_2

　配偶体自家不和合性で花粉管の伸びが止まる原因としては，花粉管表面に存在する遺伝子産物の認識に基づいて RNA 分解酵素やカルシウムイオンの花粉管への流入が起こり，それをきっかけに花粉管が伸長できなくなることが知られています。

　胞子体自家不和合性で花粉管が伸びない原因は，花粉管核の遺伝子産物ではなく，減数分裂以前に合成されて花粉表面に存在する物質のようであり，この物質が雌しべの物質と特異的に結合すると花粉が破壊されます。

　配偶体型，胞子体型という名称は，植物の生活環に基づく名称です。コケ植物やシダ植物の生活環では，胞子形成を行う $2n$ の胞子体と，配偶子形成を行う n の配偶体が交互に出現します。種子植物の場合，胚のう細胞や花粉四分子は減数分裂で生じた細胞なので胞子に相当し，$2n$ の本体は胞子体です。そして，n の胚のうや花粉・花粉管の中で配偶子である卵細胞や精細胞ができるため，胚のうや花粉管は配偶体です。

　配偶体自家不和合性の場合，配偶体である n の花粉管に雌株と共通の遺伝子産物があると拒絶される。胞子体自家不和合性の場合，胞子体に相当する $2n$ の花粉親の遺伝子に雌株と共通のものがあると拒絶されるということです。

⑷ 雄性不稔

　花粉が形成されない遺伝形質です。核内遺伝子やミトコンドリア DNA に存在する遺伝子が単独で作用して発現する雄性不稔もありますが，核内遺伝子とミトコンドリア DNA の両方が関係する場合もあり，このタイプの細胞質雄性不稔は，2 つの系統の遺伝的特徴を兼ね備えた一代雑種の作出に利用でき，育種上応用価値の高い遺伝形質です。

　一代雑種とは，純系同士を交配した雑種個体はさまざまな面で両親の系統よりすぐれた形質を示す場合が多いという経験的な事実（雑種強勢）を利用した育種法です。一代雑種（F_1）の株にできた種子を蒔いても，育ってくる株は雑種第二代（F_2）なので，多様な形質の株が混じってしまいます。そのため，一代雑種の作物を育てる農家は，毎年種子を種苗会社から購入しなくてはならず，種苗会社としても，一代雑種の作出に用いる両系統を毎年維持しなくてはなりません。そして，雄性不稔個体は自家受精ができませんので，系統の維持には特有の困難が伴います。

　雄性不稔に対する核内遺伝子の関与の仕方には，親株の遺伝子型によって花粉形成の有無が決まる胞子体型と，花粉自身の遺伝子によって正常な花粉になるか否かが決まる配偶体型があり，いずれの場合も核内遺伝子と細胞質の遺伝子（ミトコンドリア DNA）の組み合わせに注意する必要があるため，遺伝の問題としてはかなり厄介な部類に入ります。このような問題の扱い方は，問題 **33** を解きながら確認することにしましょう。

◇◇◇ **ここが重要 *!!!*** ◇◇◇◇◇◇◇◇◇◇◇◇◇◇◇◇◇◇◇◇◇◇◇◇◇◇◇◇◇◇◇◇◇

1. 葉緑体 DNA には，クロロフィル合成に関係する遺伝子の一部が存在し，斑入り形質の中には，葉緑体 DNA 中の遺伝子の異常によるものがある。

2. 被子植物の胚と胚乳は重複受精によって生じるが，種皮と果皮・果肉は雌株の遺伝子によって生じる。

3. 花粉に関係する遺伝の中には，共通の遺伝子があると受精が起こらない自家不和合性や，花粉ができない雄性不稔がある。これらに関係する核内遺伝子には，花粉親の関与する胞子体型と花粉自身の遺伝子による配偶体型があり，雄性不稔の中にはミトコンドリア DNA が関与する細胞質雄性不稔がある。

30 B レベル　植物の葉で緑色の部分と白色の部分が混じる斑入りの原因には，核内遺伝子の支配によって起こるものや，ウイルス感染によるものもあるが，葉緑体 DNA によって起こるものもある。真核細胞は，　ア　の細胞に好気性細菌が共生してミトコンドリアとなって誕生し，その後一部の真核細胞に　イ　が共生して葉緑体になったと考えられている。この共生の成立後，クロロフィル合成に必要な遺伝子の大半は葉緑体 DNA から核へと移行したが，一部の遺伝子は葉緑体 DNA に残った。葉緑体に残った遺伝子の異常によって，クロロフィル合成ができなくなった細胞が集まって白く見える部分と，正常な緑色の部分が混在するのが，葉緑体 DNA を原因とする斑入りである。

　葉緑体は卵細胞に含まれる原色素体（未熟な色素体）のみによって子孫に伝わること，および，卵細胞の中に多数の原色素体が存在することを踏まえ，葉緑体 DNA を原因とする斑入り形質に関する下記の問いに答えよ。

問1　文中の空欄　ア　，　イ　に適する語を答えよ。

問2　斑入りの葉がついている株の花の雌しべに，緑葉のみをつける株の花の花粉をつけた。得られた種子が成長した植物に現れる可能性があると考えられるものを，下記の(a)〜(c)からすべて選び，記号で答えよ。

(a)　緑色の葉のみをつける植物。

(b)　葉の一部または全部に斑入りの葉が見られる植物。

(c)　すべての葉が白い植物（やがて枯死する）。

問3　緑葉のみをつける株の花の雌しべに，斑入りの葉を多くつける株の花の花粉をつけた。得られた種子が成長した植物として，現れる可能性が高いと考えられるものを問2の(a)〜(c)からすべて選び，記号で答えよ。

問4　ある株の葉の中には斑入りの葉もあったが，枝ごとに見ると，緑色の葉だけをつけている枝もあった。この株の緑色の葉だけをつけている枝の葉の細胞内には，どのような葉緑体が存在する可能性があるか。正常な葉緑体を A，クロロフィル合成酵素に異常がある葉緑体を B とし，この枝についている葉の細胞に含まれる葉緑体として，可能性があると推定される組み合わせをすべて答えよ。

31 レベル A 　被子植物において，1対の対立遺伝子 *A*，*a* に注目し，以下の(1)，(2)の交配を行って果実を得た。

(1) *AA* の株の雌しべに，*aa* の株由来の花粉をつける。

(2) *aa* の株の雌しべに，*AA* の株由来の花粉をつける。

問1　(1)，(2)の交配それぞれについて，以下の(a)～(d)の部位の細胞の遺伝子型として考えられるものをすべて答えよ。

　　(a)　果肉　　(b)　種皮　　(c)　子葉　　(d)　胚乳

問2　(1)の交配で得られた種子が成長した株を自家受精させて果実を得た。この果実について，問1の(a)～(d)の細胞の遺伝子型を答えよ。

　　ただし，(a)，(b)は「(a) *aa*」「(b) *AA*，*Aa*」のように可能性のある遺伝子型をすべて答えればよい。(c)，(d)は，記号の間で複数の組み合わせが存在するため，「(c)-(d) *Aa*-*AA*，*Aa*-*aa*」のような形で，可能性のある組み合わせをすべて答えよ。

問3　イチョウ，ソテツなどの裸子植物の場合，生殖の様式の違いにより，問1の(a)～(d)の中に形成されないものや，核相が異なるものが存在する。*AA* の株の雌しべに，*aa* の株由来の花粉をつけた場合，(a)～(d)の細胞の遺伝子型を答えよ。ただし，被子植物の(a)～(d)に対応する構造体が形成されない場合，その記号については「なし」と答えよ。

32 レベル**B**　種子植物の中には，自家受粉をさせても受精が起こらず，種子が形成され
ない場合があり，このような性質は自家不和合性とよばれる。自家不和合
性を支配している遺伝子座には複数の対立遺伝子が存在し，この遺伝子が雌しべと花粉ま
たは花粉親で同じ場合，花粉管が伸びず，受粉しても受精が成立しない。そのため，自家
受粉でなくても，この遺伝子に共通性があると，受精が成立しない場合がある。自家不和
合性に関する遺伝子座には，多数の遺伝子が複対立遺伝子の形で存在するが，ここでは
a_1，a_2，a_3，a_4 という 4 つの遺伝子だけが存在すると仮定して，下記の問いに答えよ。

問 1　ナシ，リンゴなどの自家不和合性は配偶体型とよばれ，花粉（n）のもつ自家不和
　　合性遺伝子が，雌しべのもつ 1 対の自家不和合性遺伝子のどちらか一方と同じ場合，受
　　精が成立しない。この型の自家不和合性に関して。

　(1)　a_1a_2 の柱頭に，ある遺伝子型の花粉親に由来する花粉をつけたところ，半数の花粉
　　　だけが正常に受精可能であった。花粉親として考えられる遺伝子型をすべて答えよ。

　(2)　a_1a_2 の株と a_2a_3 の株を混ぜて植えた。

　　(a)　a_1a_2 の株につく種子の胚の遺伝子型をすべて答えよ。

　　(b)　a_2a_3 の株につく種子の胚の遺伝子型をすべて答えよ。

問 2　ダイコン，サツマイモなどの自家不和合性は胞子体型とよばれ，花粉親の自家不和
　　合性遺伝子に雌しべと同じものが 1 つでもあると，すべての花粉で受精が成立しなくな
　　る。

　(1)　a_1a_2 の雌しべに，ある遺伝子型の個体に由来する花粉をつけたところ，種子が形成
　　　された。花粉親の考えられる遺伝子型をすべて答えよ。

　(2)　(1)の交配の結果，得られる種子の胚の遺伝子型として考えられるものをすべて答
　　　えよ。

33 レベル **c**　すべての遺伝子がホモと見なせる純系個体は，脆弱な場合が多いのに対し，別系統の純系個体を交配したもの（F_1 ハイブリッド）は，しばしば旺盛な生育を示し，作物として優良な場合が多い。そのため，多くの作物で F_1 ハイブリッドの作出が行われている。しかし，手作業で F_1 ハイブリッドを作るためには，未熟な花から雄しべを除去して自家受精を防ぐなど，大きな労力を必要とする。この手間を省くのに利用されているのが，雄性不稔という形質である。

雄性不稔とは，遺伝的に雄しべや花粉が形成されない形質であり，雄性不稔の個体は花粉が形成されないために自家受精が起こらず，必ず他家受精が起こる。この性質は，F_1 ハイブリッドの作出において大変に都合がよいものである。

雄性不稔形質の多くは，花粉とは無関係に卵のみから伝わるミトコンドリア DNA 中の遺伝子と，卵・精細胞の両方から伝わる核内遺伝子の組み合わせによって発現する細胞質雄性不稔である。通常のミトコンドリア DNA 中の遺伝子 N は，雄性不稔にすることはないが，ミトコンドリア DNA に遺伝子 S が存在すると，雄性不稔になる。ミトコンドリア DNA に遺伝子 S があっても，核内 DNA に遺伝子 R が存在すると，遺伝子 S の機能が打ち消され，雄性不稔でなくなる。遺伝子 R は稔性回復遺伝子とよばれる。稔性回復遺伝子が胞子体型で機能する優性遺伝子の場合，ミトコンドリア DNA に遺伝子 S があっても核の遺伝子型が RR または Rr であれば，すべての花粉が稔性をもつようになる。ただし，遺伝子 r は遺伝子 R に対する劣性の対立遺伝子であり，ミトコンドリア中の遺伝子に基づく稔性の有無に影響を与えることはない。

以上のような胞子体型雄性不稔に関して，下記の問いに答えよ。

問1　「核－ミトコンドリア DNA」の遺伝子の組み合わせには，次の 6 通りの組み合わせが考えられる。それぞれの稔性の有無を「あり」または「なし」と答えよ。

　(ア)　$rr-N$　　(イ)　$rr-S$　　(ウ)　$Rr-N$

　(エ)　$Rr-S$　　(オ)　$RR-N$　　(カ)　$RR-S$

問2　$rr-S$ の個体と，$RR-N$ の個体を混ぜて植えることで，それぞれから種子を得た。

(1)　$rr-S$ の株についた種子の遺伝子型を問1の(ア)〜(カ)からすべて選べ。

(2)　$RR-N$ の株についた種子の遺伝子型を問1の(ア)〜(カ)からすべて選べ。

問3　以下の文は，雄性不稔を利用した A 系統と B 系統の F_1 ハイブリッド種子を得る方法と，その際に利用する系統を維持する方法について説明したものである。文中の空欄に適する「核－ミトコンドリア DNA」の遺伝子型を，問1の(ア)〜(カ)から 1 つずつ選び，記号で答えよ。ただし，[(5)]，[(6)] の順序は問わない。

　A 系統の株についた種子を F_1 ハイブリッド種子として収穫する場合，A 系統としては [(1)] のものを用いる。ここで問題なのは，A 系統は自家受精ができないため，

単独では系統が維持できないことである。そこで作物としての遺伝的特徴はA系統と同じであるが稔性のある　(2)　の系統（A′系統）の個体を花粉親として受粉させ，　(1)　についた種子を収穫することで，A系統を維持する。

　他方，A系統についた種子を収穫するために混植するB系統としては，稔性のあるB系統でさえあれば何でもよいようにも思える。しかし，B系統として　(3)　を用いた場合，収穫された種子を蒔いても，育った株は稔性がないため，種子が得られない。　(3)　のほか，蒔いた種子から育った株の一部しか花粉ができないような組み合わせでは受精率が下がるため，稔った種子を食用とするために蒔く種子として商品価値は著しく低い。　(3)　などを花粉親として利用できるのは，F_1 種子を蒔いて得た F_1 の植物体の葉や根などを食用とする作物だけである。

　F_1 ハイブリッドにつく種子をすべて稔性個体　(4)　にするためには，花粉親として利用する個体は　(5)　または　(6)　である必要がある。これらの遺伝子をもつB系統を花粉親として混植した場合，B系統の株では自家受精のみが起こるため，このB系統の種子を収穫することで，花粉親の系統を維持できる。

問4　一部の作物については，胞子体型雄性不稔とは異なる配偶体型雄性不稔が知られている。配偶体型雄性不稔の場合，雄性不稔に対する核内遺伝子の機能が異なり，核－ミトコンドリアの遺伝子の組み合わせによっては，花粉の半数だけが成熟しなくなる。このような個体は半不稔とよばれる。

⑴　配偶体型雄性不稔の場合，半不稔となる個体の核－ミトコンドリアの遺伝子型の組み合わせを問1の(ア)〜(カ)からすべて選べ。

⑵　⑴の個体の自家受精によって得られる個体の核－ミトコンドリアの遺伝子型の組み合わせとして，可能性のあるものをすべて答えよ。

③ バイオテクノロジーと遺伝法則

(1) 細胞融合と植物の組織培養

　自然状態では、受精（接合）や骨格筋の形成などの特殊な場面を除き、細胞が融合することはありませんが、人為的に細胞を融合させることは可能です。動物細胞では、Bリンパ球とミエローマとよばれるがん細胞を融合させたハイブリドーマを作り、モノクローナル抗体を安定的に得ることが行われています。

　植物細胞を融合させる場合、細胞膜の外側に存在する細胞壁が融合の邪魔になるため、セルラーゼ（セルロース分解酵素）によって細胞壁の主成分であるセルロースを分解します。細胞壁を除いた細胞であるプロトプラストをポリエチレングリコールを含む溶液の中で震盪することで、融合細胞が得られます。

　この際問題なのは、2種類の細胞PとQを融合させることが目的であっても、P同士、あるいはQ同士が融合した細胞もできてしまうことです。もちろん、融合しなかった細胞も多く存在します。目的どおりに融合した細胞を得る方法には、薬剤抵抗性を利用する方法や、栄養要求性などの遺伝的な欠損を利用する方法があります。

　薬剤抵抗性を利用する場合、まず、別々の薬剤に対して抵抗性のある細胞を探し出します。融合処理の後、両方の薬剤を含む培地で培養すると、目的どおりに融合した細胞だけが両方の薬剤に対して抵抗性をもち、生き残ることができます。

　遺伝的欠損による栄養要求性を利用する場合、別々の欠損細胞を利用します。各細胞が合成できない物質のどちらも含まない培地で培養すると、目的どおりに融合した細胞だけが生き残ります。両者は互いの欠損遺伝子に対する正常遺伝子をもつためです。

　どちらの方法も、遺伝的には［Ab］の細胞と［aB］の細胞を融合し、［AB］になった細胞だけが生き残れる条件を与え、それを選び出していることになります。

(2) 四倍体の遺伝

　動物・植物の核相は通常二倍体（$2n$）ですが、コルヒチン処理によって染色体数を倍加させ、四倍体（$4n$）にすることができます。コルヒチンは、細胞骨格の一種である微小管の主成分であるチューブリンと結合してチューブリンの重合を阻害する薬品で、コルヒチンを与えると微小管からなる紡錘糸が形成されず、姉妹染色分体の分離・移動ができなくなります。この状態で核が間期の状態に戻ると、本来2個の細胞に分配される染色体が1個の細胞に残り、染色体数が倍加します。

　四倍体の作出は、タネナシスイカを作る際に利用されており、タネナシスイカをつくる場合、まず、コルヒチン処理によって得た四倍体のスイカと、通常の二倍体のスイカを用意します。四倍体の花の減数分裂で生じた$2n$の卵細胞と、普通の二倍体の植物の花粉の

中の n の精細胞の受精により，三倍体のスイカが得られます。三倍体では正常な減数分裂が起こらないため，受精しても種子が形成されません。

四倍体（$4n$）における減数分裂では，$2n$ 個の二価染色体ができるため，一遺伝子雑種ではあっても二遺伝子雑種と似た面があり，注意が必要です。

$Aa(2n)$ を倍数化した $AAaa$ の減数分裂の場合，2個ずつ存在する同じ遺伝子を区別して $A_1A_2a_1a_2$ と書き，減数分裂における遺伝子の分配の様子を考えます。

A_1 を左上に置き，第一分裂中期の対合の様子を描くと，以下の6通りが考えられ，これらはすべて同確率で起こります。分裂の結果生じる細胞を A_1 と A_2，a_1 と a_2 を区別せずにまとめると，$AA : Aa : aa = 4 : 16 : 4 = 1 : 4 : 1$ という配偶子比が得られます。

四倍体における二価染色体と配偶子形成（①：第一分裂, ②：第二分裂）

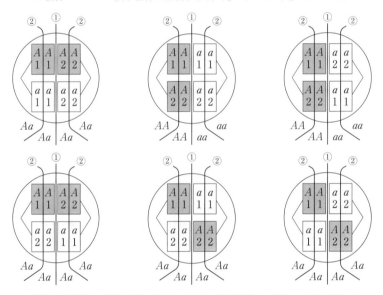

6種類の母細胞の減数分裂で生じる24個（12種類）の細胞の合計を考える

「赤玉2個と白玉2個から2個選ぶ」場合と同じと考えれば，数学的に解決できます。

減数分裂の結果できる細胞は，相同染色体を2本ずつもつが，4つの染色体から2つ選ぶ組み合わせは $_4C_2 = 6$（通り）であり，この内訳は次のとおり。

　　　AA：A_1A_2 の組み合わせの1通り　　　…①

　　　Aa：2個の A から1つ，2個の a から1つ選ぶため，$_2C_1 \times _2C_1 = 4$ 通り　　　…②

　　　aa：a_1a_2 の組み合わせの1通り　　　…③

①～③は同様に確からしいため，配偶子とその比は $AA : Aa : aa = 1 : 4 : 1$（答）

(3) 一遺伝子一酵素説と変異遺伝子の数

　アカパンカビに X 線を照射して得たアルギニン要求株の変異遺伝子の数を知るためには，変異株を野生株と接合させます。アカパンカビは菌糸の接合によって一時的に核を2つもつ状態になった後，減数分裂によって単相 n の胞子（子のう胞子）をつくります。この胞子由来の株の栄養要求性を調べればよいのです。

　アカパンカビの生活環は大半が単相 n であり，減数分裂後の株を調べるのは，複相 $2n$ の生物の減数分裂で生じた配偶子の遺伝子型を調べているのと同じです（下図）。

　正常な遺伝子を大文字，変異遺伝子を小文字で表現すると，野生株はすべての遺伝子が正常ですが，変異株にはいくつかの変異遺伝子があります。変異遺伝子が1つであれば，野生株 A と変異株 a の接合によって生じた Aa の細胞の減数分裂により，A の胞子と a の胞子が $\dfrac{1}{2}$ ずつできます。

アカパンカビの生活環（野生株 A，変異株 a の場合）

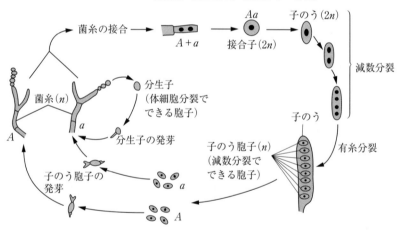

　変異遺伝子が1個でなく，独立に遺伝する2個の場合，野生株 AB と変異株 ab の接合で生じた $AaBb$ の細胞の減数分裂により，$AB : Ab : aB : ab = 1 : 1 : 1 : 1$ の胞子が得られます。すべての酵素遺伝子が正常なのは AB のみであり，野生株の出現確率は $\dfrac{1}{4}$ です。

　不完全連鎖の場合，$AB : Ab : aB : ab = n : 1 : 1 : n$ $(n>1)$ のように，AB と ab の他に Ab と aB の胞子も出現します。Ab と aB も欠損した酵素遺伝子をもつので，野生型が出現する確率は $\dfrac{n}{2n+2}$，つまり $\dfrac{1}{4}$ と $\dfrac{1}{2}$ の間です。

　2対の遺伝子が完全連鎖の場合，$AB \times ab$ による $AaBb$ からできる胞子は AB と ab だけであり，野生型の出現確率は，1対の対立遺伝子の場合と同様，$\dfrac{1}{2}$ になります。完全連鎖では遺伝子が常に一緒に動くため，分離比だけで一遺伝子雑種と区別することはできません。

⑷　形質転換と連鎖地図

　エイブリーが研究した肺炎双球菌の形質転換は，S型菌のもつ多糖類の莢（さや）の合成に関与する遺伝子を含むDNAが，R型菌の変異遺伝子と置き換わり，R型菌が多糖類の莢を合成する能力を回復する現象です（下図）。

形質転換のしくみ（厳密には相同組換えというしくみにより，
外来二本鎖DNAのうちの一本の鎖が置き換わる）

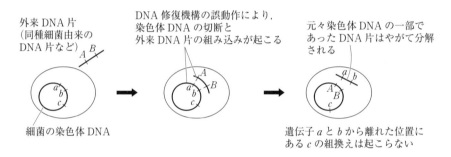

外来DNA片
（同種細菌由来の
DNA片など）

DNA修復機構の誤動作により，
染色体DNAの切断と
外来DNA片の組み込みが起こる

元々染色体DNAの一部で
あったDNA片はやがて分解
される

細菌の染色体DNA

遺伝子 a と b から離れた位置に
ある c の組換えは起こらない

　DNA断片の組換えは，さまざまな位置で起こる可能性があるため，2つの遺伝子がごく近くに存在する場合，同時に組み換えられる場面が出てきます。

　たとえば，ある種の薬剤抵抗性遺伝子 A をもたない菌株に薬剤抵抗性遺伝子 A をもつ菌株由来のDNA断片を与えて培地に薬剤を加えると，形質転換の結果，遺伝子 A をもつようになった菌だけが生き残ります。この生き残った菌では，遺伝子 A 以外の遺伝子でも組換えが起こっていることがあり，遺伝子 A に近接している遺伝子ほど，高い確率で外来DNA由来の遺伝子に置き換わっています。この関係を元に遺伝子の遠近関係を推定し，遺伝子の位置関係を示す染色体地図を作成することができます。

　原核細胞の遺伝子は，プラスミド上の遺伝子以外はすべて環状で1分子の染色体DNA上に存在し，1対の相同染色体は存在しません。そのため，遺伝子の優性・劣性はなく，遺伝子型がそのまま表現型に現れ，1つの円の中に染色体地図（連鎖地図）を描くことができます。

(5)　ES 細胞と遺伝子ノックアウト

　ES 細胞（胚性幹細胞）とは，哺乳類の胚盤胞（胞胚に相当）の内部細胞塊から取り出した，多分化能を備えた細胞のことです。例えば，白毛マウスの胚盤胞の中に黒毛系統のマウス由来の ES 細胞を導入し，胚盤胞の細胞と導入した ES 細胞の両方が皮膚の細胞に分化すれば，このマウスは白毛と黒毛が混じって生えるキメラマウスになります。

　特に重要なのは，ES 細胞の一部が将来生殖細胞に分化する始原生殖細胞に分化した場合です。この場合，キメラ個体の卵巣，精巣などの生殖巣では，白マウスの胚盤胞由来の生殖細胞と，黒マウスの ES 細胞由来の生殖細胞ができます。

　ある種の遺伝的変異が，ある遺伝病の原因であると疑われる場合，その変異を起こした実験動物が得られれば，その病気の研究に大いに役立ちます。そのためにはまず，この遺伝子と両端付近の塩基配列が同じで，内部に薬剤耐性遺伝子を含む DNA を用意します。この DNA はターゲッティングベクターとよばれ，両端付近を目的の遺伝子と同じ塩基配列にするのは，細菌の形質転換と同様の組換えを起こさせるためです。そして薬剤耐性遺伝子を結合させるのは，目的どおりに遺伝子の組換えが成功した細胞を，その薬剤を使って選抜するためです。以下，正常遺伝子を A，破壊された遺伝子を a として説明します。

　ターゲッティングベクターを ES 細胞に与え，目的の遺伝子との間で組換えが起これば，A が a に置き換わったことになります。組換えが起こる確率は高くないため，通常相同染色体上の対立遺伝子の一方のみで起こりますが（$AA \rightarrow Aa$），以下の手順により，目的の遺伝子がホモ接合で破壊された系統（aa）の実験動物を得ることができます。

　まず，目的の遺伝子は正常（AA）で毛色は遺伝的に劣性の白マウス（bb）の胚盤胞の中に，Aa をもつ黒マウス（BB）の ES 細胞を導入します。この胚盤胞から誕生した個体に白マウス（$AAbb$）を交配させると，胚盤胞に由来する生殖細胞（Ab）が受精した場合はすべて白マウス（$AAbb$）になり，ES 細胞に由来する生殖細胞（AB または aB）が受精した場合は黒マウスになります。この交配で得られた黒マウスは（$AB + aB$）× Ab = $AABb + AaBb$ より，半数が Aa をもっています。この黒マウス同士を交配して得た個体の中には，一部（自由交配であれば確率 $\frac{1}{16}$），aa をもつマウスが含まれています。

(6)　DNA 分析におけるマーカーの役割

　遺伝子とは，何らかの形質発現につながるタンパク質の情報や，タンパク質合成に必要な tRNA，rRNA などの RNA の情報を含む領域のことです。真核細胞の DNA の場合，このような領域の割合はごくわずかであり，遺伝子として機能していない領域が多く存在します。遺伝子以外の領域に突然変異が起こっても，自然選択を受けないため，突然変異はそのまま子孫に受け継がれる場合が多くなります。言い換えると，重要な機能をもたな

い領域の塩基配列ほど，個人差が大きい傾向があります。

　このような領域には，個人によって特定の制限酵素で切断されるかどうかという違いが見られることがあります。特定の制限酵素で切断したとき，どのような長さの DNA 断片ができるかは，確認しやすい DNA の特徴です。このような特徴に基づく個人の識別は，親子関係の鑑定や犯罪捜査に活用できます。

　正常な遺伝子の近くに特定の制限酵素で切断できる塩基配列が存在し，変異遺伝子の近くにはその配列がないというような，完全連鎖に近い関係が見られる場合，この塩基配列は，その遺伝子に対する遺伝子マーカーとなります。

　マーカーとは目印ということであり，調べたい変異遺伝子 a と正常な対立遺伝子 A に関して，特定の制限酵素で切断される塩基配列が遺伝子 A のすぐ近くに存在し，遺伝子 a の近くには存在しないというような関係があれば，その制限酵素により，遺伝子 A と a のどちらをもつかを推定できます。

　このような遺伝子マーカーを人工的に付けることも行われています。例えば，遺伝子組換え技術を用いて，特定の遺伝子を組み込む際，組み込みたい遺伝子と緑色蛍光タンパク質（GFP）遺伝子をあらかじめつないでおけば，遺伝子が組み込まれた細胞には蛍光というマーカーが存在するため，組み込まれていない細胞と見分けることができます。

　ES 細胞を導入する際，黒マウス由来の ES 細胞を白マウスの胚盤胞に導入し，白マウスと交配させるのは，毛色をマーカーとするためです。ES 細胞が始原生殖細胞に分化し，その配偶子に由来する子が生まれた場合，黒は優性遺伝子なので，白マウスとの交配で黒マウスになります。このようにして，ES 細胞に由来する配偶子を受け継いだマウスを，胚盤胞の細胞に由来する配偶子を受け継いだ白マウスと区別することができます。

◇◇◇　**ここが重要** *!!!* ◇◇◇◇◇◇◇◇◇◇◇◇◇◇◇◇◇◇◇◇◇◇◇◇◇◇◇◇◇◇

1．四倍体の減数分裂で得られる $2n$ の配偶子の遺伝子型とその比を求める場合は，4 個の相同染色体の組み合わせによって 2 つの二価染色体ができることに注意。

2．形質転換は特殊な組換え現象であり，近接した位置にある遺伝子は，伴って組み換えられる確率が高い。

3．アカパンカビなどの半数体（一倍体）生物の場合，野生型と接合した細胞の減数分裂で得られた胞子を調べることで，変異遺伝の数を知ることができる。

4．ES 細胞を他の胚に組み込むことで，ES 細胞がさまざまな組織に分化したキメラ個体を得ることができる。生殖細胞に分化した ES 細胞から得られる遺伝子ノックアウト動物は，遺伝病の研究に利用される。

5．遺伝的に多様性の高い塩基配列や特定の制限酵素での切断可能性の有無は，遺伝形質に関係しなくても，個体（個人）の遺伝的特徴を識別する配列として利用できる。

34 レベル B

被子植物（$2n = 48$）を用いて行った以下の実験に関する下記の問いに答えよ。

［実験１］

葉から小片を切り取り，裏面表皮をはがして(1)ある酵素を含む溶液の中に，表面が上になるようにして浮かべたところ，まず(2)不定形の細胞が遊離し，遅れて(3)円柱形の細胞が遊離してきた。これらの細胞を集め，(4)別の酵素を含む溶液に入れたところ，(5)細胞壁がない球形の細胞が得られた。

［実験２］

この植物の異なる突然変異系統（以下，系統Ⅰと系統Ⅱとよぶ）を用意した。これらの系統はともに過剰な光によって生じる活性酸素の害を除去する反応系に異常があり，800ルクス以上の光条件では生育できず，枯死してしまう。異なる系統が同じ性質をもつのは，同じ反応系で機能する異なる酵素遺伝子など，別々の物質の遺伝子に対する劣性遺伝子のホモ接合体であるためである。両系統のもつ突然変異遺伝子は，異なる連鎖群に存在することが明らかになっている。

まず，系統Ⅰと系統Ⅱの植物の花粉を培養し，植物体を得た。この植物の葉から，［実験１］の方法によって細胞壁のない細胞を作出し，両系統の細胞を混合し，ポリエチレングリコール（細胞の融合を促進する作用のある物質）を含む溶液中で短時間震盪したところ，一部の細胞が融合し，１つの細胞になった。

次に，(ア)2種類の植物ホルモンを加え，300ルクスの光条件でこれらの細胞を培養したところ，１つの細胞が増殖してできた細胞の塊（コロニー）が多数得られた。これらのコロニーを引き続き10,000ルクスの光条件で培養したところ，(イ)多くのコロニーは成長を停止した。しかし，一部だけは成長を続け，(ウ)完全な植物体になった。

問１　［実験１］中の下線部について。(1)，(4)は酵素名，(2)，(3)は細胞の属する組織名，(5)は細胞の名称をそれぞれ答えよ。

問２　下線部(4)の酵素を含む溶液は，無害で膜透過性のない物質を加え，細胞内液よりもやや浸透圧の高い溶液にすることで，下線部(5)の細胞を得るまでの時間を短くできる。その理由を50字以内で説明せよ。

問３　［実験２］の下線部(ア)の2種類の植物ホルモンの名称を答えよ。

問４　［実験２］の下線部(イ)について。そのようなコロニーの大半は融合しなかった細胞に由来するものであったが，一部であるが融合した細胞も含まれていた。このような細胞は，どの系統の細胞とどの系統の細胞が融合したものか。考えられるものをすべて挙げよ。ただし，3個以上の細胞が融合した可能性や，突然変異や細胞融合の刺激が原因で保持している遺伝子が発現できなくなった可能性は考慮しないものとする（問5につ

いても同様)。

問5 [**実験2**]の下線部(ウ)の植物体を用いて交配実験を行った。

(1) この植物を自家受精して得られた個体のうち，800ルクス以上の光条件で成長できる個体の割合を分数で答えよ。

(2) (1)の800ルクス以上の光条件で成長できる個体をさらに調べたところ，次のような特徴をもつ個体が含まれていた。

　　特徴：この個体を系統Ⅰまたは系統Ⅱのどちらと交配しても，次世代はすべて800ルクス以上の光条件で成長できる個体になる。

　　(1)の800ルクス以上の光条件で成長できる個体中に占める，このような特徴をもつ個体の割合を推定し，分数で答えよ。

(3) (1)の800ルクス以上の光条件で成長できる個体をさらに調べたところ，次のような特徴をもつ個体が含まれていた。

　　特徴：この個体を系統Ⅰまたは系統Ⅱのどちらか一方と交配すると，次世代はすべて800ルクス以上の光条件で成長できる個体になるが，他方と交配すると，次世代の一部は，800ルクス以上の光条件では成長できない個体になる。

(a) (1)の800ルクス以上の光条件で成長できる個体中に占める，このような特徴をもつ個体の割合を推定し，分数で答えよ。

(b) 下線部の一部とはどの程度か。分数で答えよ。

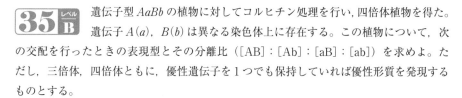

遺伝子型 $AaBb$ の植物に対してコルヒチン処理を行い，四倍体植物を得た。遺伝子 $A(a)$，$B(b)$ は異なる染色体上に存在する。この植物について，次の交配を行ったときの表現型とその分離比（[AB]：[Ab]：[aB]：[ab]）を求めよ。ただし，三倍体，四倍体ともに，優性遺伝子を1つでも保持していれば優性形質を発現するものとする。

(1) この四倍体植物に二重劣性 $aabb$ の個体を交配して得られた三倍体植物。

(2) この四倍体植物同士を交配させて得た四倍体植物。

36 レベル B

ある種の細菌の野生株は，薬剤A，B，C，Dのいずれの薬剤に対しても抵抗性をもたないが，X線照射などの方法によって突然変異を引き起こし，薬剤添加培地で培養する方法により，薬剤抵抗性菌を選択することができる。たとえば，薬剤Aを添加した培地で生育する菌株に対して，さらに突然変異を引き起こさせる処理を行った後，薬剤Aとともに薬剤Bを加えた培地に移し，生育する株を選択する。このような選択を繰り返すことにより，4種類の薬剤A～Dのすべてに対して抵抗性を示す四重抵抗性菌を得ることができた。

次に，四重抵抗性菌を構成成分に分ける分画を行い，DNA分画からさまざまな長さのDNA断片を得た。このDNA断片を薬剤を含まない野生株の培地に添加した後，細菌を一定数（10^6 個）ずつ，さまざまな組み合わせで薬剤を加えた培地に移し，それぞれの培地上の細菌のコロニーの数を調べた。その結果を右に示す。なお，1つのコロニーは，1個の細胞の増殖によってできたものとみなせる。

薬　剤	コロニーの数
A	289
B	305
C	311
D	281
AとB	0
BとC	0
BとD	0
AとC	204
AとD	190
CとD	60

問1　培地に分画成分を加えることで菌の性質が変化する現象に関して。

(1)　このような現象をあらわす語を答えよ。

(2)　この現象の原因物質の研究により，遺伝子の本体の解明につながる重要な結果を得た研究者の名前を答えよ。

問2　表に関して下記の問いに答えよ。ただし，菌体に取り込まれるDNA断片に極端に長いものは存在せず，菌体に同時に2本以上のDNA断片が取り込まれ，菌の性質を変化させることはないものとする。

(1)　薬剤A，薬剤Bを単独で加えた培地では，300程度のコロニーが見られたが，薬剤AとBを同時に加えた培地ではコロニーが見られなかった。後者でコロニーが見られなかった理由としては，どのようなことが考えられるか。2つの薬剤抵抗性遺伝子の位置関係に注目し，簡潔に答えよ。

(2)　薬剤Aを加えた培地でのコロニーの数と，薬剤AとC，薬剤AとDを同時に加えた培地でのコロニーの数の間には大きな差がない。このことは何を意味しているか。(1)と同様に簡潔に答えよ。

(3)　(1)，(2)の推理を踏まえ，この細菌に抵抗性を与える遺伝子の位置関係の一例を円上に描け。ただし，これらの抵抗性遺伝子はすべて環状の染色体DNA上に存在し，薬剤A～Dに対して抵抗性を与える遺伝子を順に a～d とする。

37 レベル C　遺伝子改変動物は，さまざまな手法で作製され，個体の中で遺伝子の機能を調べることに利用されている。その手法の一つに，胚性幹細胞（ES 細胞）を用いて遺伝子改変マウスを作出する方法がある。

ES 細胞は，哺乳類の胚盤胞（胞胚に相当）の内部細胞塊の細胞に由来し，胚を構成するすべての組織・細胞に分化させることができる。ES 細胞を他の胚の内部に入れることで ES 細胞由来の細胞と他の胚由来の細胞が入り混じったキメラマウスを作出することができ，特定の遺伝子を欠損した ES 細胞が始原生殖細胞に分化した場合，次世代以降にその遺伝子を欠損した，遺伝子ノックアウトマウスを得ることができる。

下図のように，黒毛遺伝子 B をもつ純系マウスから ES 細胞を取り出し，相同染色体の一方の遺伝子 A を欠失させた。この ES 細胞を，正常な遺伝子 A と白毛遺伝子 b のみをもつ純系マウスの受精卵の細胞と混合して培養し，得られた胞胚を仮親の子宮に着床させた。生まれてきたマウスを第 0 世代とよぶ。

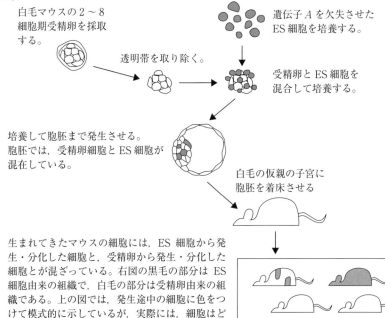

遺伝子 A を片方の染色体 DNA から欠失させた ES 細胞 DNA

遺伝子 A

遺伝子 A が欠失している

━━━ は，相同染色体 DNA を表している。

【手順】

白毛マウスの 2 ～ 8 細胞期受精卵を採取する。

透明帯を取り除く。

遺伝子 A を欠失させた ES 細胞を培養する。

受精卵と ES 細胞を混合して培養する。

培養して胞胚まで発生させる。胞胚では，受精卵細胞と ES 細胞が混在している。

白毛の仮親の子宮に胞胚を着床させる

生まれてきたマウスの細胞には，ES 細胞から発生・分化した細胞と，受精卵から発生・分化した細胞とが混ざっている。右図の黒毛の部分は ES 細胞由来の組織で，白毛の部分は受精卵由来の組織である。上の図では，発生途中の細胞に色をつけて模式的に示しているが，実際には，細胞はどれもほとんど透明で，発生途中の段階で ES 細胞由来の細胞と受精卵由来の細胞は識別できない。

（第 0 世代のマウス）

実験で注目した遺伝子に関して，以下の事実が明らかになっている。

1. 1対の相同染色体の一方の遺伝子 A が欠失した場合，遺伝子 A のホモ接合体よりも尾が短くなり，両方の遺伝子 A が欠失した場合，胎児段階で死亡する。

2. (a) 毛色に関する遺伝子 $B(b)$ は遺伝子 A と同じ常染色体上に存在し，黒毛は白毛に対して遺伝的に優性である。

(b) 第0世代の雄マウスと，受精卵の採取に用いたマウスと同系統の長尾・白毛の雌マウスを交配させ，第1世代のマウスを誕生させた。これらのマウス，およびこれらのマウスを用いた交配に関する下記の問いに答えよ。ただし，遺伝子 A の欠失遺伝子を a とし，遺伝子型は $AaBb$ のように遺伝子記号を用いて表現し，表現型は短尾・黒毛のように具体的な特徴で表現すること。

問1　下線部(a)のような関係にある遺伝子 $A(a)$ と $B(b)$ について，遺伝子型 $AaBb$ の個体がつくる配偶子を調べたところ，配偶子全体に占める遺伝子型 AB の配偶子の割合は $p(0 < p < 0.25)$ であった。この割合を元に，遺伝子 $A(a)$ － $B(b)$ 間の組換え価（％）を，p を用いた式で表現せよ。

問2　下線部(b)の交配に用いた雄マウスの生殖腺中では，以下の(1)，(2)に由来する生殖細胞が混在していた。(1)，(2)それぞれの細胞の遺伝子型を答えよ。

(1)　受精卵に由来する始原生殖細胞

(2)　ES細胞に由来する始原生殖細胞

問3　第1世代の白毛マウスは純系であるか，純系ではないか。その遺伝子型とともに答えよ。

問4　第1世代の黒毛マウスの遺伝子型とその比を答えよ。

問5　第1世代の短尾・黒毛マウスと，純系の長尾・白毛マウスを交配させて第2世代マウスを得た。第2世代マウスの各表現型の個体の，誕生したマウス中の割合を問1の p を用いて答えよ。

問6　問5で誕生した第2世代マウスの中から，短尾・白毛の個体と，短尾・黒毛の個体を選んで交配させた。この交配で誕生してくるマウスの各表現型の個体の，誕生したマウス中の割合を，問1の p を用いて答えよ。

38 レベル B　真核生物のゲノムの中には，さまざまな場所に数塩基の繰り返し配列が存在する。たとえば，塩基 C と A が 3 回繰り返されると，「CACACA」という配列になる。このような繰り返し配列には，タンパク質のアミノ酸配列の情報などの遺伝子としての機能はないが，相同染色体上の対応する位置に存在するため，マイクロサテライト遺伝子とよばれることがある。マイクロサテライト遺伝子の繰り返しの数は多様性が高く，個体差が大きいため，個体識別に利用できる。以下，マイクロサテライト遺伝子の遺伝子座 P に CA リピート 5 回が存在する場合，P_5 のように表記するとして，下記の問いに答えよ。

問1　クチキゴキブリは 1 対の雌雄がペアをつくり，生まれた子とともに枯れ木の中の巣で生活する。同じ巣の中の親子について，同一の常染色体にある 2 つのマイクロサテライト遺伝子座における CA 繰り返しの数を調べたところ，表の結果が得られた。

親の遺伝子型	子の遺伝子型	子の数
雌　$P_7P_{10}Q_6Q_{10}$	$P_6P_7Q_5Q_{10}$	7
	$P_6P_{10}Q_5Q_6$	8
	$P_7P_8Q_7Q_{10}$	7
雄　$P_6P_8Q_5Q_7$	$P_8P_{10}Q_6Q_7$	7
	$P_6P_7Q_5Q_6$	1
	$P_7P_8Q_6Q_7$	1

　　遺伝子座 P と Q が異なる染色体上に存在すると仮定した場合，この雌雄ペアから生まれる子の遺伝子型として，同確率で現れる可能性のあるものは何通りあるか。

問2　連鎖している対立遺伝子の組み合わせを，雌雄それぞれについてすべて答えよ。

問3　表の中で数の少ない (1) $P_6P_7Q_5Q_6$，(2) $P_7P_8Q_6Q_7$ は，染色体の乗換えによる遺伝子の組換えによって生じた遺伝子型である。それぞれ雌雄のどちらの配偶子形成で組換えが生じたと考えられるか。「雌」，「雄」，「雌雄両方」のどれかで答えよ。

総合演習編

39 レベル **B**

エンドウにおいて，種子の形（胚の遺伝子によって決まる），種皮の色，子葉の色，および，種子を包むさやの形は，すべて互いに独立して遺伝することが知られている。それぞれの形質は優性と劣性を示す1対の対立形質によって次世代に伝わる。これらの対立形質のすべてについてホモ接合体の個体間で交雑し，すべての遺伝子に関してヘテロ接合体の種子を得た。この種子を F_1 種子とよぶことにする。F_1 種子をまき，自家受精させて多くの種子を得た。この種子を F_2 種子とよぶことにする。これらの遺伝形質に関する下記の問いに答えよ。ただし，問2，問3では F_1 個体の自家受精で得られた種子自体の形質だけでなく，その種子を包むさやの形質なども F_2 種子の形質と表現していることに注意せよ。

問1　F_2 種子内部の胚における4つの遺伝形質の遺伝子型の組み合わせには，何通りの可能性があるか。

問2　多数の F_2 種子を調べてみると，いくつかの形質については一方の対立形質のみを発現しており，他の形質については対立形質のどちらかを発現する種子が混在していた。このような違いが生じた原因について，100字程度で説明せよ。

問3　F_2 種子のうち，4つの形質のすべてについて優性形質の表現型を示す種子は，収穫した種子の中でどの程度の割合で存在するか。分数で答えよ。

問4　図1は，エンドウにおける体細胞分裂の分裂期の染色体の1つを描いたものであり，図1の染色体中の横線は，1対の対立遺伝子 (A, a) のうちの1つが存在する位置を示したものである。図2は，同じ時期の1つの細胞に存在するすべての染色体を描いたものである。

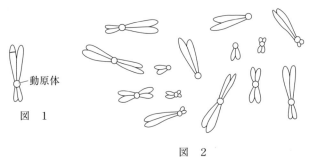

動原体

図　1

図　2

(1) エンドウの体細胞の染色体数を，$3n = 18$ のように答えよ。

(2) 図2において，遺伝子 A，a が存在する位置として可能性のある組み合わせは複数存在する。そのうちの1つの組み合わせを，遺伝子記号を添えて図中に記入せよ。

問5 遺伝子 R は，スクロースからのデンプン合成に関与する酵素 S の遺伝子であるが，遺伝子 r の翻訳産物には酵素活性がない。この違いが，種子の丸としわの違いの原因である。

　表1は，成熟前の種子の特徴を示したものである。この結果をもとに，遺伝子型 rr の種子が成熟するとしわができる原因について，150字程度で説明せよ。ただし，説明文の中で，以下の語をすべて用いること。

　　浸透圧　　乾燥　　成熟　　スクロース濃度

表1　丸い種子としわのある種子の特徴を比較した実験データ

	丸い種子	しわのある種子
種子の形の遺伝子型	RR	rr
乾燥重量あたりのデンプンの含量(%)	$42 \sim 54$	$30 \sim 36$
乾燥重量あたりのショ糖(スクロース)の含量(%)	$5 \sim 7$	$9 \sim 12$
$\dfrac{\text{胚の乾燥重量}}{\text{胚の生体重量}}$ の値[※1]	大きい	小さい
子葉の細胞の平均面積(mm²)[※2]	2591	2951

※1　生体重量 100 mg から 600 mg の胚を比較した
※2　生体重量 100 mg の胚を比較した

40 レベル **B**　ヒトゲノムは約30億塩基対からなり，その3.0%ほどの領域の中に約2万個（約 2.0×10^4 個）の遺伝子が存在し，遺伝子はタンパク質の情報を担うmRNAなどのRNAとして転写される。DNAの二重らせん構造において，らせんの1回転である3.4 nmの中に10塩基対が含まれるが，ヒトなどの真核生物のDNAは核タンパク質である　ア　と結合した　イ　を基本単位とする構造を備えており，多数の　イ　が折り畳まれ，分裂期には太く凝縮した染色体が出現する。

　ゲノムには，ある生物全体をつくるのに必要な，ひとまとまりの遺伝子が含まれ，複相（2n）の生物の場合，n本の染色体に存在する全遺伝子を含む。ヒトゲノムは　ウ　本の染色体からなるが，分裂期の染色体1本の長さは平均 5.0 μm 程度である。

　これらの事実をもとに，下記の問いに答えよ。ただし，1 nm は 10^{-3} μm であり，問3と問4は，「a（μm）」または「$a \times 10^b$（μm）」の形で答えること。a は小数第二位を四捨五入した1以上10未満の数，b は整数とする。

問1　文中の空欄　ア　～　ウ　に適する語を答えよ。

問2　文中下線部のゲノムとは，厳密には核ゲノムであり，（a）動物・植物ともにさらに1セット，（b）植物にはもう1セットのゲノムがある。（a），（b）のゲノムとはどのようなゲノムか。簡潔に答えよ。

問3　遺伝子は染色体上の1つの点として扱うことがあるが，実際はDNA分子上の一定の長さの領域である。遺伝子1個に相当するDNAの長さ（μm）を求めよ。

問4　分裂期の染色体において，染色体上に遺伝子が一様に分布していると仮定したとき，遺伝子と遺伝子の間の距離（点とみなせる遺伝子の中心と中心の間の距離）（μm）を求めよ。

41 レベル**B**　ヒトゲノムの解析の結果，DNA の大半は遺伝子としての機能がない部分であることが明らかになっており，遺伝子以外の部分のうち，約 53% と最も高い割合を占める配列がトランスポゾン（転移因子）である。トランスポゾンは DNA 鑑定の際の個人識別に利用されており，集団内における塩基配列の違いが 1% 以上の割合で出現しているとき，その違いを遺伝子多型とよぶ。遺伝子多型のうち，塩基 1 個が他の塩基に置き換わっているのが　ア　である。

　遺伝性疾患の原因遺伝子である *CFTR* 遺伝子の場合，DNA 中の RNA ポリメラーゼが結合する領域である　イ　に遺伝子多型が存在し，遺伝子発現量が低下している場合がある。消化管における薬の吸収に関与する *ABCG2* 遺伝子には，塩基が欠失した遺伝子多型が存在する。塩基が 1 個失われる突然変異の場合，コドンの読み枠がずれる　ウ　が起こり，変異位置以降のコドンの読み枠がずれ，アミノ酸配列が大きく変化する。

　このように，近年では遺伝子多型が疾患のかかりやすさや薬への応答性に関係することが分かっており，多くの遺伝子多型が明らかにされ，遺伝子多型を考慮したテーラーメイド医療を行おうという流れになりつつある。

　遺伝子の機能を変化させる遺伝子多型以外の原因として，機能性小分子 RNA が遺伝子発現量の変化に関与していることが示唆されている。機能性小分子 RNA の中には，mRNA と相補的に結合することで，RNA の分解や翻訳阻害を引き起こすものがある。このような RNA の機能が　エ　である。　エ　を引き起こす RNA は，転写された後，核内でヘアピン状の　オ　本鎖部分をもつ RNA になり，核外で酵素　カ　によって短かい断片に切断される。このようにして生じた　キ　本鎖 RNA が mRNA と相補的に結合し，作用をあらわす。

〔実験 1〕

　ある家系（図 1）で，*CFTR* 遺伝子のアミノ酸指定領域中の遺伝子多型を調べた。遺伝子多型を含む DNA 領域を，PCR 法によって増幅した後，ある制限酵素で処理し，処理後の DNA に対してゲル電気泳動を行った。その結果，制限酵素で生じた断片の長さに，個人による違いが見られた（図 2）。図 1 において，F は女性，M は男性であり，個人 1 と 2 は疾患を発症しておらず，個人 3 は発症していた。

〔実験 2〕

　ABCG2 遺伝子には，対立遺伝子 *B* と対立遺伝子 *b* からなる遺伝子多型が存在する。薬の吸収に対する遺伝子多型の影響を調べるため，ボランティア 100 名を対象に，*ABCG2* 遺伝子の遺伝子多型を調べたところ，42 名がヘテロ接合体（*Bb*）であった。

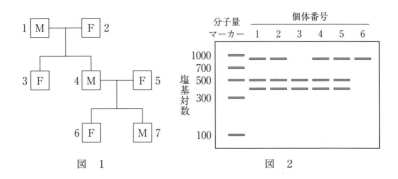

図 1   図 2

問1　文中の空欄　ア　～　キ　に適する語を答えよ。ただし，　オ　，　キ　に
は数字が入るものとする。

問2　〔**実験1**〕で行われている PCR 法とは，人工的に合成されたプライマーを起点とし
て，DNA の特定領域を増幅する方法である。この方法は，特殊な DNA ポリメラーゼ
を用い，1 サイクルの中で，次の(a)～(c)の温度条件を設定することで，自動的に合成
反応を進めることができる。PCR 法について，次の(1)～(3)の問いに答えよ。

　　(a)　約 1 分間，94℃ 程度に保つ。

　　(b)　60℃ 程度まで急速に冷却する。

　　(c)　70℃ 程度まで温度を上昇させ，2 分間保つ。

　(1)　生体内での DNA 複製反応と PCR 法では，プライマーに違いがある。この点につ
いて簡潔に説明せよ。

　(2)　PCR 法で用いられる DNA ポリメラーゼの特徴と，その特徴を備えた DNA ポリメ
ラーゼをもつ生物について簡潔に説明せよ。

　(3)　手順(a)～(c)の目的を簡潔に説明せよ

問3　図1の1～3の結果のみから判断すると，*CFTR* 遺伝子は常染色体，X 染色体，Y
染色体のうちのどこに存在すると考えられるか。判断した根拠とともに 100 字以内で答
えよ。ただし，X 染色体と Y 染色体の両方に遺伝子座をもつ遺伝子の可能性は考えな
くてよい。

問4　〔**実験1**〕の結果を元に，個人 7 が発症する確率を求め，分数で答えよ。

問5　〔**実験2**〕のボランティア 100 名について，次の(1)，(2)を求めよ。ただし，遺伝子
頻度は $B > b$ とし，この集団は対立遺伝子 B, b について，ハーディ・ワインベルグの
法則に従うものとする。

　(1)　遺伝子 B の遺伝子頻度（小数第一位まで答えよ）。

　(2)　100 人中，遺伝子型 bb の人数の期待値（整数値で答えよ）。

42 レベル **B**　大腸菌などの原核生物の遺伝子発現は，ジャコブとモノーが提唱したオペロン説によって説明できる場合が多い。オペロンとは，1つの調節領域によって調節される複数の遺伝子群のことであり，ラクトースオペロンの場合，ラクトースの代謝や吸収に関係する a) 複数の遺伝子の情報が，1本の mRNA としてまとめて転写される。

　オペロンの転写調節は，調節遺伝子産物であるリプレッサーを利用した調節である。ラクトースオペロンの場合，調節遺伝子産物であるリプレッサーは通常オペロンのすぐ上流に存在するオペレーターに結合しており，この状態では，オペレーターのすぐ上流にあるプロモーターに RNA ポリメラーゼが結合できず，オペロンは転写されない。しかし，大腸菌の培地に十分な量のラクトースが存在すると，ラクトースが細胞に入り，細胞内で生じた b) ラクトース由来の物質がリプレッサーに結合する。その結果，リプレッサーはオペレーターに結合できなくなり，RNA ポリメラーゼがプロモーターに結合し，ラクトースオペロンの転写が開始される。

　近年，オペロンの調節にはリプレッサーだけでなく，グルコースの存在下で不活性化する転写促進因子も関係することも明らかになった。つまり，グルコースが存在する場合は，ラクトースが存在しても転写促進因子が機能せず，ラクトースオペロンが転写されない。その結果，ラクトースは利用されず，グルコースが利用される。グルコースが存在する場合はグルコースを優先的に利用する一方，グルコースが存在せずラクトースが存在する場合はラクトースオペロンが転写され，ラクトースを利用するのである。

　正常なラクトースオペロンとその調節機構を備えた大腸菌の細胞内に，次の(1)〜(4)のいずれか1つの変異をもつ調節機構を備えたラクトースオペロンを含むプラスミドを導入した。その結果，大腸菌の細胞内は，染色体 DNA 上の正常なラクトースオペロンと，プラスミド中の変異型オペロンという，2つのオペロンが存在する状態になった。

［プラスミドに組み込んだ変異型オペロンの調節領域の特徴］

(1) 調節遺伝子の異常により，ラクトースの有無と関係なく，プラスミドの情報をもとに合成されたリプレッサーはオペレーターに結合できない。

(2) 調節遺伝子の異常により，プラスミドの情報をもとに合成されたリプレッサーはラクトース由来の物質と結合できない。

(3) プロモーターの異常により，RNA ポリメラーゼはプラスミドのプロモーターに結合できない。

(4) オペレーターの異常により，ラクトースの有無と関係なく，リプレッサーはプラスミドのオペレーターに結合できない。

問1　下線部 a) は，真核細胞では見られない特徴である。この点に関する原核細胞と真核細胞の違いについて，次の語をすべて用いて 80 字程度で説明せよ。

　　　　mRNA　　　　開始コドン　　　　終止コドン

問2　下線部 b) の内容は，リプレッサーの DNA 結合部位の構造が，ラクトース由来の物質の結合によって変化することを示している。ラクトースのこのような効果をあらわす語を答えよ。

問3　実験に関して，プラスミドに組み込んだ変異型ラクトースオペロンの調節機構により，大腸菌の細胞内でのラクトースオペロンの発現の有無が変化する場合，その変異を優性変異とよぶことにする。(1)〜(4)の中から，プラスミドの変異が優性変異と言えるものをすべて選び，記号で答えよ。ただし，以下の前提が成立するものとする。

前提1：大腸菌の細胞内で，物質は容易に拡散する。

前提2：培地にグルコースは含まれていない。

前提3：大腸菌 DNA やプラスミド上の調節遺伝子産物であるリプレッサーの合成量は，どちらか一方だけでも，大腸菌 DNA 上とプラスミド上の両方のオペロンの転写を調節するのに十分な量である。

前提4：培地に十分な量のラクトースが存在するときに細胞内で生じるラクトース由来の物質の量は，大腸菌の染色体およびプラスミドの両方でリプレッサーが合成されていたとしても，それらのすべてと結合するのに十分な量である。

43 B 遺伝子組換え植物を作成する方法に，アグロバクテリウムという土壌細菌を用いる方法がある。アグロバクテリウムの細胞内には，通常 Ti プラスミドというプラスミドが存在する。Ti プラスミドは植物細胞の染色体 DNA 中に自らの DNA の一部を組み込む機能があるため，遺伝子組換え技術におけるベクターとして用いることができる。

　具体的にはまず，植物細胞の染色体 DNA に組み込みたい <u>外来遺伝子を，Ti プラスミドに組み込む</u>。それをアグロバクテリウムに取り込ませ，アグロバクテリウムを植物細胞に感染させる。Ti プラスミドは植物細胞に入り，染色体 DNA の中に外来遺伝子が挿入される。
_{a)}

　アグロバクテリウムを用い，二倍体植物であるシロイヌナズナの細胞にカナマイシンという抗生物質に対する耐性遺伝子（Km^R 遺伝子）を挿入し，遺伝子組換え植物を作出する実験を行った。野生型植物の細胞はカナマイシン感受性であり，カナマイシンが存在する培地では死滅する。しかし，Km^R 遺伝子が染色体 DNA 中の 1 カ所でも挿入されるとカナマイシン耐性になり，カナマイシンが存在する培地でも生育できるようになる。

　アグロバクテリウムによる外来遺伝子のゲノムへの挿入はランダムな箇所で生じ，染色体 DNA 中の <u>複数の箇所に挿入される場合もある</u>が，外来遺伝子が相同染色体上に存在する 1 対の遺伝子の両方に挿入される可能性は，無視できる程度である。したがって，ゲノム内部に外来遺伝子を挿入された細胞に由来する植物は Km^R 遺伝子のヘテロ接合体であり，この植物を第 1 世代とよぶ。
_{b)}

　第 1 世代の植物を自家受精させた第 2 世代の植物の中には，Km^R 遺伝子を相同染色体の同じ位置にもつ個体（ホモ接合体）が一部出現し，Km^R 遺伝子のホモ接合体の中には，異常な表現型を示す突然変異体になるものも含まれる。これは，カナマイシン耐性遺伝子の挿入により，挿入箇所の遺伝子の機能が相同染色体の両方で失われたためである。

　このような方法で得た複数の第 1 世代の植物を自家受精させ，第 2 世代の種子を得た。各株についた種子を 320 粒ずつ，カナマイシンを含む培地にまいたところ，ある株由来の種子からは，第 2 世代として，<u>カナマイシン耐性個体が 300 個体得られた</u>。そして，300 個体のうちの一部は，<u>細葉の形質を示した</u>。
_{c)} _{d)}

問 1　図 1 は，ある遺伝子 A の塩基配列を示したものであり，一重下線を付けた ATG は開始コドン，二重下線を付けた TGA は終止コドンに対応し，この遺伝子はイントロンをもたない。遺伝子 A がコードするタンパク質のアミノ酸の数を答えよ。

```
  1   5'- ATGGCCAAGT TGACCAGTGC CGTTCCGGTG CTCACCGCGC GCGACGTCGC
 51       CGGAGCGGTC GAGTTCTGGA CCGACCGGCT CGGGTTCTCC CGGGACTTCG
101       TGGAGGACGA CTTCGCCGGT GTGGTCCGGG ACGACGTGAC CCTGTTCATC
151       AGCGCGGTCC AGGACCAGGT GGTGCCGGAC AACACCCTGG CCTGGGTGTG
201       GGTGCGCGGC CTGGACGAGC TGTACGCCGA GTGGTCGGAG GTCGTGTCCA
251       CGAACTTCCG GGACGCCTCC GGGCCGGCCA TGACCGAGAT CGGCGAGCAG
301       CCGTGGGGGC GGGAGTTCGC CCTGCGCGAC CCGGCCGGCA ACTGCGTGCA
351       CTTCGTGGCC GAGGAGCAGG ACTGA- 3'
```

図1　遺伝子 A

問2　下線部 a ）に関して。図1の遺伝子 A の翻訳産物であるタンパク質Aの細胞内での存在場所を追跡する場合，タンパク質Aと緑色蛍光タンパク質 GFP が結合していれば，GFP の蛍光によってタンパク質Aの存在場所を特定することができる。そのためには，まず，図1の遺伝子 A を PCR 法で増幅後，図2の GFP ベクターにおける制限酵素 *Bam* HI の認識部位に組み込む必要がある。

PCR 法で遺伝子 A を増幅する目的で用いる2種類のプライマーを①～⑥から選べ。ただし，①～⑥中の <u>GGATCC</u> は，制限酵素 *Bam* HI に認識させるために付け加えた塩基配列であり，この部分については遺伝子 A の塩基と塩基対を形成しなくてもプライマーとしての機能に影響はなく，遺伝子 A の増幅が起こるものとする。

① 5'- <u>GGATCC</u>ATGGCCAAGTTGACCAGTGC-3'
② 5'- <u>GGATCC</u>GCACTGGTCAACTTGGCCAT-3'
③ 5'- <u>GGATCC</u>TACCGGTTCAACTGGTCACG-3'
④ 5'- <u>GGATCC</u>CAGGACGAGGAGCCGGTGCT-3'
⑤ 5'- <u>GGATCC</u>GTCCTGCTCCTCGGCCACGA-3'
⑥ 5'- <u>GGATCC</u>TCGTGGCCGAGGAGCAGGAC-3'

図2　GFP ベクター

↓は *Bam* HI 認識部位を示す。
このベクターは，細胞内で GFP が発現するように構築されている。

問3　下線部 b ）に関して，Km^R 遺伝子が互いに異なる染色体上の複数の箇所に挿入されたと仮定する。このとき，下記の問いに答えよ。

(1)　下線部 c ）の結果は，この第1世代で Km^R 遺伝子が何カ所に挿入されたことを示しているか。挿入された数を答えよ。ただし，発芽しなかった種子はすべてカナマイシン感受性であり，カナマイシン感受性であること以外に種子が発芽しない原因はないと仮定する。

⑵ ⑴のように判断した理由を 200 字程度で答えよ。

問4　下線部 d ）について。このような個体は何個体生じたと考えられるか。計算式とともに答えよ。ただし，機能を失うと葉が細くなる効果をあらわす遺伝子は，ゲノム中で1つのみであると仮定する。

44 レベルB

植物は日長を葉で感知し，花芽形成に適した条件であれば，花成ホルモンを合成する。合成された花成ホルモンは師管を通って茎頂分裂組織に運ばれ，花成ホルモンが茎頂分裂組織の細胞に存在する受容体に結合すると，花芽形成が開始される。花芽からは，(a)4種類の花器官を同心円上にもつ花ができる。

問1　長日植物と短日植物における日長条件と花芽形成の関係は，図1のようになる。

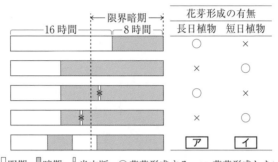

図1　日長条件による植物の花芽形成

(1)　長日植物（A）と短日植物（B）において花芽形成が引き起こされる条件について，限界暗期の語を用いて簡潔に説明せよ。

(2)　空欄　ア ， イ に当てはまる花芽形成の有無を，有：○，無：×で答えよ。

問2　ある長日植物では，遺伝子 F が花成ホルモンを合成し，遺伝子 R が花成ホルモン受容体を合成する。遺伝子 f, r は F, R に対する劣性遺伝子で，それぞれ花成ホルモン，花成ホルモン受容体の情報をもたない。遺伝子 F と R は異なる染色体上に存在し，花芽形成以外の現象に影響を与えることはないものとする。

この長日植物を用いて，接ぎ木実験（図2）を行い，接ぎ穂での花芽形成の有無を調べた。表1はその結果である。

図2　接ぎ木の模式図

表1　ある長日植物の，台木および接ぎ穂の遺伝子型と，接ぎ穂における花芽形成

接ぎ木	接ぎ穂の遺伝子型	$ffrr$	$FfRr$	$ffRR$	$ffRR$	$ffrr$	$FFrr$
	台木の遺伝子型	$ffrr$	$FfRr$	$FfRR$	$FFrr$	$FFRR$	$ffRR$
接ぎ穂の花芽形成（長日条件）		×	○	○	ウ	エ	オ

○　花芽形成する　　×　花芽形成しない

(1) ウ ～ オ に当てはまる花芽形成の有無を有:○, 無:×で答えよ。ただし, 台木と接ぎ穂の間の物質の移動は正常に起こるものとする。

(2) ある長日植物の野生型（遺伝子型 *FFRR*）の台木に遺伝子型 *ffRR* の接ぎ穂を接ぎ木し, 接ぎ穂の雌しべに遺伝子型 *FFRr* の花から採取した花粉を受粉させ, 多数の種子を得た。得られた種子から育った株を長日条件で育てたとき, 花芽をつける個体の割合はどの程度か。0, 1 または既約分数で答えよ。

(3) (2)で花芽をつけた個体をすべて自家受精させ, 多数の種子を得た。得られた種子を長日条件で育てたとき, 花芽形成が起こる個体の割合はどの程度か。0, 1 または既約分数で答えよ。

問3 秋まきコムギなどでは, 日長条件に加えて一定期間低温にさらされることも花芽形成が起こる条件になっている。

(1) この現象をあらわす語を答えよ。

(2) 植物が子孫を残す上で, この現象はどのような意義をもつと考えられるか。60字程度で答えよ。

(3) 一定期間低温にさらされることが花芽形成に必要な植物の遺伝子を改変し, 低温にさらされなくても花成ホルモンを合成する個体を得た。この個体を台木とし, 野生型の植物を接ぎ穂として接ぎ木を行ったところ, 接ぎ穂は低温にさらされなくても茎頂で花芽が形成されるようになった。

この植物の野生型における低温要求性に関して, この結果から正しいと判断されるものを次の(ア)～(ウ)から一つ選べ。

(ア) 低温にさらされる前は, 花成ホルモンを合成できない。

(イ) 低温にさらされる前は, 花成ホルモンを輸送できない。

(ウ) 低温にさらされる前は, 花成ホルモンを受容できない。

(4) 低温にさらされることが種子の発芽に影響を与える場合もある。そのような現象は, 種子の内部に存在する植物ホルモンと関係が深い。次のそれぞれに該当する植物ホルモンの名称を答えよ。

(ア) 低温にさらされる前の休眠状態の種子に多く存在する植物ホルモン

(イ) 低温にさらされることで合成が開始される植物ホルモン

問4 下線部(a)について。野生型とは異なる花器官ができる突然変異体の解析により, ABC モデル（図3）が提唱された。このモデルにおいて, クラスAとクラスCの遺伝子は互いに相手の遺伝子の発現を抑制しており, 例えば本来クラスCの遺伝子が発現する位置にクラスCの遺伝子が発現しないと, その位置にクラスAの遺伝子が発現する。

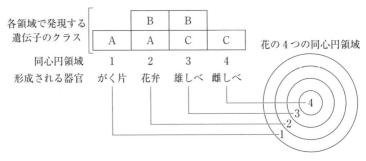

図3　花の器官形成を説明する ABC モデル

(1) 本来特定の器官が形成される位置に，別の器官が形成される突然変異の名称を答えよ。

(2) クラスA遺伝子が欠損した植物において，4つの同心円領域に形成される器官を「1－雄しべ」のように順に答えよ。

(3) 遺伝子組換えの手法を用い，すべての領域で発現するように改変したクラスB遺伝子を，クラスC遺伝子が欠損した植物に導入した。この植物において4つの同心円領域に形成される器官を(2)と同様に答えよ。

(4) クラスA，B，Cの遺伝子がすべて失われた植物において，4つの同心円領域に形成される器官を(2)と同様に答えよ。

45 レベル C

ヒトの眼には視細胞が一層に並んだ　1　が存在し，視細胞はやや尖った形の　2　細胞と棒状の　3　細胞に大別され，視細胞の中には光感受性タンパク質（オプシン）が多く含まれる。色覚に関係するのは　2　細胞であり，ヒトでは3種類存在し，それらの　2　細胞に含まれるオプシンは，(ア)効率よく吸収できる光の波長（吸収極大波長）により，青オプシン，　4　オプシン，赤オプシンとよばれる。どの種類の　2　細胞がどの程度刺激されたかという情報は(イ)大脳で統合され，色の感覚が現れる。

(ウ)ほとんどの哺乳類は　2　細胞を2種類しかもたない（二色型色覚）が，ヒトを含む類人猿や旧世界ザルは，常染色体上の青オプシン遺伝子とX染色体上の　4　オプシン遺伝子と赤オプシン遺伝子をもち，3種類の　2　細胞によって色を識別する（三色型色覚）。

ヒトの祖先と新世界ザルでは，三色型色覚を獲得したしくみが異なっている。ヒトの祖先は，(エ)X染色体上の遺伝子の重複と塩基1個ずつの　5　が何度か起こり，吸収極大波長の異なる2種類のオプシンを獲得した。(オ)新世界ザルの場合，X染色体上の遺伝子の重複は起こっておらず，　4　オプシン遺伝子と赤オプシン遺伝子が対立遺伝子である。したがってホモ接合の雌は二色型色覚，ヘテロ接合の雌は三色型色覚だが，雄は常に二色型色覚である。

問1　文中の空欄　1　～　5　に適する語を答えよ。

問2　下線部(ア)について。

(1)　吸収極大波長が最も短いのは，どのオプシンか。

(2)　単波長の光について，ヒトが赤と感じる光の波長は以下のどれか。

　　　6.5 nm　　　650 nm　　　65 μm　　　6.5 mm

問3　下線部(イ)は詳しくは大脳　A　質の　B　葉に存在する視覚中枢である。　A　，　B　に適する漢字2文字をそれぞれ答えよ。

問4　下線部(ウ)と地質時代の生物進化について。

(1)　哺乳類は中生代初期には出現していた。中生代を区分する紀を年代順に3つ記せ。

(2)　最初の脊椎動物（無顎類）は以下のA～Eのどの紀に出現したか。記号で答えよ。

　　A　シルル紀　　　　　B　ペルム紀　　　　C　オルドビス紀

　　D　カンブリア紀　　　E　石炭紀

(3)　現生の魚類，ハ虫類，鳥類には共通する4種類のオプシン遺伝子が存在し，そのうちの2種類は哺乳類と共通であり，中生代の間，哺乳類の共通祖先は夜行性であったとされている。これらの事実から推察されることとして適切なものを以下のA～Eから2つ選べ。ただし，ある生物群の「共通祖先」とは，そこからそれらの生物群全体

が進化した最新の生物のことであり，ここでのオプシン遺伝子の数とは，| 2 |細胞で発現する遺伝子の数のことである。

A　脊椎動物の共通祖先は，オプシン遺伝子をもっていなかった。

B　脊椎動物の共通祖先は，4種類のオプシン遺伝子をもっていた。

C　哺乳類の共通祖先が2種類のオプシン遺伝子を失い，色を弁別する能力を低下させた。

D　哺乳類以外の脊椎動物の共通祖先が2種類のオプシン遺伝子を新たに獲得し，色を弁別する能力を向上させた。

E　魚類，ハ虫類，鳥類それぞれの共通祖先が，それぞれ独立に2種類のオプシン遺伝子を獲得し，色を弁別する能力を向上させた。

問5　下線部(エ)について。

(1)　常染色体と異なる，X染色体，Y染色体などをあらわす語を答えよ。

(2)　遺伝子の重複の結果，同じX染色体上に| 4 |オプシン遺伝子と赤オプシン遺伝子が存在するようになった。このように同一染色体に存在し，染色体の挙動に伴って一緒に動く遺伝子の関係をあらわす語を答えよ。

(3)　突然変異などの結果，| 2 |細胞の種類が減ると，ヒトでも二色型色覚になることがある。ヒトにおけるすべての二色型色覚が，赤オプシン遺伝子の劣性突然変異によって生じると仮定し，以下のA〜Dから，二色型色覚の男子が生まれる可能性のある両親の組み合わせをすべて選べ。ただし，染色体の不分離や新たな突然変異は起こらないものとする。

A　三色型色覚の父親と，三色型色覚の母親

B　三色型色覚の父親と，二色型色覚の母親

C　二色型色覚の父親と，三色型色覚の母親

D　二色型色覚の父親と，二色型色覚の母親

(4)　ある1,000人のヒト集団において，男子500人のうち25人が二色型色覚であった。この集団では色覚遺伝子に関してハーディ・ワインベルグの法則が成立すると仮定して，以下の(a)〜(d)の問いに答えよ。ただし，二色型色覚は，赤オプシン遺伝子の劣性突然変異のみによって生じると仮定する。

(a)　男子における変異型赤オプシン遺伝子の遺伝子頻度を小数で答えよ。

(b)　(a)で求めた遺伝子頻度は女性でも同じであると仮定して，女性における変異型ホモ接合の遺伝子型の割合を小数で答えよ。

(c)　二色型色覚の女性の人数を予測せよ。ただし，小数点以下は四捨五入して整数値で答えよ。

(d)　ヘテロ接合の保因者である女性の人数を予測せよ。ただし，小数点以下は四捨五

入して整数値で答えよ。

問6　下線部(オ)について。ある新世界ザルの小集団を調査したところ，表1の結果が得られた。出生する雌雄の子の比は1：1で染色体異常や新たな突然変異は起こらないものとして，下記の(1)〜(6)の問いに答えよ。

表1　ある新世界ザルの小集団中の雌におけるX染色体上のオプシン遺伝子に関する遺伝子型の割合

	遺伝子型		
	[4] オプシン対立遺伝子のホモ接合	ヘテロ接合	赤オプシン対立遺伝子のホモ接合
割合	0.16	0.20	0.64

(1)　雄は常に二色型色覚になる理由を60字程度で答えよ。

(2)　この集団内において，三色型色覚の雌が産む子が三色型色覚になる確率を0，1または小数で答えよ。

(3)　ホモ接合の雌が，自分と同じタイプのオプシン遺伝子をもつ雄と交配する場合，子が三色型色覚になる確率を0，1または小数で答えよ。

(4)　ホモ接合の雌が，自分と異なるタイプのオプシン遺伝子をもつ雄と交配する場合，子が三色型色覚になる確率を0，1または小数で答えよ。

(5)　表1から，雌における [4] オプシン遺伝子の遺伝子頻度を求めよ。

(6)　(5)で求めた遺伝子頻度が雄でも同じであり，この集団のすべての個体が生殖可能で交配がランダムに起こると仮定する。このとき，次世代の雌のうち，三色型色覚になる個体の割合はどの程度になると考えられるか。小数第三位を四捨五入して小数第二位まで求めよ。

46 レベル **B**　ミツバチでは女王バチと雄バチだけが生殖能力をもつ。雄バチと交尾した
女王バチは受精嚢に精子を蓄え，卵を産むときに精子を少しずつ使って受
精させるが，一部の卵は未受精卵のまま産み出される。受精卵は雌になるが，その大半は
ハタラキバチになり，女王バチになるのは少数のみである。他方，未受精卵はそのまま発
生し，雄になる。したがって，雌の核相は $2n$ であるが雄の核相は n であり，雄では減数
分裂が起こらず，体細胞分裂のみによって精子がつくられる。

　ミツバチにはさまざまな遺伝形質が知られており，その1つに体色の遺伝がある。体色
の遺伝は1対の対立遺伝子によって支配されており，黄色が灰色に対して優性である。

　遺伝子によって行動が支配されている例に，衛生的行動が知られている。ミツバチのさ
まざまな系統の中には，幼虫が部屋の中で死んだとき，ハタラキバチが部屋のふたを破っ
て中の死んだ幼虫を取り除く系統（衛生的系統）と，そのような衛生的行動をしない系統
（非衛生的系統）がある。この行動の遺伝に関する交配実験とその結果を示す。

［実験1］
　　非衛生的系統の女王と衛生的系統の雄（いずれも純系由来）を交配したところ，得ら
　れた F_1（雑種第1代）のハタラキバチはすべて非衛生的行動を示した。

［実験2］
　　［実験1］で得られた F_1 の女王バチと衛生的系統の雄を交配すると，次世代のハタラ
　キバチにおいて，衛生的行動を示す個体：非衛生的行動を示す個体：死んだ幼虫の部屋
　のふたは破るが中の幼虫は取り除かない個体＝1：2：1の分離比が得られた。

［実験3］
　　［実験2］で得られた非衛生的行動のハタラキバチについて，病死した幼虫の部屋の
　ふたを人工的に破り，反応を調べた。その結果，半数は部屋の中の死んだ幼虫を取り除
　く行動を示したが，半数は死んだ幼虫を取り除く行動を示さなかった。

問1　下線部のような現象をあらわす語を答えよ。

問2　ミツバチの体色の遺伝に関して。

(1)　黄色の雄バチとの交尾後に灰色の女王バチが産む雌雄のハチの体色を答えよ。なお，
　　複数の体色の個体が生まれる場合，その分離比も答えよ。

(2)　(1)で生まれた女王バチを，黄色の雄と交尾させた。この後生まれる雌雄のハチの
　　体色を答えよ。なお，複数の体色の個体が生まれる場合，その分離比も答えよ。

問3　ミツバチの衛生行動は，複数の遺伝子によって支配されていると考えられる。

(1)　一連の行動の中で順に起こる要素的行動（A，B…）を支配する優性遺伝子を，行
　　動が起こる順に A，B…とし，A，B に対する劣性遺伝子を順に a，b…とする。遺伝
　　子 A，B に対応する行動を簡潔に説明せよ。

(2) ［**実験1**］の交配で用いた女王バチと雄バチの遺伝子型を，(1)で決めた遺伝子型を用いて答えよ。

(3) ［**実験2**］の交配で得られたハタラキバチの遺伝子型とその分離比を，(1)で決めた遺伝子型を用いて答えよ。

(4) ［**実験2**］の分離比から推定されるこれらの遺伝子の染色体上における位置と，そのような遺伝様式を 20 字以内で答えよ。

免疫に関する次の ［文1］ ～ ［文3］ を読み，下記の問いに答えよ。

［文1］

　哺乳類などの動物では，体内に侵入した病原体を排除する免疫のしくみが備わっている。免疫には生まれつき備わっている(a)自然免疫と生後に獲得する獲得免疫（適応免疫）があり，獲得免疫には体液性免疫と細胞性免疫という2つのしくみがある。

　獲得免疫の主要な舞台となっているのは(b)リンパ系器官であり，リンパ系器官では，各種のリンパ球が重要な役割を果たしている。

　体内に病原体が侵入すると，　1　やマクロファージがそれらを食作用によって取り込んで分解し，その断片を細胞の表面に出す。これが抗原提示である。提示された抗原を認識するのは，主に　2　であり，　2　は活性化してインターロイキンを放出し，その抗原に対応する　3　の増殖を促進する。　3　は抗体産生細胞に分化し，抗原と特異的に結合する抗体を放出する。このようなしくみが体液性免疫である。

　抗原情報を認識した　2　は，抗原に対応する　4　の増殖も促進する。増殖した　4　は，感染した細胞を直接攻撃する。がん細胞や移植臓器の細胞などが攻撃の対象になることもある。

　獲得免疫では，抗原に対して特異的に応答するリンパ球が増殖するが，一部の細胞は攻撃に加わらず，　5　として残存する。同じ抗原が再度侵入した場合，　5　が直ちに増殖するため，一度目の応答よりも速やかに，大きな免疫応答が起こる。

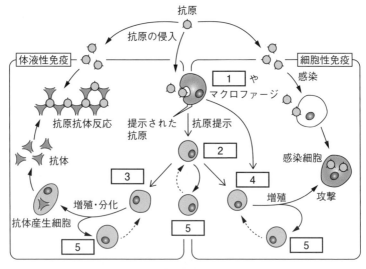

図1　獲得免疫のしくみ

問1　文中および図1中の空欄　1　～　5　に該当する細胞の名称を答えよ。

問2　下線部(a)の自然免疫では，白血球の細胞表面などに発現する受容体が重要な役割を果たしており，この受容体は，その種類に応じ，多くの細菌に共通して存在する物質や多くのウイルス由来の核酸などの一群の物質と結合する。この受容体の名称を答えよ。

問3　下線部(b)のリンパ系器官に該当するものを，次の(ア)〜(キ)から3つ選び，記号で答えよ。

(ア)　脾臓　　　(イ)　副腎　　　(ウ)　甲状腺　　　(エ)　胸腺　　　(オ)　視床下部

(カ)　リンパ節　(キ)　肝臓

[文2]

　互いに異なる系統（系統Ⅰ，Ⅱ，Ⅲ）のマウスを用意し，皮膚移植実験を行った。なお，同系統のマウスの遺伝子構成は完全に等しく，免疫に関係する遺伝子も含め，すべての遺伝子についてホモ接合とみなせる。

[実験1]

　同系統マウスの間で皮膚移植実験を行ったところ，移植片はすべて生着した。

[実験2]

　別系統マウス間で皮膚移植実験を行ったところ，すべての組み合わせにおいて皮膚はいったん生着し，その後2週間で脱落した。

[実験3]

　[実験2]で系統Ⅱの皮膚を移植した系統Ⅰのマウスに対して，系統Ⅱの皮膚を再度移植したところ，皮膚は生着せず，移植後間もなく脱落した。しかし，系統Ⅲの皮膚を移植したところ，皮膚はいったん生着し，その後2週間で脱落した。

[実験4]

　系統Ⅰと系統Ⅱの交配で得たマウス（以下，雑種マウスとよぶ）の細胞を，出生直後の系統Ⅰのマウスに注射した。この系統Ⅰのマウスが成長した後，系統Ⅱの皮膚と系統Ⅲの皮膚を移植した。その結果，系統Ⅱのマウスの皮膚は脱落しなかったが，系統Ⅲのマウスの皮膚はいったん生着し，その後2週間で脱落した。

問4　移植した皮膚の定着の有無には，自己と非自己の区別に関係する細胞表面のタンパク質が関係しており，このタンパク質の情報をもつ遺伝子は，1つの染色体上の特定の遺伝子座に存在する多数の複対立遺伝子とみなすことができる。このタンパク質の名称を答えよ。

問5　［実験3］の結果が得られた理由について，150字程度で説明せよ。ただし，問4で答えた語と下の語を用い，［文1］の説明を参考に答えること。

　　　　一次応答　　　二次応答

問6　［実験4］において系統Ⅱのマウスの皮膚が脱落しなかった理由を「自己と非自己の区別」という観点から100字程度で説明せよ。

問7　雑種マウス同士を交配し，多くの子マウスを得た。これらの子マウスのうち，両親どちらの皮膚を移植しても脱落しない個体の割合を整数または小数で答えよ。

［文3］
　Rh式血液型の不適合による新生児溶血症は，免疫が関係する疾患の1つである。Rh式血液型を決定する遺伝子は常染色体上に存在し，Rh因子をもつRh^+の人は遺伝子 D，Rh因子をもたないRh^-の人は遺伝子 d をもつ。D は d に対する優性遺伝子であるから，Rh^+ の父親と Rh^- の母親の間で生まれる子は，Rh^+ の場合が多い。Rh^- の母親が Rh^+ の子を出産する際，胎児のRh因子が母体に移行すると，母体で抗Rh抗体ができる。この母親が第2子として Rh^+ の子を妊娠すると，抗原抗体反応により，子に障害が現れることがある。これが新生児溶血症である。

問8　Rh式血液型不適合による新生児溶血症に関する説明として，明らかに誤っているものを次の(ア)〜(エ)から1つ選べ。

(ア)　Rh^+ の父親の血液中には，抗Rh抗体は存在しない。

(イ)　Rh^- の母親の血液中には，抗Rh抗体が必ず多量に存在する。

(ウ)　新生児溶血症の子の父親は，必ず Rh^+ である。

(エ)　新生児溶血症は，抗Rh抗体が母体から子に移行することで発症する。

問9　今日では，Rh式血液型不適合による新生児溶血症の発症は，ほぼ完全に予防することができる。その方法について正しい説明を次の(ア)〜(オ)から一つ選べ。

(ア)　出産直後の母体に，抗Rh抗体を含む血清を注射する。

(イ)　出産直後の母体に，Rh^+ の血液を輸血する。

(ウ)　出産直後の母体に，体液と等張の生理食塩水を注射する。

(エ)　第1子を妊娠してから出生までの間，母体に定期的に Rh^+ の血液を輸血する。

(オ)　第1子を妊娠してから出生までの間，母体に定期的に Rh^- の血液を輸血する。

問10　図2は，Rh式血液型不適合による新生児溶血症が見られたある家系を示したものである。図中の1，2のABO式，Rh式血液型は，どのように推定されるか。次の(ア)～(ク)から1つずつ選べ。

(ア)　A，Rh$^+$

(イ)　A，Rh$^-$

(ウ)　B，Rh$^+$

(エ)　B，Rh$^-$

(オ)　AB，Rh$^+$

(カ)　AB，Rh$^-$

(キ)　ABO式は特定できない，Rh$^+$

(ク)　ABO式は特定できない，Rh$^-$

図中のアルファベットはABO式血液型を示す

図　2

問11　Rh$^+$の遺伝子型はDDまたはDd，Rh$^-$の遺伝子型はddである。ある島の島民の血液型を調べたところ，Rh$^-$の人が0.090の割合で存在することがわかった。この島では，Rh式血液型の遺伝に関してハーディ・ワインベルグの法則が成り立つとして，下記の値を小数第二位まで求めよ。

(1)　遺伝子Dの遺伝子頻度

(2)　この集団における遺伝子型Ddの人の割合

48 レベル **C**　メダカの性決定様式は a)雄ヘテロ型のXY型であり，Y染色体には，雄の形質を決める遺伝子Dが存在する。遺伝子D産物は，発生途上の生殖腺を精巣に分化させるため，XYは雄になる。XXではDが存在しないため，生殖腺は卵巣に分化し，雌になる。

　ヒトと異なり，メダカのY染色体はX染色体と染色体の大きさや遺伝子の配置が同じであり，X染色体とY染色体の間では，さまざまな位置で乗換えが起こる。X染色体とY染色体の違いは，Dが存在するかどうかの違いであり，YYも生存可能で，繁殖能力のある雄になる。

　メダカの胚を b)ステロイドホルモンを含む水で飼育すると，遺伝的な性とは異なる性に変えることができる。 c)胚にステロイドホルモンEを与えるとXYの個体にも卵巣ができ，ステロイドホルモンTを与えるとXXの個体にも精巣ができる。

　d)遺伝子Dの近くには，体色に関係する2つの遺伝子RとLが存在する。Rは赤い体色にする遺伝子，Lは白色素胞を形成させる遺伝子で，Rの対立遺伝子rと，Lの対立遺伝子lはともに劣性遺伝子であり，rrは体色が赤くならず（野生色），llは白色素胞ができない。

問1　下線部a)に関して。性染色体による性決定の様式には，4種類存在する。このうち，雌ヘテロ型のZW型の性決定様式の生物を，以下から2つ選べ。

　　ニワトリ　　キイロショウジョウバエ　　ミノガ　　トノサマバッタ
　　カイコガ　　キリギリス

問2　下線部b)のステロイドホルモンについて。

(1)　ステロイドホルモンはどのようにして作用するか。ペプチドホルモンと比較しながら，両者の一般的な作用の仕方を120字以内で説明せよ。

(2)　恒常性の維持には，各種のステロイドホルモンとペプチドホルモンが関係している。次のそれぞれに該当するステロイドホルモンAおよびペプチドホルモンBの名称を挙げ，それらについて「Aチロキシンは…，Bパラトルモンは…」のように，それぞれ指定した字数以内で説明せよ。ただし，それらのホルモンの分泌を調節する器官について触れる必要はなく，(a)についてはホルモンの名称とその作用をあらわしくみ，(b)についてはホルモンの名称と作用する部位に限って説明せよ。

　　(a)　血糖値を上昇させるステロイドホルモンAと，低下させるペプチドホルモンB。（80字）

　　(b)　尿形成の際，腎単位（ネフロン）のある部位でのナトリウムイオンの再吸収を促進するステロイドホルモンAと，Aとは別の部位での水の再吸収を促進するペプチドホルモンB。（40字）

問3　下線部 c)の方法を用いて，下の性染色体構成の受精卵のみが得られる雌雄の組み合わせを作りたい。その際に用いるステロイドホルモンに触れながら，交配の仕方と目的と一致する組み合わせの選び方について説明せよ。ただし，胚の雌雄，および XY の雄と YY の雄は外見上識別できないが，ふ化後のメダカの性は識別できるものとする。

(1)　XX の受精卵のみが得られる雌雄の組み合わせ。

(2)　XY の受精卵のみが得られる雌雄の組み合わせ。

問4　下線部 d)に関して。下の表は，2つの交配実験の結果を示したものである。これらの結果をもとに，下記の問いに答えよ。ただし，X 染色体と Y 染色体の違いは遺伝子 D の有無だけであることに注意し，D は R と L の間に位置し，乗換えが2回以上起こることはないものとする。

表　1

	雄親の遺伝子型	雌親の遺伝子型	生まれた全個体数	組換え個体数
交配1	$X^r Y^R$	$X^r X^r$	5531	9
交配2	$X^{rl} Y^{RL}$	$X^{rl} X^{rl}$	3886	96

(1)　交配1で生まれた個体のうち，赤色の雌と野生色の雄の個体数の合計を答えよ。

(2)　交配2で生まれた個体のうち，野生色で白色素胞がない雌の個体数を推定せよ。

(3)　交配1，交配2の組換え個体数は，それぞれどの遺伝子とどの遺伝子の間の組換えが起こった個体数か。「1 − D と L」のように，交配の番号と遺伝子の組み合わせを答えよ。

(4)　交配2で生まれた個体のうち，赤色で白色素胞のない雄と野生色で白色素胞のある雌の合計の割合（%）の推定値を，小数第二位を四捨五入し，小数第一位まで答えよ。

49 レベル c　生物の進化と集団遺伝に関する次の文（Ⅰ，Ⅱ）を読み，下記の問いに答えよ。

Ⅰ　動物の多くは雌雄異体であり，雌雄異体の種では雌雄の形態などに大きな違いが見られる場合があり，性的二形とよばれる。性的二形として有名な例に，雄ライオンのたてがみや，雄クジャクの尾羽がある。生物の形態や行動，生活様式などは，適応により進化してきたと考えられるが，たてがみが雄ライオンの生存に大きく役立つとは考えにくく，雄クジャクの目立ち過ぎる尾羽は個体の生存に不利とさえ考えられる。では，性的二形はどのような点で適応的なのだろうか。

　性的二形，特に個体の生存に意味がなかったり不利な形質は，配偶者によって選ばれることによって繁殖上有利になり，進化したと考えられる。この点について，次のような仮定をおいて考察してみよう。

【考察文】　まず，次の1〜7の仮定をおく。

仮定1　有性生殖を行う雌雄異体動物において，ある量的遺伝形質（長さ，重さなどの数値で表現できる形質−図1のX）に性的二形があり，雌には個体差がなく（X_0 とする）雄には個体差（$X_0 \sim X_1$）がある。雄の形質は，その父親の形質と同じになる。

仮定2　個体が繁殖年齢まで生き残る確率は，この量的形質（形質X）で決まり，ある個体の形質Xの値を x とおくと，生存率 Bx は，次の式であらわされる。

$$Bx = 1 - \frac{x - X_0}{X_1 - X_0}$$

仮定3　形質Xの値が x である雄が残せる子の平均的な数を繁殖成功度 Tx とよぶ。

　　　　Tx は，$N \times \dfrac{x - X_0}{X_1 - X_0}$ の式で示される。

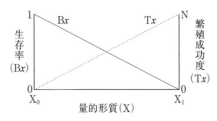

図1　量的形質（X）と生存率（Bx）および繁殖成功度（Tx）

生存率（Bx）：値 x の個体が繁殖可能な齢まで生きる確率
繁殖成功度（Tx）：値 x の雄個体が残せる子の平均的な数

仮定4　雌雄とも，一生に一度だけ繁殖期をもつ。

仮定5　繁殖期において雄は複数の雌と交配できるが，雌は一度だけ交配する。

仮定6　1匹の雌に対して必ず複数の雄が求愛し，雌は形質Xが最大の雄を選ぶ。

仮定7　それぞれの雌は，一度の繁殖で同じ数の子を産む。

　以上の仮定のもとでは，雄が多くの子を残すためには，多くの雌に選ばれる必要があり，この点からは x の値が [1] の個体が有利である。しかし，繁殖期まで生存できなければ残せる子孫の数は [2] となる。子を残すためには，繁殖期まで生存する必要があり，この点からは x の値が [3] の個体が有利である。両方の点を考慮すると，x の値が [4] の個体が最も有利となり，この場合に残せると期待する子の数は，生存率と繁殖成功度の積により，[5] となる。

問1　下線部について。

(1)　哺乳類の前肢は，適応の結果，コウモリでは翼，イルカではヒレなど，さまざまな形態・機能に変化している。このように同一の起源をもつ器官の名称を答えよ。

(2)　環境変化によってそれまで繁栄していた分類群の多くが絶滅した後などには，地質学的にはきわめて短時間のうちに，共通の祖先から多様な生物種が生じることがある。このような現象をあらわす語を答えよ。

問2　【考察文】中の空欄 [1] ～ [5] に適する数値や数式を答えよ。

Ⅱ　集団内の対立遺伝子の遺伝子頻度の変化は，進化における重要な過程である。いま，ある集団で図2のような変化が起きたと仮定する。

　祖先集団は遺伝子型 $AABB$ のみからなり，それが2つの部分集団に隔離され，それぞれの部分集団で異なる遺伝子に突然変異が生じた。その結果，部分集団1では対立遺伝子 A と a が共存し，遺伝子頻度は A が 0.4，a が 0.6

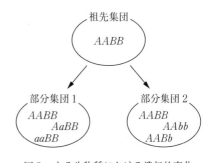

図2　ある生物種における遺伝的変化

になった。部分集団2では対立遺伝子 B と b が共存し，遺伝子頻度は B が 0.6，b が 0.4 になった。

　以下の設問では，2つの部分集団および混合群は十分大きく，対立遺伝子の間に生存や交配上の優劣は存在しないものと仮定する。

問3　部分集団1と部分集団2から，同数の個体をランダムに選んで混合群をつくり，自由に交配させた。ただし，2対の対立遺伝子は互いに独立であると仮定する。

(1)　混合群における対立遺伝子 A と B の遺伝子頻度をそれぞれ求めよ。

(2)　混合群から生じる次世代（第1世代）において，遺伝子型 $aabb$ の個体が占める割合を求めよ。

(3)　第1世代から生じる次世代（第2世代）において，遺伝子型 $aabb$ の個体が占める割合を求めよ。

(4)　混合群から生じる個体のみの間で，長い世代にわたって交配を繰り返したとき，遺伝子型 $aabb$ の個体の割合はどのような値に近づくと考えられるか。

問4　問3とは異なり，2対の遺伝子が完全連鎖の関係にある場合を考える。部分集団1と部分集団2から，同数の個体をランダムに選んで混合群をつくり，自由に交配させたとき，以下の問いに答えよ。

(1)　混合群から生じる次世代（第1世代）において，遺伝子型 $AABB$ の個体が占める割合を求めよ。

(2)　第1世代から生じる次世代（第2世代）において，遺伝子型 $AABB$ の個体が占める割合を求めよ。

生態系と遺伝子頻度に関する以下の問1～4に答えよ。ただし，問3，問
4（(1)～(3)）では，小数第二位を四捨五入し，小数第一位までで答えよ。

問1　次の文中の空欄に入る適切な語を答えよ。

　生態系は生物群集とそれを取り巻く非生物的環境からなり，生物群集は多くの種個
体群からなる。これらの種個体群は，生態系の中で時間的・空間的に特定の位置を占
め，食物連鎖の中で一定の位置を占める。このような個体群の生態系における位置は
　ア　とよばれ，多くの種が別々の　ア　を占める　ア　の　イ　により，そ
れらの共存が可能になっている場合がある。特に，　ア　が近い種の場合，種間競争
の結果，長い時間の間にそれらの種の形態，性質などの特徴に違いが生じる　ウ　が
起こり，競争が緩和されているとみなされる場合もある。ある昆虫が特定の植物の花の
吸蜜・花粉媒介に適した形態になるような変化は昆虫と植物の間の　エ　の例とされ
るが，　ウ　も，近縁な種間に見られる　エ　の例とみることができる。

　種間競争を緩和し，種の　オ　を維持する過程では，捕食者の存在や，何らかの原
因による生態系の　カ　も重要な役割を果たしている。たとえば，アラスカなどの沿
岸の海域ではラッコが生息し，ラッコの存在により，ウニの密度は低く維持され，ウニ
の食物であるコンブが繁茂している。コンブは多くの魚類に生活場所などの資源を提供
しているが，ラッコがいなくなるとウニの大発生によりコンブが失われ，魚類も生活の
場所を失う。ラッコのように，生態系の安定状態の維持に特に重要な役割を果たす種を
　キ　種とよぶ。

　中規模の　カ　が種の　オ　の維持に関係する前提としては，生態系が　カ
に対して　ク　をもつことがある。たとえば，里山の自然は森林の一部ずつを定期的
伐採するなどの中規模の　カ　によって維持されてきたが，近年，森林の伝統的な利
用がされなくなり，放置されることが多くなった。その結果，里山に生息していた草本
植物や昆虫の絶滅が見られるようになり，種の　オ　が失われつつある。

問2　天敵の存在は，個体群の内部での遺伝的特
徴にも影響を与えることがある。ある地域にお
いて，カタツムリは黄色型と赤色型が1：1前
後で変動しているが，カタツムリの主要な天敵
である鳥がこれら二型のカタツムリのどちらを
主に捕食するかは，両者の型のカタツムリ集団
の中での割合によって変化する。図1の太線は
カタツムリ集団中の黄色型の割合と，鳥に捕食
されたカタツムリに占める黄色型の割合の関係
を示したものである。この図に関する説明(a)

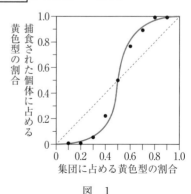

図　1

～(f)のうち，適切なものをすべて選べ。

[説明]
(a) 常に黄色型を多く捕食する。
(b) 黄色型の割合が高いときは，黄色型を多く捕食する。
(c) 黄色型の割合が低いときは，黄色型を多く捕食する。
(d) 鳥はカタツムリ集団内での黄色型の割合を高くする方向に作用している。
(e) 鳥はカタツムリ集団内で高い割合の型をさらに高くする方向に作用している。
(f) 鳥はカタツムリ集団内での2つの型の割合を等しくする方向に作用している。

問3　カタツムリの黄色型は赤色型に対して遺伝的に優性で，鳥の捕食以外に，黄色型と赤色型の間の生存上の優劣は存在しないものとする。別の地域では鳥のように色によって捕食率が変化する天敵が存在せず，この地域のカタツムリの二型の比は黄色型：赤色型 = 5：4で安定していた。

　　この地域のカタツムリ集団での色の遺伝子について，ハーディ・ワインベルグの法則が成立していると仮定する。このとき，黄色型のカタツムリのうち，色の遺伝子がヘテロ接合体になっている個体の割合を推定せよ。

問4　問3の集団の中から黄色型のみを集めて黄色型集団をつくったとする。以下の交配で用いた個体数は十分多く，色の違いによる生存率の違いはなく，突然変異は起こらず，色の違いが交配に与える影響はないものとして，下記の問いに答えよ。

(1) この黄色型集団での赤色型遺伝子の遺伝子頻度を答えよ。

(2) この黄色型集団で自由交配を行った場合，次世代で得られた黄色型個体の中の，ヘテロ接合体の割合を求めよ。

(3) (2)の自由交配で得られた集団から再び黄色型のみを集め，自由に交配させた。その結果得られた集団での赤色型遺伝子の遺伝子頻度を求めよ。

(4) 以下，集団から赤色型を取り除き，残った個体の自由交配を繰り返した。問3の集団を第1世代として，集団内の赤色型遺伝子の遺伝子頻度が初めて1%以下になるのは第何世代になるか推定せよ。

- MEMO -

あ と が き

　多くの教科書や参考書では，図は文章の右側にありますが，この本では重要な図は左側にあり，文章は図の右側にあります。それは，受験生諸君にとって問題文の内容を図に表現できるようになることが大事であり，それさえできればよいと考えるためです。ここでは，図は文章を理解するための補助ではありません。図を描けるようになるための補足説明が文章です。

　難しい内容を理解しようとする際，頭の中でこね回すのでなく，手を動かしてその内容を図式化してみること…これは，生物に限らず，あらゆる教科で生きる技術です。

　多くの諸君にとって，高校の生物で学んだ知識のほとんどは，いずれ忘れても構わないものになるでしょう。しかし，諸君が将来どんな道に進もうと，新しい知識や技術を身につける際，この技術は生きてきます。この本が，この一生使える技術を身につける一助になれば，それに勝る喜びはありません。

中島　丈治

　この書を手にとってくださった皆様が，この書が拓く世界の広さと奥深さに恐れおののいていただけたら幸いです。汲めども尽きることのない源泉のひとつがここにあり，人が生きていくための源泉涵養に出会えます。

　誰もが疑わなかった「外胚葉予定運命としての表皮」が，ひょんな事から打ち破られ，結果として原口背唇部からのノギンとコーディンがBMPと複合体を作ることでBMPはBMP受容体と結合できなくなり，表皮分化へのスイッチングができなくなって神経に分化する事実が明らかにされたことを思い出しましょう。サイエンスには限界がありません。どんな発見でも貪欲に引き入れて，誘導概念が拡張されただけのこと……そんな無限を夢幻として誘いをかけることこそ，講師としての至高の至福である，と思って止みません。

　ワタシが駿台で最も実践したかったこと……それは学のより広範な世界への解放であったのだと思います。浅学非才に恥もせず，中島先生からは『駿台フォーラム』での自由交配解放宣言の機会をいただいたばかりか，この遺伝教育の革命の書とも言える本書の校閲をさせていただくことを通して「打倒パネット・スクエア」も経験させていただきました。この身に余る光栄を考えると，ワタシの人生がいかに幸甚なものであるかがわかります。駿台であればこその幸せな機会を賜りまして，我が人生に悔いなし，の心境です。そして，この書を通して，『生物総合40題』という難事業に続いて本書の出版にご尽力された梶原様との出会いを賜りました。この本の作成に携わった皆様に御礼申し上げます。

福地　清浩

中島先生の当初の予定は，駿台生物科の下っ端講師の僕を仮想敵と定め，僕がパネット・スクエアから脱却して考えを改めたら1つの成功とみなし，編集に役に立てようということのようでした。ですが…僕は前々からパネット・スクエアを使わない派なんです。当初の予定は狂ったかと思いますが，少しでもお役に立てていたらと思います。

　遺伝で表（パネット・スクエア）を書かずに解こうとする方は少なくないと思います。僕もその一人ですが，「あのタイプの問題に関しては表を書いて数えて確認して…」と考えてしまうことがありました。つまり，自分の中で解法が完成していなかったのです。この本の作成にあたり，中島先生から大量の原稿が送られてきて，それを読み問題を解く過程で，目から鱗が落ちる感覚を覚えました。この本を手にした皆様にも目から鱗が落ちる感覚を共有してもらえればと思います。考えて，手を動かして計算しているうちに，しっかりと考え方が身に付き，遺伝にとどまらないより柔軟な思考力が身につくと思います。

太田　寛

生物 遺伝問題の計算革命

著　　　者	中島　丈治
発　行　者	山﨑　良子
印刷・製本	株式会社日本制作センター

発　行　所　　駿台文庫株式会社

〒101-0062　東京都千代田区神田駿河台1-7-4
小畑ビル内
TEL. 編集 03(5259)3302
販売 03(5259)3301
《①-240pp.》

ISBN978-4-7961-1777-7　Printed in Japan

駿台文庫 Web サイト
https://www.sundaibunko.jp

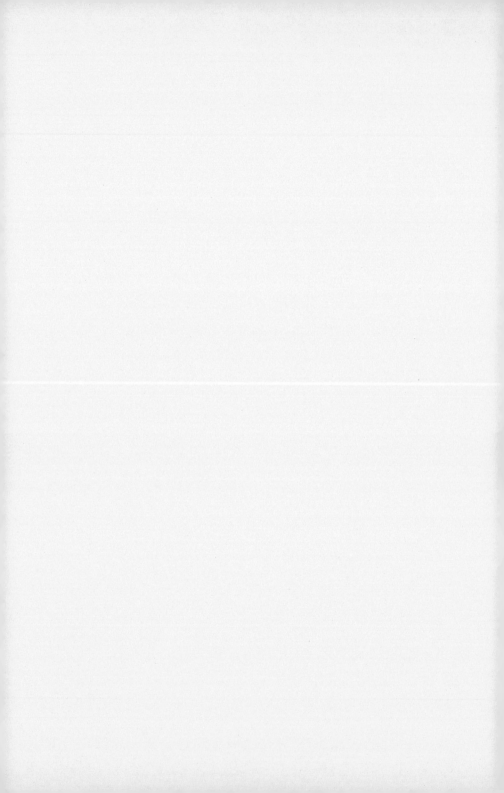

生物
遺伝問題の計算革命

解答・解説編

駿台文庫

目次

I 遺伝計算の前提

解説 1 …………………… 2

解説 2 …………………… 4

解説 3 …………………… 5

解説 4 …………………… 7

解説 5 …………………… 8

解説 6 …………………… 9

II 遺伝計算の方法

解説 7 …………………… 11

解説 8 …………………… 15

解説 9 …………………… 16

解説 10 …………………… 17

解説 11 …………………… 18

解説 12 …………………… 18

解説 13 …………………… 20

解説 14 …………………… 22

解説 15 …………………… 25

解説 16 …………………… 26

解説 17 …………………… 27

解説 18 …………………… 29

III 進化と遺伝

解説 19 …………………… 34

解説 20 …………………… 35

解説 21 …………………… 35

解説 22 …………………… 36

解説 23 …………………… 37

解説 24 …………………… 41

解説 25 …………………… 43

IV 遺伝計算とさまざまな場面

解説 26 …………………… 46

解説 27 …………………… 47

解説 28 …………………… 49

解説 29 …………………… 50

解説 30 …………………… 51

解説 31 …………………… 52

解説 32 …………………… 53

解説 33 …………………… 54

解説 34 …………………… 57

解説 35 …………………… 59

解説 36 …………………… 60

解説 37 …………………… 61

解説 38 …………………… 65

総合演習編

解説 39 …………………… 66

解説 40 …………………… 68

解説 41 …………………… 70

解説 42 …………………… 74

解説 43 …………………… 76

解説 44 …………………… 79

解説 45 …………………… 83

解説 46 …………………… 87

解説 47 …………………… 90

解説 48 …………………… 94

解説 49 …………………… 98

解説 50 …………………… 101

参照ページは特別な指示がない限り，本編の参照ページを示しています。

I 遺伝計算の前提

1

問1　ア－粒子（粒）　イ－組換え　ウ－伴性　エ－ヒストン
　　　オ－ヌクレオソーム　カ－形質転換　キ－一遺伝子一酵素
　　　ク－二重らせん　ケ－チミン　コ－シトシン　サ－半保存
　　　シ－コドン

問2　(1)　優性の法則（優劣の法則）
　　　(2)　1対の対立遺伝子をもつ純系個体を交雑した雑種第一代では，一方の形質
　　　　　のみが表現型として現れる。

問3　(1)　分離の法則
　　　(2)　1対の対立遺伝子は，分離して別々の生殖細胞に入る。

問4　(1)　染色体を構成するDNAのうち，RNAとして転写され，タンパク質のア
　　　　　ミノ酸配列，tRNAやrRNAの塩基配列などの情報を含むまとまり。
　　　(2)　ある生物をつくるのに必要な1組の遺伝子を含み，$2n$の生物の場合，n
　　　　　本の染色体に存在するn分子のDNA中の遺伝情報全体をさす。

問5　多糖類，脂質などは，遺伝情報に基づいて合成されたタンパク質の触媒作用に
　　　よって合成され，間接的に遺伝子の支配を受けているため。

解説

　本文で扱ったメンデルとモーガンの研究と，それ以降の遺伝子研究の歴史に関する問題。
この問題を通じ，メンデルの遺伝法則とDNA分子上に存在する遺伝子の関係を，しっか
り理解しておきたい。

問1　　ア　～　ウ　：モーガンは，メンデルが遺伝現象を説明するために仮定した
　　遺伝因子が染色体上に実際に存在することを証明した。なお，　イ　は直前に「遺伝
　　子の」とあるため，「組換え」が正解となる。仮に「染色体の」であれば「乗換え」が
　　正解。

　　　エ　，　オ　：真核細胞の染色体は直鎖状DNAとタンパク質を含むが，原核細
　　胞の染色体はタンパク質と結合していない環状DNAである。

　　　カ　：肺炎双球菌の形質転換の原因物質の解明と，それに続くバクテリオファー
　　ジの標識実験により，遺伝子の本体がDNAであることが確定した。

　　　キ　：今日の遺伝子と酵素に関する知識をもとに考えると，すべての遺伝子産物
　　が酵素とはいえないし，1つの酵素が1つの遺伝子産物のみからなるともいえない。し
　　たがって，「一遺伝子一酵素」という考え方が今日でもそのまま成立するとはいえない。

しかし，酵素の情報をもつことは，遺伝子の最も重要な機能である。

　実体が不明であった遺伝子に関して，モーガンは「染色体に存在する」という事実を発見し，遺伝子の実体を解明する上での手掛かりを作った。それに対してビードルとテータムは，「酵素合成の単位となる」という事実を発見し，遺伝子の機能を解明する上での手掛かりを作ったのである。

　　ク 　～　 サ ：DNA の基本構造に関する問題。デオキシリボースにリン酸と塩基が結合したヌクレオチドが構成単位であり，二本のヌクレオチド鎖が相補的な塩基対を形成し，二重らせん構造ができている。塩基の相補性から，一本の鎖の塩基配列によって他方の鎖の塩基配列が決まり，このことが DNA の半保存的複製を可能にしている。

　　シ ：DNA の塩基は mRNA に転写され，mRNA の塩基 3 個の重複を許す順列によって $4^3 = 64$ 通りのコドンができる。コドンのうちの 3 個はアミノ酸を指定しない終止コドンであるが，20 種類のアミノ酸を指定するのに十分な数である。

問2　なぜこの法則が成立するのか，どのような場合に例外となるのかという点については，この後に学習する（☞p.6）。ここでは，優性の法則は酵素と反応系の関係を考えると最もわかりやすいことだけを指摘しておく。

問3　この法則が核内遺伝子に関して例外なく成立する理由については，この後に学習する（☞p.12）。減数分裂を遺伝法則の形で表現したものが，分離の法則である。

問4　(1)　遺伝情報を含み，RNA として転写される部分だけでなく，転写の実行に必要な領域も遺伝子の中に含める場合もあるが，そこまで触れる必要はない。タンパク質のアミノ酸配列の情報をもつ領域だけが遺伝子であると考えていたとしたら，やや不十分。mRNA の情報を含む領域のほか，リボソームの構成成分となるリボソーム RNA（rRNA）の情報を含む領域や，コドンに対応するアミノ酸をリボソームに運ぶ役割を果たす転移 RNA（運搬 RNA，tRNA）の情報を含む領域も，遺伝子である。真核生物の場合，染色体 DNA 中で遺伝子となる領域は，ごく一部に過ぎない。

　　(2)　1 本の染色体（または，分裂期の染色分体）の中には 1 分子の DNA が存在し，その中にその生物をつくるのに必要な遺伝子が点々と存在している。n 本の染色体上に存在する遺伝子全体がゲノムに含まれる。遺伝子だけでなく，DNA 分子全体，すなわち遺伝子以外の領域も含めてゲノムとよぶ場合も多くなってきた。この点はどちらを答えてもよい。例えば，ショウジョウバエという生物をつくるのに必要な DNA 全体がショウジョウバエゲノムである。二倍体（$2n$）の生物は，通常両親から一組ずつのゲノムを受け取っている。

　　なお，問題文中にこの点は無視してよいと書かれているが，共生説の立場から考えると，ミトコンドリアや葉緑体は，元々は独立した原核生物であり，ミトコンドリア DNA，葉緑体 DNA はそれぞれミトコンドリアゲノム，葉緑体ゲノムとみなせる。

つまり，動物は2組の核ゲノムと1つのミトコンドリアゲノム，植物はそれらに加えて1つの葉緑体ゲノムをもつ（卵の細胞質を通じて子に渡されるミトコンドリアや葉緑体は複数であるため，塩基配列の違いという意味ではこれらのゲノムに複数のものが混在している可能性もあり，細胞質遺伝ではそれが問題になることもある（☞p.66，73））。

問5　タンパク質以外の物質は，タンパク質が酵素として機能することで合成されることを説明すればよい。DNAからの転写・翻訳によってタンパク質が合成され，酵素タンパク質はタンパク質以外の物質の合成にも関与する。結局DNAがすべての物質の合成を支配しているのである。

2

(1)　A　　(2)　△　　(3)　B　　(4)　A

解説

　優性の法則が成立する理由に関する理解を問う問題である。遺伝子の情報をもとに酵素などのタンパク質が合成されている場合，特に調節されていなければ，ヘテロ接合体 Aa で合成されるタンパク質の量は AA の半分である。それにもかかわらず優性の法則が成立するのは，簡単に言うと「半分で十分」な場合である。

(1)　優性の法則が成立する最も基本的な場面である。

(2)　対立遺伝子から別の型の膜タンパク質が合成される。その結果，ヘテロ接合体の細胞表面には2種類の型の膜タンパク質が出現するため，両者の間に優劣関係は存在しない。ABO式血液型で遺伝子 A や B が O に対して優性なのは，A, B 遺伝子産物により，O型とは異なる型物質が合成されるためである。A と B の間に優劣関係がないのは，A, B 遺伝子の存在により，赤血球膜に両方の型物質（凝集原）が現れるためである。

(3)　A の機能は正常，B の機能は過剰ということであるが，問題文の説明から，一方のみが過剰であれば，全体として過剰であると考える。したがって B が優性遺伝子と考えられる。

(4)　A が一方の染色体に存在するヘテロ接合体であっても，異常な増殖を抑制する機能は十分発現する。したがって A が優性遺伝子と考えられる。

　(3)，(4)で扱っているのは，がんの発生に関係する遺伝子である。(3)の遺伝子が正常な A では，分裂促進作用はあまり強くないため，分裂途中のチェックポイントでDNAの異常が発見された場合は細胞周期の進行が停止し，DNAの修復系の酵素遺

伝子などの発現が始まる。

　Aが分裂促進機能が過剰になったBに変化すると，DNAに異常があっても細胞周期がどんどん進み，分裂が繰り返される。その結果，遺伝子に異常がある細胞がどんどん増殖する。遺伝子Bはがん遺伝子であり，相同染色体上の遺伝子のどちらか一方の遺伝子に異常が生じると，無秩序な増殖という，がん細胞の特徴が現れる。したがってBは優性遺伝子である。

　(4)のAはがん抑制遺伝子であり，がん化した細胞のアポトーシス（自殺）を引き起こすなどの作用によってがんの発生を抑制する。問題文の説明より，Aの1つが機能を失っても，がんの発生は抑制できると考えられる。がん抑制遺伝子は1つのみで十分機能を果たすため，がん抑制遺伝子はがんの発症の抑制という機能に関して，遺伝的に優性である。

　がん遺伝子，がん抑制遺伝子ともに多くの種類が存在するが，がん遺伝子が相同染色体上のどちらか一方に出現することや，相同染色体上の両方のがん抑制遺伝子産物が機能を失うことは，がんが発症する原因となる。

　さて，ここで両方の遺伝子について，それぞれの遺伝子の機能を中心に考えるのでなく，「がんの発症の原因遺伝子として優性か劣性か」という視点から見直してみよう。(3)のがん遺伝子については，1対の相同染色体の遺伝子のどちらか1つが$A \rightarrow B$の変異を起こすと発症の原因となる。つまり，がん発症の原因遺伝子としては優性遺伝子である。

　(4)のがん抑制遺伝子は，上で見たように，がんの抑制という機能からは優性遺伝子である。しかし，「がん発症の原因」という視点から考えてみると，1対の相同染色体上に存在する遺伝子Aの両方がBへと変化した場合にだけ，がんの発生を抑制できなくなり，がんを発症させる原因となる。その意味で，がん抑制遺伝子の変異は，がん発症の原因遺伝子としては劣性遺伝子である。

　一般に，優性遺伝子か劣性遺伝子かということは，決して絶対的なものではなく，見方を変えるだけで変化することがある。医学的には，がん発症の原因という後者の視点から，「がん遺伝子は優性，がん抑制遺伝子は劣性」と表現されることが多い。

3

(1) a　(2) B　(3) a　(4) A　(5) a

解説

(1)　プロモーター領域とは，転写に必要な酵素であるRNAポリメラーゼが結合する領域

であり，真核生物の RNA ポリメラーゼは，基本転写因子を介してプロモーター領域に結合する。したがって，この変異が生じると遺伝子 A は転写されなくなり，遺伝子 A 産物が合成されなくなる。これは，A が a に変化したと考えることができる。

(2)　この変異が生じると，基質は遺伝子型 A のときとは異なる物質に変化するようになる。これは，酵素がそれまでとは別の機能を獲得したことを意味し，遺伝子 A が遺伝子 A とは別の優性遺伝子に変化したとみなせる。

　　酵素の重要な特徴として，しばしば基質特異性が取り上げられるが，特定の反応を触媒するということも実は大事である。聞き馴れない言葉であろうが，酵素が特定の反応を触媒する性質は反応特異性と表現される。この表現を使うと，酵素は基質特異性と反応特異性を備えた触媒であるが，この変化は反応特異性の方の変化である。

(3)　活性部位のアミノ酸を指定する塩基が 1 個欠失すると，欠失した位置以降，塩基 3 個ずつの読み枠が変化するフレームシフト突然変異が起こる。その結果，タンパク質のアミノ酸配列が大きく変化し，酵素活性が失われると考えられる。この場合，遺伝子 A の機能が失われるため，A が a に変化すると考えられる。

(4)　イントロンに対応する RNA 鎖はスプライシングによって切断・除去されるため，イントロンの内部に変異が生じても mRNA に変化はない。つまり，A は A のままである。なお，この問題の前提とは異なり，イントロンであっても端の方の塩基配列の場合，イントロンであることを示す配列に異常が生じ，スプライシングが起こらなくなるという変異が起こる可能性はある。

　　なお，エキソンの部分に変異が生じた場合，A が別の遺伝子になるとか，A が a になるといった変化が必ず起こるわけではない。酵素タンパク質のアミノ酸配列の中には，タンパク質の機能にほとんど影響を与えない部位も多く，そのような部位の変化であれば，酵素 A は酵素 A のままである。そのような部位については，変異遺伝子をもっていても生存上不利ではないため，変異を起こした個体も淘汰されずに生き残ることができる。その結果，このような領域の DNA の塩基配列，タンパク質のアミノ酸配列は，個体や種による違いが大きくなりやすい。逆に，重要な機能に関する部位に変異を生じた個体は生き残れず，子孫に変異が伝わらないため，重要な部位の違いは小さいのが普通である。

(5)　文字通り遺伝子が失われた場合であり，A に由来する遺伝子が機能を失った場合と同様，A の a への変化とみなせる。

　　(1)も(3)も(5)も，すべて A の a への変異であり，A に対する劣性対立遺伝子 a といっても，いろいろなものがあるということは知っておきたい。優性遺伝子 A については，主要な機能に関係する部分については共通であるから，その点からは A は 1 つと考えても間違いではないが，機能に影響しない部位での変異まで含めれば，A もまた多様な塩基配

列のものが含まれる。

4

解説

　複対立遺伝子の代表例である ABO 式血液型の遺伝。A型とB型の遺伝子は，赤血球表面に現れる O 型物質に別の物質を結合させる酵素の遺伝子であり，O 型では A または B 遺伝子産物の酵素が存在しない。遺伝子 A と遺伝子 B からは別の酵素が合成されるため，両者の間に遺伝的な優劣関係はなく，ともに O 型に対して優性となる。問1では可能性のあるすべての血液型が求められているが，A型の場合，遺伝子型 AO だけ考えれば，その個体がつくる可能性のある配偶子のすべてを考えたのと同じである。

問1　(1)，(2)　AB 型のつくる配偶子には遺伝子 A または B が存在する。

　(2)，(3)　O 型は劣性ホモ OO なので，配偶子は O 以外にない。

　(4)　A 型がつくる配偶子には A と O の可能性があり，B 型がつくる配偶子には B と O の可能性がある。

問2　(1)　まず，1 は AA または AO，2 は BB または BO であるが，それぞれがどちらであるかを決定するのに，4，5 の結果を利用する。4 は A 型であるが，仮に 2 が BB であると A 型の子はできないはずであり，この点から 2 は BO，4 は AO と確定する。同様に 5 が B 型であることから，1 が AO，5 が BO と確定する。

　　　3 については，この家系図の中からは確定しない。7 は 3 から B，4 から O を受け取り，8 は 3 から B，4 から A を受け取ったと考えられる。したがって，3 が B をもつことは当然であるが，O をもっていても 7 や 8 に伝わらなかった可能性までは否定できない。

　　　9 については，5 が BO であることから，BB と BO の両方の可能性がある。6 は 10 が O 型，つまり遺伝子型 OO であることから，BO と決定できる。OO ということは，両親から O を受け取ったとしか考えられないためである。

　(2)　3 は BB と BO の可能性があるが，3 からの B を受け取った第三子が生まれたとしても，3 が BB と確定することはない。第三子も BO から B を受け取った可能性が残

るためである。3 の遺伝子型が確定する場合とは，3 から O を受け取る子が生まれ，BO と確定する場合である。したがって $O \times (A + O) = AO + OO$ より，A 型または O 型の子が生まれた場合が答えとなる。

　この問題のように，家系図を用いて遺伝子型を推定する問題の場合，10 のような劣性ホモ接合体の子は大きな手掛かりとなる。遺伝子型を推定するということは，優性形質を発現している個体が優性ホモかヘテロかを決定するということであるが，劣性ホモの子が生まれていれば，両親がともに劣性遺伝子をもつヘテロ接合体であることが確定する。

5

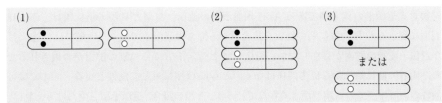

(1)　(2)　(3)　または

解説

　染色体と遺伝子の関係という，根本的な部分の理解を問う問題である。減数分裂における染色体の挙動と，遺伝子の挙動の関係を理解していない限り，遺伝の計算問題は絶対にできるようにならない。この問題を確実にこなした上で，先に進んでほしい。

(1)　まず，問題の図に描かれているのは，DNA 合成を終えた後の分裂期の染色体であり，点線で仕切られている上下の部分は，1 つの染色体を構成する 2 つの姉妹染色分体である。これらの中には，分裂前の DNA 合成によって複製された，完全に同じ塩基配列の二本鎖 DNA が 1 分子ずつ含まれている。したがって，まず，解答の左側の図のように，点線のすぐ下に●を書き入れる。

　次に，複相 ($2n$) ということは，細胞内に 1 対の相同染色体が存在するということであり，問題の図と同型同大の染色体をもう 1 つ描く。相同染色体の一方は母親，他方は父親から受け取ったものであり，両者の対応する位置には，眼の色を決める遺伝子など，同じ遺伝形質に関係する遺伝子の遺伝子座が存在する。この問題の場合，相同染色体の一方の遺伝子座には A（●）が存在し，他方の遺伝子座には a（○）が存在するとされている。したがって，新たに描いた染色体の点線の上下の，最初に描いた位置と対応する位置に，○を 1 つずつ書き入れる。この 2 つが答えである。もちろん，染色体の左右の向きや並び方を逆に描いたものもすべて正解。

(2)　減数分裂の第一分裂では，相同染色体が対合し，二価染色体を形成している。つまり，

(1)で別々に描いた相同染色体が，接着している図を描けばよい。解答の図では，●を2つ描いてある染色体が上になっているが，どちらが上かは偶然であるから，○を2つ描いてある染色体を上に描いたものも正解。

(3) 第一分裂の結果，対合していた相同染色体が分離し，別々の細胞に入る。つまり，第一分裂を終えた細胞には，(2)の解答で接着している相同染色体のどちらか一方が入っている。第一分裂と第二分裂の間ではDNA合成が起こらないため，ここでの解答としては，相同染色体の一方だけを描けばよい。2つの姉妹染色分体の両方に●がある図を描いたものも，両方に○がある図を描いたものも正解。

第二分裂が完了すると，1対の姉妹染色分体は別々の細胞に入っている。第一分裂時に乗換えが起こらない場合，分裂前の G_1 期から(2)の第一分裂中期，(3)の第二分裂中期を経て分裂終了までの間の●，○の動きは，全体として下の図のようになる。

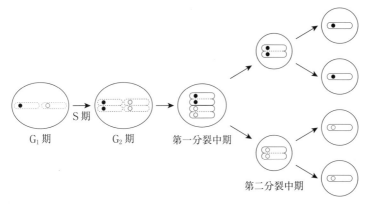

⑥

問1　(ア) A　(イ) B　(ウ) a　(エ) a　(オ) b　(カ) b　(キ) C
　　　(ク) c　(ケ) c
問2　(1) a と c，b と c　(2) a と b
問3　[ABC, abc] [ABc, abC]（2組の順序，各組の中の遺伝子記号の前後関係はどちらが前でも正解）

解説

問1　問題 ⑤ と同様，1つの染色体を構成する姉妹染色分体に同じ遺伝子が存在することから，まず，(ア)，(イ)，(キ)に順に A，B，C が入る。これで雌親由来の染色体は完了。

次に雄親の染色体については，対立遺伝子は染色体上の対応する位置にあることが理解されていれば解決する，(ウ)と(エ)は a，(オ)と(カ)は b，(ク)と(ケ)は c である。

9

問2　同一染色体に遺伝子座が存在する遺伝子は連鎖しており，異なる染色体に遺伝子座が存在する遺伝子は互いに独立の関係にある。問1の結果より，a と b が同一染色体に存在し，c はそれらとは別の染色体に存在する。2つずつの遺伝子の組み合わせを答えるため，(1)の解答は a と c，b と c の2つあることに注意。

問3　乗換えが起こらないということは，A と B，a と b は完全連鎖の関係にあるということである。完全連鎖の関係にある遺伝子は，常に伴って移動するのだから，別々の遺伝子ではなく，「AB」，「ab」という名前の1つずつの遺伝子と考えてしまって構わない。

　他方，独立の関係にある遺伝子とは，全く無関係に遺伝する遺伝子ということである。全く無関係に遺伝するのは，異なる染色体上に存在し，減数分裂の際に無関係に分離するためである。

　「AB」，「ab」は，1対の対立遺伝子と同じ，「C」と「c」はそれとは別の対立遺伝子と考えると，この問題では実質的に2対の遺伝子の分離の様子が問われている。つまり，4通りの遺伝子構成の配偶子が同確率で生じる。この関係を樹形図で描くと，下の右図のようになる。

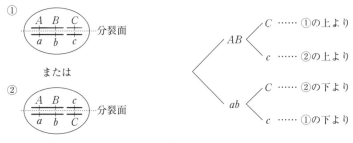

染色体の位置関係　　　　　　$AaBbCc$ の配偶子形成をあらわす樹形図

　完全連鎖ということは，第二分裂では同じ遺伝子型の細胞が2個ずつ生じるということである。したがって，1つの母細胞から生じる4つの細胞の遺伝子型を挙げると[ABC，ABC，abc，abc]か[ABc，ABc，abC，abC]となる。ここでは「遺伝子型の種類」が問われており，1つの母細胞の減数分裂によって2種類の遺伝子型の細胞が2個ずつ生じる。したがって，①で生じる[ABC，abc]と②で生じる[ABc，abC]が答えとなる。

7

問1　$AA:\dfrac{7}{16}$　　$Aa:\dfrac{1}{8}$　　$aa:\dfrac{7}{16}$

問2　$AA:\dfrac{1}{4}$　　$Aa:\dfrac{1}{2}$　　$aa:\dfrac{1}{4}$

問3　$\dfrac{1}{5}$　　　問4　$\dfrac{4}{5}$

問5　$AA:\dfrac{16}{25}$　　$Aa:\dfrac{8}{25}$　　$aa:\dfrac{1}{25}$

解説

問1　F_3の遺伝子型とその割合が与えられているため，互いに排反事象である3通りの
　　自家受精の結果を横に並べ，縦は1として正方形で表現する（下図）。

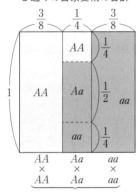

3通りの自家受精の合計

3通りの交配は互いに排反→横に並べる

$AA \times AA$ では AA の み，$Aa \times Aa$ では
AA, Aa, aa が各 $\dfrac{1}{4}$, $\dfrac{1}{2}$, $\dfrac{1}{4}$ の割合で生まれ，
$aa \times aa$ では aa のみが生まれるため，各遺伝
子型とその割合は下のように求められる。

$$AA:\dfrac{3}{8}\times 1+\dfrac{1}{4}\times\dfrac{1}{4}=\dfrac{7}{16}$$

$$Aa:\dfrac{1}{4}\times\dfrac{1}{2}=\dfrac{1}{8}$$

$$aa:\dfrac{1}{4}\times\dfrac{1}{4}+\dfrac{3}{8}\times 1=\dfrac{7}{16}$$

問2　自由交配の場合，まず，集団内の配偶子とその割合を求める（下図）。後で触れる集団遺伝との関係で言えば，これは一般に集団の遺伝子頻度を求める計算である（☞ p.50）。

集団内の遺伝子頻度

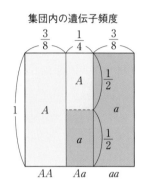

3通りの遺伝子型とその割合をもとに，まず配偶子とその割合を求める。

自由交配の結果

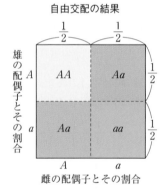

独立事象である雌雄の配偶子とその割合の積により，自由交配の結果が決まる。

AA は確率1で A の配偶子をつくり，Aa は確率 $\frac{1}{2}$ ずつで A，a の配偶子をつくり，aa は確率1で a の配偶子をつくる。これらは互いに排反なので，横一列の中で表現し，縦は単に1として面積を求める。その結果は下の式で表現できる。

$$A : \frac{3}{8} \times 1 + \frac{1}{4} \times \frac{1}{2} = \frac{1}{2}$$

$$a : \frac{1}{4} \times \frac{1}{2} + \frac{3}{8} \times 1 = \frac{1}{2}$$

次に，この配偶子比から自由交配の結果を求める（左図）。雌雄の配偶子は別々に形成され，偶然に出会う。したがって独立事象に関する積の法則により，雌雄の配偶子とその割合を縦横に配置し，各遺伝子型の割合を，面積として求める。

この結果は，下のように数式の形で表現することもできる。

$$\left(\frac{1}{2}A + \frac{1}{2}a \right) \times \left(\frac{1}{2}A + \frac{1}{2}a \right)$$
$$= \frac{1}{4}AA + \frac{1}{2}Aa + \frac{1}{4}aa$$

　この結果は，F_2 の結果と同じである。実は，何回自家受精を繰り返した後でも，集団全体での自由交配は，同じ結果になる。自家受精を何度繰り返しても，遺伝子 A と a の割合は変化していない。そのため，遺伝子 A と遺伝子 a の割合は $\frac{1}{2}$ ずつのままなのである。集団遺伝との関係でいえば，対立遺伝子間に生存上の優劣がないため，何代経っても遺伝子頻度は変化しないのである。

問3　新たに作った集団は $AA : Aa = \frac{3}{8} : \frac{1}{4} = 3 : 2$。新たな集団中の各遺伝子型とその

新たな集団での自家受精

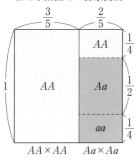

$AA \times AA$ と $Aa \times Aa$ が互いに排反・余事象であり，長さ 1 の横線上に並べる。

[A]のみの自家受精→

割合は，合計を 1 として $AA : \dfrac{3}{5}$, $Aa : \dfrac{2}{5}$ となる。

　この集団において自家受精を行わせる。2 通りの自家受精は互いに排反で余事象であるから，横に並べる。面積の形にするために，縦は単に 1 とする（左図）。

　交配結果に相当する各遺伝子型とその面積は，下記のとおり。

$$AA : \frac{3}{5} \times 1 + \frac{2}{5} \times \frac{1}{4} = \frac{7}{10}$$

$$Aa : \frac{2}{5} \times \frac{1}{2} = \frac{1}{5} \text{（答）} \qquad aa : \frac{2}{5} \times \frac{1}{4} = \frac{1}{10}$$

この計算結果に関して，2 つほど注意しておく。

　まず，この問題では，ヘテロ接合体 Aa の割合のみが要求されているが，上で実行したように，念のため他の遺伝子型の割合についても計算し，数値の合計が 1 になっていることを確認した方がよい。計算問題では，計算間違いをしたときに気づいて引き返せることが大事である。確率という「合計 1 の世界」で計算している場合，計算間違いをしたときには合計が 1 でなくなり，間違いに気づくことができる。単に数えているだけの場合，途中の計算は楽でも，計算間違いをしたときに気づくのが難しい。

　次にヘテロ接合体の割合を，「F$_3$ 集団と，問 1 の答え」，「F$_3$ 集団から表現型［A］の個体のみを集めた集団と，問 3 の答え」で比較してみてほしい。前者では $\dfrac{1}{4}$ と $\dfrac{1}{8}$，後者では $\dfrac{2}{5}$ と $\dfrac{1}{5}$ と，ともに半減している。

自家受精によるヘテロ接合体の割合の変化

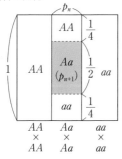

p_{n+1} は AA や aa の割合の影響を受けず，p_n のみで決まる。

　一般に，AA, Aa, aa を任意の割合（問 3 での aa の割合は 0）で含む集団での自家受精は左図で表現され，ヘテロ接合体は $Aa \times Aa$ の交配結果の中だけに，$\dfrac{1}{2}$ の割合で出現する。一般に，ある世代におけるヘテロ接合体の割合を p_n とおくと，AA と aa の割合に関係なく，p_n と次世代のヘテロ接合体 p_{n+1} との間に，$p_{n+1} = \dfrac{1}{2} p_n$ という関係が成立する（左図）。この漸化式は等比数列を表現しており，

一般項は $p_n = p_1 \left(\dfrac{1}{2}\right)^{n-1}$ となる。

　P = $AA \times aa$ からの自家受精の繰り返しの場合，F_1 でのヘテロ接合体の割合である

初項 $p_1 = 1$ なので，F_n でのヘテロ接合体の割合 $p_n = \left(\dfrac{1}{2}\right)^{n-1}$ となる。

　自家受精を繰り返すごとに，ヘテロ接合体の割合は半減することを理解していれば，

この問題は単に $\dfrac{2}{5} \times \dfrac{1}{2} = \dfrac{1}{5}$ と答えてしまってもよかったのである。なお，自家受精の

繰り返しは，ホモ接合体の割合を増やす純系選抜のための古典的な方法である。

問4　$AA = \dfrac{3}{5}$，$Aa = \dfrac{2}{5}$ の集団と
aa の交配

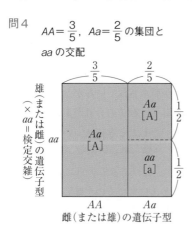

雌（または雄）の遺伝子型

$AA = \dfrac{3}{5}$，$Aa = \dfrac{2}{5}$ の集団の配偶子比

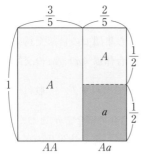

（自由交配の場合，まず集団内の
配偶子とその比を求める）

$\dfrac{3}{5}$ の割合で存在する AA，$\dfrac{2}{5}$ の割合で存在する

Aa のそれぞれに aa を交配するということを縦横

1の正方形の中で表現したのが左図。$AA \times aa$ か

らはすべて［A］，$Aa \times aa$ からは $\dfrac{1}{2}$ ずつの割合

で［A］と［a］が生まれるため，全体の中での

各表現型の割合は，次のように計算できる。

$$［A］: \dfrac{3}{5} \times 1 + \dfrac{2}{5} \times \dfrac{1}{2} = \dfrac{4}{5}$$

$$［a］: \dfrac{2}{5} \times \dfrac{1}{2} = \dfrac{1}{5}$$

　「検定交雑の分離比＝検定交雑を行った相手の

配偶子比」という考え方が身についている人は，

「この集団の中での配偶子比がそのまま表現型の

比になる」と考え，左図のように集団内での配偶

子比を出したかも知れない。式は同じになり，結

果は下記のとおり。

$$A : \dfrac{4}{5}, \ a : \dfrac{1}{5}$$

　この考え方をとった人は，問4は，問5を解く

ための準備であることに気づいたであろう。

問4の配偶子比から，
自由交配の結果を求める

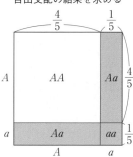

この集団での雌雄の配偶子とその割合は，問4の結果から $A : \dfrac{4}{5}$, $a : \dfrac{1}{5}$ である。したがって自由交配の結果は雌雄の配偶子とその割合を縦横に置いて求める(左図)。式で表現すれば下のとおり。

$$\left(\frac{4}{5}A + \frac{1}{5}a\right) \times \left(\frac{4}{5}A + \frac{1}{5}a\right)$$
$$= \frac{16}{25}AA + \frac{8}{25}Aa + \frac{1}{25}aa$$

(1) $[AB] : [Ab] = 1 : 1$

(2) $[AB] : [Ab] : [aB] : [ab] = 3 : 1 : 3 : 1$

(3) $[Ab] : [ab] = 1 : 1$

解説

比を求めるだけであれば，「合計1」にこだわる必要はない。ここでは，面積1の正方形の中で表現する方法の式・図と，合計1にしない形での計算式の両方を示しておく。

(1) $AA \times aa \rightarrow [A]$ と
$bb \times Bb \rightarrow \dfrac{1}{2}[B] + \dfrac{1}{2}[b]$
が独立事象。

(2) $Aa \times aa \rightarrow \dfrac{1}{2}[A] + \dfrac{1}{2}[a]$
と $Bb \times Bb \rightarrow \dfrac{3}{4}[B] + \dfrac{1}{4}[b]$
が独立事象。

(3) $Aa \times aa$
$\rightarrow \dfrac{1}{2}[A] + \dfrac{1}{2}[a]$
と $bb \times bb \rightarrow [b]$
が独立事象。

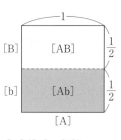

$[A]([B]+[b])$

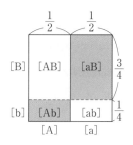

$([A]+[a])(3[B]+[b])$

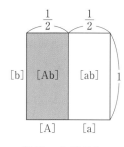

$([A]+[a])[b]$

9

(1) $\dfrac{9}{32}$ (2) $\dfrac{3}{32}$ (3) $\dfrac{1}{16}$ (4) $\dfrac{1}{16}$

解説

1対ずつの対立遺伝子に注目した以下の関係を繰り返し利用する。

$$Aa \times aa \to \frac{1}{2}Aa + \frac{1}{2}aa = \frac{1}{2}[A] + \frac{1}{2}[a]$$

$$Bb \times BB \to \frac{1}{2}BB + \frac{1}{2}Bb = [B]$$

$$Cc \times Cc \to \frac{1}{4}CC + \frac{1}{2}Cc + \frac{1}{4}cc = \frac{3}{4}[C] + \frac{1}{4}[c]$$

$$Dd \times Dd \to \frac{1}{4}DD + \frac{1}{2}Dd + \frac{1}{4}dd = \frac{3}{4}[D] + \frac{1}{4}[d]$$

(1) [A] は $Aa \times aa$ 中の $\dfrac{1}{2}$, [B] は $Bb \times BB$ 中の 1, [C] は $Cc \times Cc$ 中の $\dfrac{3}{4}$, [D] は $Dd \times Dd$ 中の $\dfrac{3}{4}$ であり, これらは独立事象であるから,

$$\frac{1}{2} \times 1 \times \frac{3}{4} \times \frac{3}{4} = \frac{9}{32}$$

(2) (1)と同様に[a], [B], [c], [D]の割合の積として求められ, $\dfrac{1}{2} \times 1 \times \dfrac{1}{4} \times \dfrac{3}{4} = \dfrac{3}{32}$

(3) 遺伝子型の割合を問われても, 考え方は同じ。Aa は $Aa \times aa$ 中の $\dfrac{1}{2}$, Bb は $Bb \times BB$ 中の $\dfrac{1}{2}$, Cc は $Cc \times Cc$ 中の $\dfrac{1}{2}$, Dd は $Dd \times Dd$ 中の $\dfrac{1}{2}$ であるから,

$$\frac{1}{2} \times \frac{1}{2} \times \frac{1}{2} \times \frac{1}{2} = \frac{1}{16}$$

(4) これも(3)と同様であるが, 単に「ホモ接合体」なので, $C(c)$ と $D(d)$ では優性ホモと劣性ホモが $\dfrac{1}{4}$ ずつ存在する点に注意する。

$$\frac{1}{2} \times \frac{1}{2} \times \left(\frac{1}{4} + \frac{1}{4}\right) \times \left(\frac{1}{4} + \frac{1}{4}\right) = \frac{1}{16}$$

10

(1) $AaBb \times Aabb$ (2) $AaBb \times aabb$, $Aabb \times aaBb$

解説

　他の遺伝子と独立に遺伝していようが，連鎖の関係にあろうが，1対の対立遺伝子のみに注目すれば一遺伝子雑種である。両親の遺伝子型がともに1通りであれば（＝両親が複数の遺伝子型の個体を含む集団でなければ），致死遺伝子などの特殊な場合を除き，一遺伝子雑種における表現型の分離比は下記の4通りしかない。これを前提として両親の遺伝子型を推定する。

> ── 両親の遺伝子型がともに1通りの場合の，一遺伝子雑種の分離比 ──
> ・少なくとも一方の親が AA の場合：[A] のみ（優性の法則）
> ・$Aa \times aa \rightarrow$ [A]：[a] ＝ 1：1（分離の法則，F_1 の検定交雑の分離比）
> ・$Aa \times Aa \rightarrow$ [A]：[a] ＝ 3：1（分離の法則，F_2 の分離比）
> ・$aa \times aa \rightarrow$ [a] のみ（優性の法則）

(1) 1つずつ考えるということは，「[A] か [a] か」を考えているときは，「[B] か [b] か」は無視するということである。

$$[A]：[a] = ([AB] + [Ab])：([aB] + [ab])$$
$$= (3 + 3)：(1 + 1) = 3：1 \text{ より，} Aa \times Aa$$
$$[B]：[b] = ([AB] + [aB])：([Ab] + [ab])$$
$$= (3 + 1)：(3 + 1) = 1：1 \text{ より，} Bb \times bb$$

　2対の対立遺伝子に関する結果を1つにまとめる場合，(2)のように2通りの組み合わせが生じる可能性がある。(1)の場合，どちらの遺伝子型が雌かを区別すれば2通りあるが，両親ともに Aa をもつため，遺伝子型の組み合わせという意味では1通り。

(2) 同様に1対ずつの対立遺伝子に分ける。

$$[A]：[a] = (1 + 1)：(1 + 1) = 1：1 \text{ より，} Aa \times aa$$
$$[B]：[b] = (1 + 1)：(1 + 1) = 1：1 \text{ より，} Bb \times bb$$

　2対の遺伝子について両親の遺伝子型が異なるため，上の式の左側同士，右側同士で組み合わせるか，左右をたすきにかけるかで2通りの組み合わせが生じる。

11

[ABcDE]:[ABcdE]:[AbcDE]:[AbcdE] = 3:3:1:1

解説

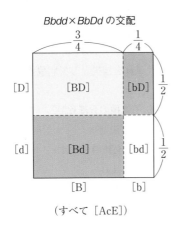

Bbdd × BbDd の交配

$$\frac{3}{4}$$　$$\frac{1}{4}$$

[D] 　[BD] 　[bD] 　$$\frac{1}{2}$$

[d] 　[Bd] 　[bd] 　$$\frac{1}{2}$$

[B] 　[b]

（すべて [AcE]）

まず，1 対ずつの対立遺伝子に注目する。*Aa* × *AA*，*Bb* × *Bb*，*cc* × *cc*，*dd* × *Dd*，*EE* × *ee* である。

AA と *EE* があること，*cc* × *cc* になっていることから，すべて [AcE] となる。残るのは *Bbdd* × *BbDd* であり，*B*(*b*) と *D*(*d*) は独立である。したがって，次世代の子の表現型とその割合は，次の式の展開によって与えられる（左図）。

$$[AcE]\left(\frac{3}{4}[B] + \frac{1}{4}[b]\right)\left(\frac{1}{2}[D] + \frac{1}{2}[d]\right)$$

A(*a*) と *B*(*b*) が同一染色体上にあるが，すべての個体が *A* をもつために [A] であり，*A*(*a*) が *B*(*b*) の分離比に影響を与えることはなく，両者の連鎖関係を意識する必要はない。

C(*c*) と *D*(*d*) が同一染色体上にあるが，すべての個体が *cc* = [c] であり，*c* と *D*(*d*) との連鎖関係も無視できる。そして，それらと異なる染色体上に存在する *E*(*e*) については，すべての個体が *Ee* = [E] である。

結局，独立の関係にある *B*(*b*) と *D*(*d*) 以外の関係は，考える必要がなかったのである。

なお，交配結果の一例である *AABbccDdEe*（[ABcDE]）での遺伝子の染色体上の位置関係は右図のようになる。

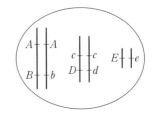

遺伝計算の場合，意味を考えずに計算する人が多いせいか，やらなくてよい面倒な計算を実行し，計算ミスをする例が非常に多い。是非注意してほしい。

12

問1　*AABBCC, aabbcc*　　　問2　14.6%

問3
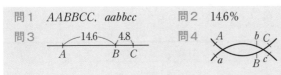

問4
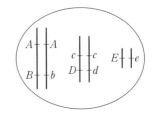

解説 ░░░

　連鎖に関するオーソドックスな問題。遺伝子と染色体の関係に関する理解がしっかりできていれば，難しくない。連鎖している遺伝子の場合，$AaBb$ では AB と ab が同じ染色体に存在するか，Ab と aB が同じ染色体に存在するかのどちらかであるが，数が多い方が両親から受け取った組み合わせ，数が少ない方が組換えが起こった組み合わせである。

問１　$AaBbCc$ に対する検定交雑の結果は F_1 の配偶子比と一致し，最も多い ABC と abc が乗換えを起こさなかったと考えられる。これらが両親から受け取った配偶子である。

問２　$A(a)$ と $B(b)$ の組換え価を求める場合，$C(c)$ は無視する。

[AB]	[Ab]	[aB]	[ab]
410	2	72	21
+）23	+）70	+）2	+）400
433	72	74	421

　F_1 のつくる配偶子のうち，組換えで生じたのは Ab と aB であるから，組換え価は下記のように求められる。

$$組換え価は \quad \frac{72+74}{1000} \times 100 = 14.6（\%）$$

問３，問４　同様に $A(a)$ を無視して $B(b)$ と $C(c)$ の組換え価を求め，$B(b)$ を無視して $A(a)$ と $C(c)$ の組換え価を求める。

$B(b)$ と $C(c)$

[BC]	[Bc]	[bC]	[bc]
410	23	2	70
+）72	+）2	+）21	+）400
482	25	23	470

$$組換え価は \quad \frac{25+23}{1000} \times 100 = 4.8（\%）$$

$A(a)$ と $C(c)$

[AC]	[Ac]	[aC]	[ac]
410	23	72	2
+）2	+）70	+）21	+）400
412	93	93	402

$$組換え価は \quad \frac{93+93}{1000} \times 100 = 18.6（\%）$$

　$A(a)-C(c)$ 間の組換え価が最も大きいため，遺伝子間の距離が最も遠く，$B(b)$ はその間に存在すると考えられる。その様子を描いたものが問３の解答である。

　$A(a)-C(c)$ 間の組換え価は，$A(a)-B(b)$ 間の組換え価と $B(b)-C(c)$ 間の組換え価の合計よりもわずかに小さい。その原因は，表中の［AbC］と［aBc］の数「2」ずつ

である。上の計算式で，$A(a)-B(b)$ 間の組換え価と $B(b)-C(c)$ 間の組換え価を求める際には，これらの数が組換えが起こった方に入っているが，$A(a)-C(c)$ 間の組換え価を求める際には組換えが起こっていない方に入っている。これは，解答の図のように，$A(a)-B(b)$ と $B(b)-C(c)$ の間で 1 回ずつ組換えが起こり，結果として $A(a)-C(c)$ 間で組換えが起こっていない状態になっているためである。二重乗換えの結果，やや離れた遺伝子間の組換え価は，近い遺伝子間の組換え価の合計よりも小さくなることが多い。

13

(1)	(a) $3:1:1:3$	(b) $41:7:7:9$
(2)	(a) $1:4:4:1$	(b) $51:24:24:1$
(3)	(a) $17:3:3:17$	(b) $57:3:3:17$
(4)	(a) $7:93:93:7$	(b) $2:1:1:0$

解説

連鎖関係が問題になっていても，1 対の対立形質については優性の法則が成立する場合が多く，分離の法則は成立している。このことを使いこなせるかどうかで，連鎖の問題の解きやすさは全く違ってくる。

(1) (a)は実質的に F_1 の配偶子比を求める計算である。両親のつくる配偶子 AB, ab が多く，Ab, aB が少ない。以下のどちらかの考え方で配偶子比を求める。

①組換え価は相関性の低い現象が起こる確率であるという考え方。

$(AB > Ab)$ $(aB < ab)$
0.75 0.25 0.25 0.75

②組換え価は少ない方の配偶子の割合という考え方。

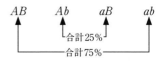

(b) (a)で求めた配偶子比を式で表現すると，$3AB + Ab + aB + 3ab$ であり，F_2 の遺伝子型と分離比は $(3AB + Ab + aB + 3ab)^2$ の展開項である。表現型とその分離比は，以下の手順で求められる。

①優性の法則より，劣性形質の個体は劣性ホモ $ab \times ab$ からしか生じないため，[ab] $= 3 \times 3 = 9$

②分離比合計は $(3 + 1 + 1 + 3)^2 = 64$ で，分離の法則より [A]：[a] $= 3 : 1$。
したがって[aB] + [ab]の分離比合計は $64 \div (3 + 1) = 16$ より，[aB] $= 16 - 9 = 7$

③式の対称性より [Ab] $= 7$ なので，[AB] $= 48 - 7 = 41$

なお，[aB] と［Ab］は，式の対称性から同じであるという数式上の理解で十分であるが，これらの分離比が同じになる実際上の理由は次のとおりである。

一方の対立遺伝子を $A(a)$，他方を $B(b)$ と名付けたのは人間であり，記号を逆にする可能性も十分あった。$AaBb \times AaBb$ は記号を逆にしても同じ交配であり，［Ab］と［aB］の分離比が同じでないとしたら，記号を逆にするだけで分離比を変えられるということになる。これは人間のなせる技ではなく，神業としか言いようがない。あり得ないのである。

(2) 今度は Ab と aB の割合の方が大きい。

(b) F_2 の分離比は $(AB + 4Ab + 4aB + ab)^2$ より，下記のようになる。

［ab］$= 1^2 = 1$

分離比合計 $= (1 + 4 + 4 + 1)^2 = 100,\ 100 \div 4 = 25$ より，

［aB］$=$［Ab］$= 25 - 1 = 24$

［AB］$= 75 - 24 = 51$

(3) キイロショウジョウバエは雄（精母細胞）では組換えが起こらないことが知られている。染色体の乗換えによる遺伝子の組換えは，酵素の作用によって積極的に引き起こされる現象であり，ただの偶然ではないことが明らかになっている。精母細胞では酵素が作用せず，卵形成のみで組換えが起こるようである。

このような場合の F_2 の分離比計算は，雌雄の配偶子とその比を縦横に置く（碁盤目を作る方法と基本的に同じ）方法や，配偶子の式を単純に展開する方法でも，それほど時間はかからないが，(1)や(2)と同じ方法を示しておく。

(a) 問題では問われていないが，F_1 の雄に劣性ホモを交配した場合の分離比は完全連鎖なので［AB］：［ab］$= 1 : 1$（解答の形式に合わせれば，$1 : 0 : 0 : 1$）となる。

(b) F_2 の分離比は $(17AB + 3Ab + 3aB + 17ab) \times (AB + ab)$ より，下記のようになる。

［ab］$= 17 \times 1 = 17$

分離比合計 $= (17 + 3 + 3 + 17) \times (1 + 1) = 80,\ 80 \div 4 = 20$ より，

［aB］$=$［Ab］$= 20 - 17 = 3$

［AB］$= 60 - 3 = 57$

なお，この分離比については，別の考え方もある。

AB の精子が入るとすべて［AB］になり，ab の精子が入ると検定交雑と同じになる。その合計なので，

［AB］：［Ab］：［aB］：［ab］$= \{(17 + 3 + 3 + 17) + 17\} : 3 : 3 : 17 = 57 : 3 : 3 : 17$

式の形をしっかり見て計算すれば，速く確実にできる点は，数学の計算と同じである。

(4) (a) 問題では問われていないが，F_1 の雄に劣性ホモを交配した場合の分離比は完全連鎖なので［Ab］：［aB］$= 1 : 1$（解答の形式に合わせれば，$0 : 1 : 1 : 0$）。

(b) F_2 の分離比は $(7AB + 93Ab + 93aB + 7ab) \times (Ab + aB)$ より，下記のようになる。

[ab] = 0

分離比合計 = $(7 + 93 + 93 + 7) \times (1 + 1) = 400$, $400 \div 4 = 100$ より，

[aB] = [Ab] = 100 − 0 = 100

[AB] = 300 − 100 = 200

[ab] の分離比が 0 であれば，組換え価と無関係に，雌雄とも完全連鎖の場合と同様，[AB] : [Ab] : [aB] = 2 : 1 : 1 になる。3 通りの表現型で [A] : [a] = [B] : [b] = 3 : 1 になる数の組み合わせは，それしかないのである。

14

(1) (ア) $AAbb \times aaBB$　　(イ) 10%

　　(ウ) $AABB : AAbb : aaBB : aabb = 1 : 81 : 81 : 1$

　　(エ) $aaBB : aaBb : aabb = 81 : 18 : 1$

(2) (ア) $AABB \times aabb$　　(イ) 20%

　　(ウ) $AABB : AAbb : aaBB : aabb = 16 : 1 : 1 : 16$

　　(エ) $aaBB : aaBb : aabb = 1 : 8 : 16$

(3) (ア) $AABB \times aabb$　　(イ) 5%

　　(ウ) $AABB : aabb = 1 : 1$

　　(エ) $aaBb : aabb = 1 : 19$

解説

(1) (ア) $[AB] : [Ab] : [aB] : [ab] = 9 : 3 : 3 : 1$ の比と比較して，[Ab] と [aB] の割合が明らかに大きい。したがって，$AAbb \times aaBB$ が両親と考えられる。

　(イ) 両親における組換え価が等しいという，一般的な組換えによる分離比である。

　[AB]，[Ab]，[aB] には複数の遺伝子型が含まれているが，[ab] だけは ab 同士の交配による $aabb$ だけである。したがって，F_1 のつくる全配偶子（合計 1 の割合とする）に占める ab の割合を x とおくと，[ab] の割合は x^2 である。題意より，

$$x^2 = \frac{1}{201 + 99 + 99 + 1} = \frac{1}{400} \quad \cdots ① \qquad 式①より，x = \frac{1}{20} \ (\because \ x \geqq 0)$$

減数分裂における染色体の分離から考えて，ab の割合は AB の割合と等しく，残る Ab と aB の割合は等しい。したがって他の配偶子の割合は下記のように求められる。

$$AB = \frac{1}{20}, \ Ab = aB = \left(1 - \frac{1}{20} \times 2\right) \div 2 = \frac{9}{20}$$

比の形としては $AB : Ab : aB : ab = 1 : 9 : 9 : 1$ であり，組換え価は

$$\frac{1+1}{1+9+9+1} \times 100 = 10\% \quad (\text{答})$$

なお，配偶子比を $AB : Ab : aB : ab = x : y : y : x$ のように設定しても答えは出るが，勧められない。このように設定すると，前頁の式①は $\dfrac{x^2}{(2x+2y)^2} = \dfrac{1}{400}$ となる。式が1本で未知数が x, y の2つあるため，答えは不定形 $(y = 9x)$ になり，やや繁雑。

配偶子 Ab と aB が多いことは(ア)で確定しているため，配偶子比を $AB : Ab : aB : ab = 1 : x : x : 1$ のように設定すれば，式①は $\dfrac{1}{(2+2x)^2} = \dfrac{1}{400}$ となり，$x = 9$ が得られる（x が必ず整数になるわけではない点も注意）。未知数の数は可能な限り少なくした方が計算しやすくなる。

(ウ)　遺伝子型とその分離比は，式 $(AB + 9Ab + 9aB + ab)^2$ の展開で求められるが，そのうちの $AABB : AAbb : aaBB : aabb$ の比が求められている。

それぞれは $AB \times AB$, $Ab \times Ab$, $aB \times aB$, $ab \times ab$ のみからできる遺伝子型であり，分離比は順に 1×1, 9×9, 9×9, 1×1 となる。

(エ)　連鎖に関する問題の場合，採点する側の負担も大きいためか，遺伝子型とその比を答えさせる問題は多くないが，全くないわけではない。$(AB + 9Ab + 9aB + ab)^2$ の式を単純に展開した後，同じ遺伝子型の項を合計する方法もあるが，これでは16個の項を一つ一つチェックして9グループにまとめる必要があり，間違えやすい。p.33で説明したように，このような場合，次のことを意識すると，計算は比較的楽になる。

$A(a)$ に注目する場合，$\{(AB + 9Ab) + (9aB + ab)\}^2$ と見て展開する。

$B(b)$ に注目する場合，$\{(AB + 9aB) + (9Ab + ab)\}^2$ と見て展開する。

つまり，$(AB + 9Ab + 9aB + ab)^2$ は $(AB + 9Ab) = \text{P}$, $(9aB + ab) = \text{Q}$ とおけば $\text{P}^2 + 2\text{PQ} + \text{Q}^2$ であり，$(AB + 9aB) = \text{R}$, $(9Ab + ab) = \text{S}$ とおけば $\text{R}^2 + 2\text{RS} + \text{S}^2$ である。こうすれば，式の展開結果自体が十分整理された形になっており，計算間違いの可能性はずっと低くなる。

1つずつの遺伝子に注目して，配偶子を2種類ずつまとめてから展開すれば，9種類の遺伝子型とその分離比が，式の展開結果における9つの項とその係数の形で得られ，後からまとめる必要はないのである。

このような考え方が理解できていれば，この問題はごく容易と感じられたはずである。遺伝子型 aa は，a 同士の間だけからしか生じないため，$(9aB + ab)^2$ だけを取り出して計算し，$81aaBB + 18aaBb + aabb$ （答）

なお，ここでは2対の対立遺伝子のうち，一方に関する劣性ホモ接合体とその比が求められているが，優性ホモ接合体，例えば A について優性ホモ接合体の遺伝子型の分

離比を求めるのであれば，$(AB + 9Ab)^2 = AABB + 18AABb + 81AAbb$ と求められる。

　　$B(b)$ に関するヘテロ接合体 Bb の個体の遺伝子型の分離比を求めるのであれば，前頁で説明した $(AB + 9aB) = \mathrm{R}$，$(9Ab + ab) = \mathrm{S}$ とおく考え方を使い，次のように一段階で直接求めることができる(RS に付いている 2 は全部を 2 倍するため，比が問題の場合，無視してよい)。

　　$2\mathrm{RS} = 2(AB + 9aB)(9Ab + ab) = 2Bb(A + 9a)(9A + a) = 2Bb(9AA + 82Aa + 9aa)$ より，
比としては $AABb : AaBb : aaBb = 9 : 82 : 9$

(2)　(ア)　これは $9 : 3 : 3 : 1$ の比と比較して，[AB] と [ab] の割合が大きい。

　　(イ)　F_1 のつくる配偶子中の ab の割合を x とおくと，

$$x^2 = \frac{16}{66 + 9 + 9 + 16} = \frac{16}{100} \text{より，} \quad x = 0.4 \quad (\because \ x \geqq 0)$$

(1)と同様に，ab 以外の配偶子の割合も求められる。

　　$AB = 0.4, \ Ab = aB = (1 - 0.4 \times 2) \div 2 = 0.1$

比の形としては $AB : Ab : aB : ab = 4 : 1 : 1 : 4$ であり，組換え価は

$$\frac{1 + 1}{4 + 1 + 1 + 4} \times 100 = 20\% \quad \text{(答)}$$

　　(ウ)，(エ)　F_2 の遺伝子型と分離比は $(4AB + Ab + aB + 4ab)^2$ で与えられることを前提に，(ウ)は $AABB : AAbb : aaBB : aabb$ の分離比，(エ)は $(aB + 4ab)^2$ を計算する。

(3)　(ア)　この分離比は $9 : 3 : 3 : 1$ の比と比較して，[AB] と [ab] の割合が大きい。したがって，両親の遺伝子型は $AABB \times aabb$。

　　(イ)　雄では完全連鎖，すなわち組換え価0%であるから，F_1 の雄の配偶子は AB と ab が半分ずつである。雌の配偶子比を適当な未知数を使って表現し，F_2 の分離比をあらわす一般式を立てる方法もあるが，やや繁雑。式をよく見れば，以下のことに気付くはずである。

　　F_2 の半数は雄の配偶子 AB を受け取ることですべて [AB] になっており，残りは ab を受け取ることで検定交雑と同じ分離比になる。このことを意識すると，[AB] の分離比 59 のうち，分離比合計である 80 の半分に相当する 40 は雄の AB を受け取ったものである。

　　この分を引いた残りは $AB : Ab : aB : ab = 19 : 1 : 1 : 19$ である。つまり，$AB : Ab : aB : ab = (40 + 19) : 1 : 1 : 19$ なのである。この点に気づけば，組換え価は次のように求められる。

$$\frac{1 + 1}{19 + 1 + 1 + 19} \times 100 = 5\,(\%)$$

　　(ウ)，(エ)　F_2 の分離比全体は $(19AB + Ab + aB + 19ab)(AB + ab)$ の展開で求めら

れることをもとに，題意に一致する遺伝子型とその分離比を探す。(ウ)では，雄の配偶子が AB と ab しかないため，二重ホモ接合体は $19AB \times AB$ と $19ab \times ab$ しかない。$AABB : aabb = 19 \times 1 : 19 \times 1 = 1 : 1$ となる。(エ)は $(aB + 19ab)ab$ の展開結果。

15

問1　$281 : 19 : 19 : 81$

問2　$AB \times AB, \ AB \times ab, \ aB \times AB, \ aB \times aB$

問3　$182 : 19 : 18 : 81$

解説 ....

問1　AB, ab の割合が高い組換え価 10% であるから，問題 **13** などで実行した方法を用いて $(9AB + Ab + aB + 9ab)^2$ を計算すれば，$[AB] : [Ab] : [aB] : [ab] = 281 : 19 : 19 : 81$ が得られる。

問2　問1の集団の中に，胎児段階で死亡する個体が混じっているわけであるが，死亡する個体は BB をもつ個体，つまり，卵，精子の両方から B を受け取った個体である。

問3　問2の組み合わせに対応する遺伝子 B に関するホモ接合体の遺伝子型とその分離比は，次式であらわされる。

$$(9AB + aB)^2 = 81AABB + 18AaBB + aaBB = 99[AB] + [aB]$$

　この個体が死亡するため，問1の答えからこれを差し引き，$[AB] : [Ab] : [aB] : [ab]$ $= (281 - 99) : 19 : (19 - 1) : 81$ から答えが得られる。

　1対ずつの対立遺伝子に注目すると，$[A] : [a] = 201 : 99$ と，意味のつかみにくい比になっているのに対し，$[B] : [b] = 200 : 100 = 2 : 1$ となっている。これは，$Bb \times Bb$ の交配で得られた $[B]$ のうちの BB が死亡したことによる $Bb : bb$ の比である。致死遺伝子の近くに遺伝子座をもつ遺伝子の場合，致死遺伝子との連鎖の影響を受け，AA の個体は，致死遺伝子と近い割合で死亡したのである。

　なお，問1，問2の結果を利用せず，直接問3を計算する場合，まず，配偶子の式を遺伝子 $B(b)$ に注目し，$(9AB + Ab + aB + 9ab)^2 = \{(9AB + aB) + (Ab + 9ab)\}^2$ とする。求める分離比はこの展開結果から $(9AB + aB)^2$ を除いたものであり，下記のとおり。計算の途中では A^2B^2 のように完全に数式と見なしても構わない。

$$2(9AB + aB)(Ab + 9ab) + (Ab + 9ab)^2$$

$$= 18AABb + 164AaBb + 18aaBb + AAbb + 18Aabb + 81aabb$$

$$= (18 + 164)[AB] + 18[aB] + (1 + 18)[Ab] + 81[ab]$$

$B(b)$ に注目したため，この式では $[Ab]$ と $[aB]$ の順序が問題の指定と逆であることにも注意して答える。

16

問1　雌：すべて赤眼　　雄：赤眼：白眼＝1：1

問2　雌：すべて赤眼　　雄：赤眼：白眼＝3：1

問3　雌：赤眼：白眼＝3：1　　雄：赤眼：白眼＝3：1

解説

問1　F_1 がすべて赤眼であることから，赤眼が優性形質と決まる。そこで，赤眼遺伝子を A，白眼遺伝子を a と書く。Pの雄の遺伝子型は X^aY であり，X^a も Y も，表現型に対する発現力がないため，F_1 は雄の子も雌の子も，Pの雌親に対する検定交雑の結果になる。それがすべて赤眼ということは，Pの雌は X^AX^a ではなく，X^AX^A であることを示している。したがって両親Pは $X^AX^A \times X^aY$，F_1 は X^AX^a と X^AY である。

　　F_2 の雌は F_1 の雄から X^A を受け取っているため，すべて赤眼になる。F_2 の雄は F_1 の雌に対する検定交雑の結果と同じであるから，赤眼：白眼＝1：1となる。

問2　F_2 の雌は F_1 の雄から X^A を受け取っているため，表現型はすべて赤眼であるが，$(X^A + X^a)X^A$ より，遺伝子型とその比は $X^AX^A : X^AX^a = 1 : 1$ である。他方，この雌集団と交配させる赤眼雄の遺伝子型は X^AY である。

　　この交配で得られる雌は，赤眼雄から X^A を受け取っているため，すべて赤眼である。

　　この交配で得られる雄は，赤眼雄から対立遺伝子をもたない Y を受け取り，F_2 の雌から染色体を1本受け取り，この X 染色体上の遺伝子が表現型に現れる。つまり，X^AX^A の産んだ雄の子はすべて赤眼の X^AY であるが，X^AX^a の産んだ雄の子は $(X^A + X^a)Y = X^AY + X^aY$ より，半数が赤眼，半数が白眼となる。

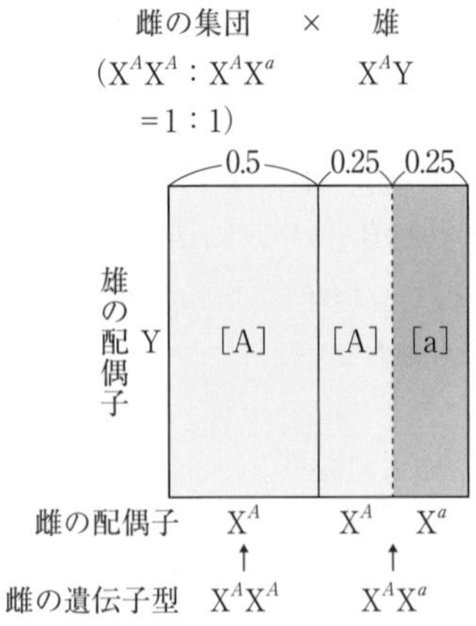

このような，異なる遺伝子型の個体を含む集団における遺伝の扱い方は，後で集団遺伝に関して詳しく扱うことになるが，すでに簡単に扱っている（☞p.22）。集団全体での配偶子比に注目すればよいのである。

この交配で得られる雄の子は左図のように求められ，式としては下のようになる。

赤眼　$X^AY : 0.5 \times 1 + 0.5 \times 0.5 = 0.75$

白眼　$X^aY : 0.5 \times 0.5 = 0.25$

F_2 雌集団 × 赤眼雄による雄の子

26

問3

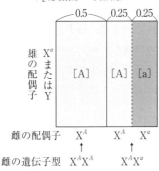

F₂雌集団 × 白眼雄

雄の配偶子 Xᵃまたは Y

	0.5	0.25	0.25
	[A]	[A]	[a]

雌の配偶子　Xᴬ　　Xᴬ　　Xᵃ

雌の遺伝子型　XᴬXᴬ　　XᴬXᵃ

F_2の雌集団は，問2と同様 $X^AX^A : X^AX^a = 1 : 1$ であるが，白眼雄とは X^aY である。この場合，雌雄ともに雌親に対する検定交雑の分離比合計となり，雌親の配偶子比が表現型に現れる。したがって，雌雄とも，問2の雄と同じ答えとなる。

17

問1	x：キ	y：イ - 0.95, カ - 0.05	z：ウ - 0.05, ク - 0.95
問2	0.0125	問3	0.2375

解説

問1　【ヒント】で触れたように遺伝子記号を決め直した上で，右図のようにx ～ z 以外にも番号をつけ，表現型を記入する。

男子は X 染色体が 1 本しかないため，遺伝子型は表現型と同じで，下記のようになる。

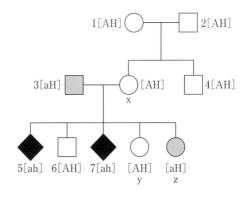

2：$X^{AH}Y$　3：$X^{aH}Y$　4：$X^{AH}Y$

5：$X^{ah}Y$　6：$X^{AH}Y$　7：$X^{ah}Y$

次に女子について考える。

女子1は A と H をもつことはわかるが，それ以上の直接の手掛かりはない。

次に女子 x について考える。

x は父2から X^{AH} を受け取っているため，x の X 染色体の 1 本は X^{AH} である。

もう 1 本については，母1に手掛かりはないため，子，特に男子を見る。男子5と男子7が $X^{ah}Y$ である。男子は父親から Y 染色体を受け取り，母親から X 染色体を受け取る。つまり，男子5や男子7が $X^{ah}Y$ であることは，x が X^{ah} を渡したことを示しており，x の染色体の一方が X^{AH} であることも考慮すると，x は $X^{AH}X^{ah}(++／ch)$，（キ）と確定する。

なお，父2を考慮せずにxの子だけを根拠にxがX^{ah}をもつと断定することはできない。xは男子5と男子7にX^{ah}，男子6にX^{AH}を与えていることから，xは$X^{AH}X^{ah}$の可能性が高い。しかし，ごく低い確率ではあるが，xが$X^{Ah}X^{aH}$で，男子5，男子6，男子7のすべてに組換えが起こった配偶子を与えた可能性は残る。xについて男子5，男子7からわかることは，X^{ah}をもつということではなく，aとhをもつということであり，父2からX^{AH}を受け取っていることと併せて考えることで，xは$X^{AH}X^{ah}$であると確定する。

　次に，xが$X^{AH}X^{ah}$であることを前提に，y，zの遺伝子型を考える。

　この2人は，父親3からX^{aH}を受け取っている。yの表現型は正常［AH］なので，yは母親xからAを受け取っている。つまり，yがxから受け取った可能性のある配偶子はX^{AH}かX^{Ah}である。zの表現型は色覚異常［aH］なので，xからaを受け取っている。つまり，zがxから受け取った可能性のある配偶子は，X^{aH}かX^{ah}である。

　他方，xの配偶子形成の際に生じる配偶子とその比は，組換え価から考えて，下記のようになる。

$$X^{AH} : X^{Ah} : X^{aH} : X^{ah} = 19 : 1 : 1 : 19 \quad\quad \cdots①$$

　yが母親xから受け取った可能性のあるX^{AH}とX^{Ah}について，式①の中のX^{AH}とX^{Ah}の比を見ると，$X^{AH}(++) : X^{Ah}(+h) = 19 : 1$である。父親3からは$X^{aH}(c+)$を受け取っているため，yは$X^{AH}X^{aH} : X^{Ah}X^{aH} = $ イ：カ $= 19 : 1$より，イの確率0.95，カの確率0.05となる。

　同様に，女子zが母親xから受け取った可能性のある配偶子は$X^{aH}(c+) : X^{ah}(ch) = 1 : 19$である。父親3からは$X^{aH}(c+)$を受け取っているため，zは$X^{aH}X^{aH} : X^{ah}X^{aH} = $ ウ：ク $= 1 : 19$より，ウの確率0.05，クの確率0.95となる。

問2　ここでは遺伝子$A(a)$は問題になっていないため，$H(h)$のみについて考えるべきである。不必要な計算を行うのは，間違いの最大の原因である。

　まず，yは父親3からX^Hを受け取っている。そして，問1の結果から，母親xから$X^{AH} : X^{Ah} \Rightarrow X^H : X^h = 19 : 1$の比で受け取っており，yの血友病に関する遺伝子型として可能性のある遺伝子型とその比は，$X^H(19X^H + X^h) = 19X^HX^H + X^HX^h$より，$X^HX^H : X^HX^h = 19 : 1$である。

　yの子が血友病になる可能性はyがX^HX^HでなくX^HX^hであった場合のみに存在し，その確率は$\dfrac{1}{19+1} = \dfrac{1}{20}$である。yが$X^HX^h$の場合，yと正常な男子$X^HY$の間で生まれる可能性のある子は$X^HX^h \times X^HY \rightarrow X^HX^H + X^HX^h + X^HY + X^hY$なので，血友病の男子が生まれる確率は$\dfrac{1}{4}$である。つまり，求める確率は$\dfrac{1}{20}$の$\dfrac{1}{4}$となり，$\dfrac{1}{80}$となる。

細かいことのようだが，設問が「生まれてきた男子が血友病である確率」であったとしたら，答えは変わってくる。このような設問であれば男子であることが前提されているため，$X^H X^h \times X^H Y$ の組み合わせで生まれる男子の $\frac{1}{2}$ が血友病であることを使って $\frac{1}{20}$ の $\frac{1}{2}$，$\frac{1}{40}$ が答えになる。遺伝計算の場合，こういう言い方の違いで別のものになることがあるため，問題文は注意深く読んでほしい。

問3　問2と同様に，遺伝子 $A(a)$ は問題になっていないため，遺伝子 $H(h)$ のみに注目する。

問1の結果から，z は $X^{aH} : X^{ah} = 1 : 19 \Rightarrow X^H : X^h = 1 : 19$ を母親 x から受け取り，父親3から X^H を受け取っている。$(X^H + 19X^h)X^H = X^H X^H + 19X^H X^h$ より，女子 z が $X^H X^h$ である確率は $\frac{19}{20}$ である。

女子 z が $X^H X^h$ だった場合，$X^H X^h \times X^H Y \rightarrow X^H X^H + X^H X^h + X^H Y + X^h Y$ より，血友病の男子が生まれる確率は $\frac{1}{4}$ である。つまり，求める確率は $\frac{19}{20}$ の $\frac{1}{4}$，$\frac{19}{80}$ となる。

18

問1　(1)　致死遺伝子（劣性致死遺伝子）

　　　(2)　$\frac{1}{2}$

問2　(1)　正常形質の遺伝子に対して劣性で，Z染色体に存在する遺伝子。

　　　(2)　雄はすべて正常，雌は正常：油蚕 = 1 : 1

　　　(3)　雌雄ともに正常：油蚕 = 1 : 1

問3　雄　無半月紋・正常：半月紋あり・正常 = 1 : 1

　　　雌　無半月紋・油蚕：半月紋あり・油蚕 = 1 : 1

問4　雌雄とも

　　　　無半月紋・正常：無半月紋・油蚕：半月紋あり・正常：半月紋あり・油蚕
　　　　= 2 : 2 : 1 : 1

解説

問1　(1)　まず，与えられた実験結果に，雌雄の子の表現型が異なる場合はないため，伴性遺伝とは考えられず，常染色体上の遺伝子と考えられる。

　　　次に，無半月紋形質の遺伝に何対の対立遺伝子が関係しているかも不明である。そ

こでまず，1対の対立遺伝子が関与する遺伝であると仮定する。その場合，交配1に用いた雌雄の個体はともに無半月紋なので，同じ遺伝子型同士の交配であると仮定すると，遺伝子型の組み合わせは① $AA \times AA \rightarrow$ ［A］のみ，② $Aa \times Aa \rightarrow$ ［A］：［a］＝3：1，③ $aa \times aa \rightarrow$ ［a］のみ，という3通りしか考えられない。交配1の2：1という分離比は，①，③で出現することはなく，②の交配のうち，優性ホモ AA の個体が死亡したと考えると説明できる。無半月紋遺伝子を A ，野生型遺伝子を a とし，$Aa \times Aa \rightarrow AA + 2Aa + aa$ のうち，AA が死亡したということである。このような遺伝子は致死遺伝子とよばれる。

　交配2の結果は，以上の考え方が正しいことを示している。上の遺伝子記号を用いて表現した場合，この交配結果は $Aa \times aa$ と考えた場合の $Aa : aa = 1 : 1$ の分離比と一致する。したがって，無半月紋は，AA が幼虫になる前に死亡する，1対の致死遺伝子が関与する遺伝形質と考えられる。

　なお，無半月紋という形質はヘテロで発現する優性形質であるが，致死作用はホモになって初めて発現するため，致死作用としては劣性である。したがって劣性致死遺伝子と解答して，もちろん正解である。

　致死遺伝子は，生存上必須な遺伝子に対する，機能がない対立遺伝子の場合が多い。ヘテロ接合体であれば，1対の相同染色体の一方に存在する生存上必須な遺伝子の機能によって生存できるが，相同染色体の両方に機能がない遺伝子が存在すると，生存上必須な遺伝子産物ができなくなり，死亡してしまうのである。

(2)　$Aa : aa = 2 : 1$ の集団での自由交配である。したがって，まず，この集団がつくる配偶子とその比を求める。

交配1で得られた集団の配偶子比

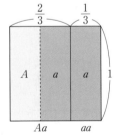

集団の $\dfrac{2}{3}$ を占める Aa は，確率 $\dfrac{1}{2}$ ずつで配偶子 A と a をつくる。

　集団の $\dfrac{1}{3}$ を占める aa は，確率1で配偶子 a をつくる。

　計算式は次のとおり。

$$A : \frac{2}{3} \times \frac{1}{2} = \frac{1}{3}$$

$$a : \frac{2}{3} \times \frac{1}{2} + \frac{1}{3} \times 1 = \frac{2}{3}$$

　雌雄ともにこの配偶子比であるから，雌雄の配偶子形成は独立事象であることを利用して，自由交配の結果を求める。

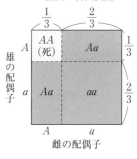

この集団の自由交配

雄の配偶子

雌の配偶子

式の計算としては下のとおり。

$$\left(\frac{1}{3}A + \frac{2}{3}a\right)^2 = \frac{1}{9}AA + \frac{4}{9}Aa + \frac{4}{9}aa$$

ここで問題なのは，全体の $\frac{1}{9}$ の個体は死亡してしまい，半月紋の有無を確認できないことである。生き残った個体の中に占める Aa の個体の割合を求めるのであるから，次のように計算する。

$$\frac{\frac{4}{9}}{\frac{4}{9} + \frac{4}{9}} = \frac{1}{2}$$

問2 （1）交配3の結果から，正常形質が優性で油蚕形質は劣性であることがわかる。

余談であるが，油蚕は何らかの遺伝子の変異によって尿酸代謝に異常が生じ，皮膚に尿酸結晶が蓄積しない形質である。尿酸結晶による光の反射が起こらないため，光が皮膚を透過して透明に見えるのである。油蚕の原因遺伝子はいくつも存在し，そのほとんどは遺伝的に劣性であるが，優性の油蚕遺伝子もある。

交配4では，交配の結果，雌雄の子の表現型に違いが出ている。雌雄の親の遺伝形質を逆にして交配すると異なる結果が現れる場合には，伴性遺伝のほか，後で触れる細胞質遺伝（☞p.66，73），ゲノム刷り込み（☞p.68）などもある。しかし，雌雄の両方に発現する形質について，雌雄の子の分離比に違いが出るのは伴性遺伝以外にない。伴性遺伝が，遺伝子は染色体上に存在することを示す根拠とされる所以である。

問題文にカイコの性決定様式は ZW 型であり，W 染色体には性決定以外の遺伝子は存在しないことが説明されている。したがって，油蚕遺伝子は Z 染色体に存在すると確定する。

(2)　$Z^BZ^b \times Z^BW$ の交配結果

・雄の子（ZZ）

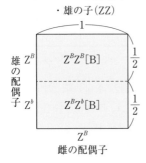

雌の配偶子

・雌の子（ZW）

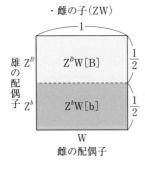

雌の配偶子

油蚕遺伝子を b，正常遺伝子を B と書くと，交配3は次のように表現できる。

$$Z^bW \times Z^BZ^B \rightarrow Z^BZ^b + Z^BW \text{（雌雄ともに [B]）}$$

したがって，交配3の結果得られた個体間の交配とは，$Z^BZ^b \times Z^BW$ である。

この交配において，雄のつくる配偶子は Z^B と Z^b であり，雌のつくる配偶子は Z^B と W である。伴性遺伝の分離比計算では生まれてくる雄の子と雌の子は分けて表現すべきであることは，ZW 型の場合も同じである（左図）。この結果を式で表現すると下のようになる。

$$\text{雄}：\left(\frac{1}{2}Z^B + \frac{1}{2}Z^b\right) \times Z^B \rightarrow \frac{1}{2}Z^BZ^B + \frac{1}{2}Z^BZ^b$$

$$\text{（すべて [B]）}$$

$$\text{雌}：\left(\frac{1}{2}Z^B + \frac{1}{2}Z^b\right) \times W \rightarrow \frac{1}{2}Z^BW + \frac{1}{2}Z^bW$$

$$\text{（[B]：[b] = 1：1）}$$

(3)　(2)と同じ遺伝子記号を用いて，交配4は次のように表現できる。

$$Z^bZ^b \times Z^BW \rightarrow Z^BZ^b + Z^bW$$

$$\text{（雄はすべて [B]，雌はすべて [b]）}$$

したがって，交配4の結果得られた個体間の交配とは，$Z^BZ^b \times Z^bW$ である。

$Z^BZ^b \times Z^bW$ の交配結果

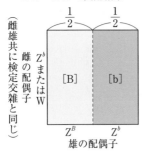

雄の配偶子

雄のつくる配偶子は Z^B と Z^b であるが，雌のつくる配偶子 Z^b，W はともに表現型に対する発現力はない。したがって，この交配は雄に対する検定交雑の結果とみなせる（左図）。この交配結果を式で表現すると以下のようになる。

$$\text{雄}：\left(\frac{1}{2}Z^B + \frac{1}{2}Z^b\right) \times Z^b \rightarrow \frac{1}{2}Z^BZ^b + \frac{1}{2}Z^bZ^b$$

$$\text{（[B]：[b] = 1：1）}$$

$$\text{雌}：\left(\frac{1}{2}Z^B + \frac{1}{2}Z^b\right) \times W \rightarrow \frac{1}{2}Z^BW + \frac{1}{2}Z^bW$$

$$\text{（[B]：[b] = 1：1）}$$

問3 $AaZ^BW \times aaZ^bZ^b$ の交配結果である。常染色体と性染色体は独立であることと，伴性遺伝の雌雄の遺伝様式は異なることに注意して計算する。雌雄それぞれについて，交配結果を2対の対立遺伝子を縦横に置いて表現したのが下図である。式で表現すると以下のようになる。

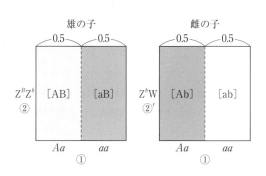

半月紋の有無に関して。

　雌雄ともに $Aa \times aa$

　　→ [A] : [a] = 1 : 1 より，

　　なし : あり = 1 : 1　　…①

油蚕の遺伝子に関して。

　雄 : $Z^B \times Z^b$

　　→ Z^BZ^b（すべて[B]）…②

　雌 : $W \times Z^b$

　　→ Z^bW（すべて[b]）…②′

　①と②は独立事象であるから，それらをまとめたのが雄の分離比である。同様に，①と②′をまとめたのが雌の分離比である。

問4 $AaZ^BZ^b \times AaZ^bW$ の交配結果である。問3と同様，常染色体と性染色体は独立であること，伴性遺伝の雌雄の遺伝様式は異なることを意識して計算する。結果として雌雄ともに同じ分離比になる。式で表現すると以下のようになる。

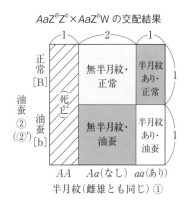

$AaZ^BZ^b \times AaZ^bW$ の交配結果

半月紋の有無に関して。$Aa \times Aa$ の結果のうち AA は死亡するため，雌雄とも

$$Aa \times Aa \rightarrow [A] : [a]（なし : あり）$$
$$= 2 : 1 \qquad \cdots①$$

油蚕の遺伝子に関して。$Z^BZ^b \times Z^bW$ は雌雄ともに雄親に対する検定交雑の結果とみなせる。

　雄 : $(Z^B + Z^b) \times Z^b \rightarrow Z^BZ^b + Z^bZ^b$

　　　（正常 : 油蚕 = 1 : 1）　　　　…②

　雌 : $(Z^B + Z^b) \times W \rightarrow Z^BW + Z^bW$

　　　（正常 : 油蚕 = 1 : 1）　　　　…②′

②と②′の結果は同じであるから，雌雄の子は①と，②または②′を組み合わせたものである。したがって，下の式の展開結果が求める分離比。

$$(2[なし] + [あり])([正常] + [油蚕])$$

①と，②または②′は独立事象であるから，求める分離比は下の式の展開結果。

$$(2[A] + [a])([B] + [b])$$

33

Ⅲ　進化と遺伝

19

問1　$A:0.4$　$a:0.6$

問2　$AA:0.16$　$Aa:0.48$　$aa:0.36$

問3　(1)　$A:0.625$　$a:0.375$　　(2)　$25:30:9$　　(3)　$65:30:33$

解説

問1　対立遺伝子 A, a の遺伝子頻度をそれぞれ p, $q\,(p+q=1)$ とおくと，ハーディ・ワインベルグの法則が成立するため，集団内の遺伝子型とその割合は，次式で与えられる。

$$(pA+qa)^2 = p^2AA + 2pqAa + q^2aa \qquad \cdots①$$

題意より，①式において $p^2 + 2pq = 0.64$ より，$q^2 = 0.36$　p, $q \geqq 0$ なので，

$p = 0.4$, $q = 0.6$

問2　問1で求めた p, q の値を①式に代入することで，答えは得られる。

問3　(1)

$AA = \dfrac{1}{4}$, $Aa = \dfrac{3}{4}$ の集団の配偶子比（＝遺伝子頻度）

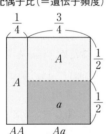

残した集団は，$AA:Aa = 0.16:0.48 = 1:3$ より，$AA:\dfrac{1}{4}$，$Aa:\dfrac{3}{4}$

この集団の遺伝子頻度は，次式で求められる（左図）。

$$A : \frac{1}{4} \times 1 + \frac{3}{4} \times \frac{1}{2} = \frac{5}{8}$$

$$a : \frac{3}{4} \times \frac{1}{2} = \frac{3}{8}$$

(2)　(1)で求めた遺伝子頻度から，遺伝子型とその割合は次式で求められる。

$$\left(\frac{5}{8}A + \frac{3}{8}a \right)^2 = \frac{25}{64}AA + \frac{30}{64}Aa + \frac{9}{64}aa$$

(3)　自家受精とは，同じ遺伝子型同士の間だけで交配を行うということである。

(2)の集団内の自家受精は，次頁の図のように表現される。(2)の解答とここで求めた値を比較すると，集団全体に占めるヘテロ接合体の割合が半分になっていることに気づくはずである。これは，自家受精の重要な特徴である（☞p.21）。

$AA = \dfrac{25}{64}$, $Aa = \dfrac{30}{64}$, $aa = \dfrac{9}{64}$ の
集団の自家受精の結果

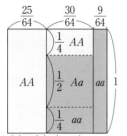

$$AA \times AA \quad Aa \times Aa \quad aa \times aa$$

（$Aa \times Aa$ の中だけに，$\dfrac{1}{2}$ の割合
で Aa が生じる）

左の図より，次世代の遺伝子型とその割合は次
式のように求められる。

$$AA : \dfrac{25}{64} \times 1 + \dfrac{30}{64} \times \dfrac{1}{4} = \dfrac{65}{128}$$

$$Aa : \dfrac{30}{64} \times \dfrac{1}{2} = \dfrac{30}{128}$$

$$aa : \dfrac{30}{64} \times \dfrac{1}{4} + \dfrac{9}{64} \times 1 = \dfrac{33}{128}$$

20

問1　$A : 0.7$　$a : 0.3$

問2　$AA : 0.49$　$Aa : 0.42$　$aa : 0.09$

解説

問1　対立遺伝子 A, a の遺伝子頻度をそれぞれ p, q $(p + q = 1)$ とおくと，ハーディ・
ワインベルグの法則が成立するため，集団内の遺伝子型とその割合は，次式で与えられ
る。

$$(pA + qa)^2 = p^2 AA + 2pq\,Aa + q^2 aa \quad \cdots①$$

題意より，①式において $p^2 + q^2 = 0.58$。したがって $2pq = 1 - 0.58 = 0.42$

この値と $p + q = 1$ より，p, q は二次方程式 $t^2 - t + 0.21 = 0$ の2つの解であり，
$p > q$ なので，$p = 0.7$，$q = 0.3$

問2　問1の値を①式に代入し，$(0.7A + 0.3a)^2 = 0.49AA + 0.42Aa + 0.09aa$

21

問1　$A : 0.2$　$B : 0.1$　$O : 0.7$

問2　A型 : 0.32　B型 : 0.15

解説

問1　遺伝子 A, B, O の遺伝子頻度をそれぞれ p, q, r $(p + q + r = 1)$ とおくと，ハーディ・
ワインベルグの法則が成立する集団における遺伝子型とその割合は次式で与えられる。

$$(pA + qB + rO)^2 = p^2AA + 2prAO + q^2BB + 2qrBO + 2pqAB + r^2OO \qquad \cdots ①$$

条件(2)より，$r = 0.7$ $(\because \ r \geqq 0)$　　したがって $p + q = 0.3$

この結果と条件(3)より，p，q は二次方程式 $t^2 - 0.3t + 0.02 = 0$ の2つの解であり，条件(1)より $p > q$ なので，$p = 0.2$，$q = 0.1$

問2　A型の割合は $p^2 + 2pr$，B型の割合は $q^2 + 2qr$ であることから，問1で得られた値を元に答えは得られる。$(0.2A + 0.1B + 0.7O)^2$ を展開してもよい。

22

問1　$A : 0.4$　$a : 0.6$

問2　1．突然変異は起こらない。

　　　2．対立遺伝子間に生存上の優劣はない。

問3　$AA : 0.16$　$Aa : 0.48$　$aa : 0.36$

解説

問1　$AA = 0.2, Aa = 0.4, aa = 0.4$ の集団の遺伝子頻度（配偶子比）

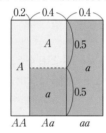

AA　Aa　aa

各遺伝子型とその割合は，下記のとおり。

$$AA : \frac{1}{1 + 2 + 2} = 0.2 \quad Aa : \frac{2}{1 + 2 + 2} = 0.4$$

$$aa : \frac{2}{1 + 2 + 2} = 0.4$$

したがって，各遺伝子の遺伝子頻度は下のとおり（左図）。

$$A : 0.2 \times 1 + 0.4 \times 0.5 = 0.4$$

$$a : 0.4 \times 0.5 + 0.4 \times 1 = 0.6$$

なお，ハーディ・ワインベルグの法則における遺伝子頻度と遺伝子型の割合の関係をあらわす式（☞p.51 の式①）は，あくまで自由交配の場合に成立する関係である。初期条件である $AA : Aa : aa = 1 : 2 : 2$ という集団そのものは自由交配でできた集団ではなく，人為的に作られた集団なので，ここではハーディ・ワインベルグの法則は成立していない。$p^2 = 0.2, 2pq = 0.4, q^2 = 0.4$ のように式に当てはめて p, q を求めようとしても，解が得られないのはそのためである。

問2　5つの条件のうち，3つまでが問題文に隠されているため，まずそれを探し出す。1つは，「多数の個体」である。さらに，「（一定の空間の）内部のみ」という表現は，「外部との遺伝的交流がない」ことを指しており，「自由に交配を行わせた」は，自由交配（ランダム交配）そのものである。

数値処理に必要な条件2つと，進化の原因の逆に相当する条件1つが文中にあるため，

残る2つの条件は，「進化の原因の逆」に相当するもの2つである。そう考えると，突然変異の否定と，自然選択の否定であることに気づくはずである。

問3　問1の結果から，ハーディ・ワインベルグの法則が成立する条件における遺伝子型とその割合は次式で与えられる。

$$(0.4A + 0.6a)^2 = 0.16AA + 0.48Aa + 0.36aa$$

23

問1 $\dfrac{2}{3}$　　問2 $\dfrac{2}{5}$　　問3 $\dfrac{2}{9}$　　問4 $\dfrac{1}{2}$　　問5 $\dfrac{2}{5}$

解説

問1　$Yy \times Yy \rightarrow 0.25YY + 0.5Yy + 0.25yy$ のうち，YY が死亡する。

問2　死亡した YY を除くと，$Yy : yy = 0.5 : 0.25 = 2 : 1$ になる。したがって，確率 $\dfrac{2}{3}$ で $Yy \times Yy$ の交配，確率 $\dfrac{1}{3}$ で $yy \times yy$ の交配を行うことになる。

2通りの自家受精の合計

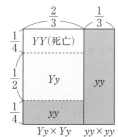

$Yy \times Yy$　$yy \times yy$

この交配の結果生じる受精卵の遺伝子型とその割合は左図であらわされ，計算結果は下記のとおり。

$$YY : \frac{2}{3} \times \frac{1}{4} = \frac{1}{6} \text{（死亡）}$$

$$Yy : \frac{2}{3} \times \frac{1}{2} = \frac{1}{3} \text{（黄色）}$$

$$yy : \frac{2}{3} \times \frac{1}{4} + \frac{1}{3} \times 1 = \frac{1}{2} \text{（灰色）}$$

　これらの割合は，あくまで受精卵に対する割合である。生きている個体に対する割合としては，生きている個体の割合を1として，その中での割合を計算する。その方法としては，生き残った個体の割合 $\left(\dfrac{1}{3} + \dfrac{1}{2}\right)$ の中におけるそれぞれの遺伝子型の個体の割合を求めればよい。いったん整数比に直す方法もある。

$$Yy \text{ の割合} = \frac{\dfrac{1}{3}}{\dfrac{1}{3} + \dfrac{1}{2}} = \frac{2}{5} \text{（答）} \qquad \left(yy \text{ の割合} = \frac{\dfrac{1}{2}}{\dfrac{1}{3} + \dfrac{1}{2}} = \frac{3}{5} \right)$$

（いったん整数比に直す方法）

$$Yy : yy = \frac{1}{3} : \frac{1}{2} = 2 : 3 \text{ より，} Yy \text{ の割合は} \frac{2}{2 + 3} = \frac{2}{5} \text{（答）}$$

37

問3　問2で求めた遺伝子型の割合は，雌雄で同じであり，自家受精を行う場合，問2で

問2の集団の自家受精の結果

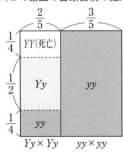

求めた遺伝子型の割合が，そのまま交配を行う組み合わせの割合となる（左図）。死亡個体 YY の受精卵の総数に対する割合は以下のとおり。

$$\frac{2}{5} \times \frac{1}{4} = \frac{1}{10}$$

Yy は $Yy \times Yy$ の組み合わせのみから生じ，受精卵の総数に対する Yy の割合は以下のとおり。

$$\frac{2}{5} \times \frac{1}{2} = \frac{1}{5}$$

したがって，生き残った個体の中での Yy の割合は以下のとおり。

$$\frac{\dfrac{1}{5}}{1 - \dfrac{1}{10}} = \frac{2}{9}$$

問4　ここから問5までは自由交配なので，まず，問1の交配で得られた集団での配偶子の遺伝子頻度を出す。

問1の交配で得られた集団の遺伝子頻度

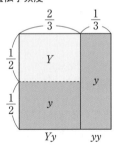

$Yy : yy = 2 : 1 \left(Yy : \dfrac{2}{3},\ yy : \dfrac{1}{3} \right)$ の集団であるから，この集団の遺伝子頻度は左図であらわされ，計算結果は下記のとおり。

$$Y : \frac{2}{3} \times \frac{1}{2} = \frac{1}{3} \qquad y : \frac{2}{3} \times \frac{1}{2} + \frac{1}{3} \times 1 = \frac{2}{3}$$

問1の交配で得られた集団の自由交配

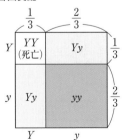

したがって，この集団での自由交配の結果は左図であらわされ，計算結果は下記のとおり。

$$\left(\frac{1}{3}Y + \frac{2}{3}y \right)^2 = \frac{1}{9}YY + \frac{4}{9}Yy + \frac{4}{9}yy$$

このうち YY は死亡するため，残った個体は

$$Yy : yy = \frac{4}{9} : \frac{4}{9} = 1 : 1 = \frac{1}{2}(答) : \frac{1}{2}$$

問5　問4の交配で得られた集団の
　　　遺伝子頻度

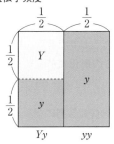

問4の交配で得られた集団の Y, y の遺伝子頻度は左図であらわされ，計算結果は下記のとおり。

$$Y : \frac{1}{2} \times \frac{1}{2} = \frac{1}{4}$$

$$y : \frac{1}{2} \times \frac{1}{2} + \frac{1}{2} \times 1 = \frac{3}{4}$$

問4の交配で得られた集団の
自由交配

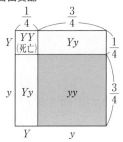

　したがって，この集団の自由交配の結果は左図であらわされ，計算結果は下記のとおり。

$$\left(\frac{1}{4}Y + \frac{3}{4}y\right)^2 = \frac{1}{16}YY + \frac{6}{16}Yy + \frac{9}{16}yy$$

　このうち YY は死亡するため，生き残った集団での遺伝子型とその割合は

$$Yy : yy = \frac{6}{16} : \frac{9}{16} = \frac{2}{5}（答）: \frac{3}{5}$$

　大学入試レベルで要求されることはないだろうが，問2，問3で求めた自家受精，問4，問5で求めたランダム交配での遺伝子型の割合の変化は，漸化式で表現できる。結論として自家受精を繰り返した場合の方が，集団内で致死遺伝子をもつ個体の割合は，すみやかに減少する。その点を一般式として表現してみよう。

[自家受精の場合]

　Yy のみの集団を第1世代とし，一般に第 n 世代での Yy の個体の割合を p_n，次世代における Yy の個体の割合を p_{n+1} とする。

自家受精の結果

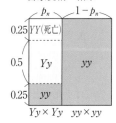

　まず，初項 p_1 は第1世代中の Yy の個体の割合であるから，$p_1 = 1$　　　　　…①

　p_n の割合で行われる $Yy \times Yy$ の交配結果のうち，YY となって死亡する個体が生じる割合は 0.25，Yy となる個体が生じる割合は 0.5 であるから，p_n と p_{n+1} の間には，左図のように，次の関係式が成立する。

$$p_{n+1} = \frac{0.5p_n}{1 - 0.25p_n}　　…②$$

ある世代での Yy の割合を p_n とすると，次世代では $Yy \times Yy$ の交配で得られる受精卵の $\frac{1}{4}$ が死ぬ。それを全体から引いたものが分母である。そして，$Yy \times Yy$ の交配で得られる受精卵の半分が Yy になる。それが分子である。

②の漸化式から数列 p_n の一般式を求める手順は以下のとおりである。まず，式②の逆数をとると，p_n の逆数 q_n に関して，$q_{n+1} = 2q_n - 0.5$ の漸化式が成立する。この式は特性方程式 $x = 2x - 0.5$ の解 $x = 0.5$ を使って $q_{n+1} - 0.5 = 2(q_n - 0.5)$ と変形でき，$q_1 = \frac{1}{p_1} = 1$ より，$(q_n - 0.5)$ は初項 $q_1 - 0.5 = 0.5$，公比 2 の等比数列になる。したがって，q_n の一般式は $q_n = 2^{n-2} + 0.5$ となるため，p_n の一般式は以下のようになる。

$$p_n = \frac{1}{2^{n-2} + 0.5} = \frac{2}{2^{n-1} + 1}$$

なお，この値は第 n 世代の生存個体中の Yy の割合であるが，第 n 世代での遺伝子 Y の遺伝子頻度は集団内の Yy の割合の半分，$\frac{1}{2^{n-1} + 1}$ である。

［ランダム交配の場合］

遺伝子頻度

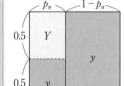

まず，自家受精と同様，初項に相当する第1世代の Yy の割合 $p_1 = 1$ …①

第 n 世代でのヘテロ接合体 Yy の割合を p_n とおくと，Yy は 0.5 の割合で遺伝子 Y をもつ配偶子をつくるため，左図のようにこの集団での Y の遺伝子頻度は $0.5p_n$，y の遺伝子頻度は $1 - 0.5p_n$ である。

この集団での自由交配の結果

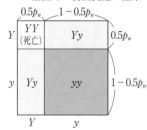

この集団で自由交配を行った結果は左図であらわされ，p_{n+1} は下記のように求められる。

$$p_{n+1} = \frac{2(1 - 0.5p_n) \cdot 0.5p_n}{1 - (0.5p_n)^2} = \frac{p_n}{1 + 0.5p_n} \quad \cdots ②$$

②の漸化式から数列 p_n の一般式を求めるのは比較的容易。式②の逆数をとると，p_n の逆数 q_n の一般式は下のようになる。

$$q_{n+1} = q_n + 0.5$$

q_n は初項 1，公差 0.5 の等差数列である。したがって，p_n の一般式は下記のとおり。

$$p_n = \frac{1}{0.5n + 0.5} = \frac{2}{n + 1}$$

なお，第 n 世代での遺伝子 Y の遺伝子頻度は $\dfrac{1}{n+1}$ である。

　自由交配の場合，自家受精の場合と異なり，ヘテロ接合体の減り方，Y の遺伝子頻度の下がり方はかなり緩やかである。

　この計算結果は，実質的にダーウィンの自然選択説を証明したのと同じである。生存上不利な遺伝子は，集団内でこのような形で遺伝子頻度を低下させていくのである。

24

問1　AA：0.64　AS：0.32　SS：0.04
問2　AA：$AS = 3$：2
問3　0.25
問4　0.14

解説

問1　遺伝子 A，遺伝子 S の遺伝子頻度である 0.8，0.2 という数値とハーディ・ワインベルグの法則より，新生児の遺伝子型とその割合は次式で表現される。
$$(0.8A + 0.2S)^2 = 0.64AA + 0.32AS + 0.04SS$$

問2　この問題は，遺伝子型とその割合から遺伝子頻度を求める通常の計算の逆の計算であるから，単純なようで意外と考えにくかったかもしれない。

　遺伝子 S をもつのは AS の人だけなので，S の遺伝子頻度は AS の人の割合の半分ということではあるが，分かりにくいと思ったら，縦横 1 の正方形を描いてみるべきである。

AA, AS からなる集団における
遺伝子型の割合と遺伝子頻度

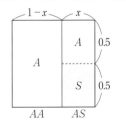

　この地域の成人集団では遺伝子型 AA の人と遺伝子型 AS の人しかおらず，成人における遺伝子 S の遺伝子頻度は 0.2 である。この状態を縦横 1 の正方形の中で表現すると，左図のようになる。

　AS の人の割合を x とすると，左図より，$0.5x = 0.2$ したがって AS の人の割合は 0.4 であるから，
　AA：$AS = 0.6$：$0.4 = 3$：2

問3　この地域では遺伝子 S の遺伝子頻度は安定しているため，みかけ上ハーディ・ワインベルグの法則が成立しているようにも見えるが，本来遺伝子 S は，遺伝子 A と生存上の優劣がない遺伝子ではない。この地域ではマラリアによって遺伝子型 AA の人の

中のかなりの割合が死亡することによる遺伝子 A の減少と，遺伝子型 SS の人が成人に達する前に死亡することによる遺伝子 S の減少という 2 つの要因の影響が釣り合っているため，結果としてハーディ・ワインベルグの法則が成立する集団（メンデル集団）のように見えているということである。そこでまず，2 つの要因を分けて考えることにする。

まず，遺伝子 SS の新生児が成人になる前に死亡することだけを考えると，問 1 の結果より，成人の遺伝子型とその比は，下記のとおり。

$AA : AS = 0.64 : 0.32 = 2 : 1$

ところが，実際は，問 2 で求めたようにこの比は 3 : 2 である。この関係を図示したのが右の図である（AS のマラリアによる死亡はないため，数を揃えて表現した）。この図から明らかに，AA は 4 人のうち 1 人の

割合で死亡しており死亡率は $\dfrac{1}{4} = 0.25$ （答）

新生児，成人における $AA : AS$

	AA		AS
新生児	4	:	2
$\begin{pmatrix}\text{マラリア}\\\text{による}\\\text{死亡}\end{pmatrix} \rightarrow$	$\downarrow$		$\downarrow$
成人	3	:	2

次のように未知数を設定して求める方法もある。

新生児において，AA，AS の割合はそれぞれ $\dfrac{2}{3}$，$\dfrac{1}{3}$ である。AS の生存率を 1 として，AA の生存率を x とおくと，成人に関して，次の式が成立する。

$\dfrac{2}{3}x : \dfrac{1}{3} = \dfrac{3}{5} : \dfrac{2}{5}$ （$AA : AS = 2 : 1$ を元に，$2x : 1 = 3 : 2$ と計算してもよい）

この比例式より，$x = \dfrac{3}{4}$

したがって死亡率 $= 1 - x = \dfrac{1}{4}$

問4 $AA : AS = \dfrac{2}{3} : \dfrac{1}{3}$ の
集団の遺伝子頻度

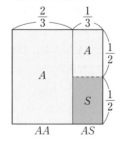

問 1 の新生児集団から SS が死亡した後の成人集団は

$AA : AS = 0.64 : 0.32 = \dfrac{2}{3} : \dfrac{1}{3}$ である。問 3 と異なり，

AA のマラリアによる死亡はないため，これがそのまま成人集団での遺伝子型とその割合になる。左図のように，この成人集団での遺伝子頻度は下記のとおり。

$A : \dfrac{2}{3} \times 1 + \dfrac{1}{3} \times \dfrac{1}{2} = \dfrac{5}{6}$

$S : \dfrac{1}{3} \times \dfrac{1}{2} = \dfrac{1}{6}$

この集団の自由交配

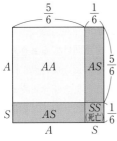

$AA : AS = \dfrac{5}{7} : \dfrac{2}{7}$ の集団
の遺伝子頻度

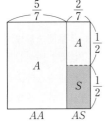

この遺伝子頻度の成人集団での自由交配による次世代の新生児の遺伝子型とその割合は下記のとおり。

$$\left(\frac{5}{6}A + \frac{1}{6}S\right)^2 = \frac{25}{36}AA + \frac{10}{36}AS + \frac{1}{36}SS$$

SS の死亡後に生き残った $AA : \dfrac{25}{36}$, $AS : \dfrac{10}{36}$ を，本編の 例 や問題 **23** の問2などで行った方法により，生存個体全体を1としたときの各遺伝子型の割合に直すと，次のとおり。

$$AA : \frac{5}{7}, \quad AS : \frac{2}{7}$$

したがって，SS が死亡した後の成人集団での遺伝子頻度は左図であらわされ，計算結果は下記のとおり。

$$A : \frac{5}{7} \times 1 + \frac{2}{7} \times \frac{1}{2} = \frac{6}{7} \qquad S : \frac{2}{7} \times \frac{1}{2} = \frac{1}{7}$$

初期条件における成人での S の遺伝子頻度は $0.2\left(\dfrac{1}{5}\right)$ であったが，マラリアによる死亡がないため，S の遺伝子頻度は次世代では $\dfrac{1}{6}$，その次の世代は $\dfrac{1}{7}$ になっている。マラリアの撲滅によって S は単に生存上不利な遺伝子になり，遺伝子頻度が徐々に低下している。自然選択の効果が現れたのである。

なお，最初の集団を第1世代としたとき，第 n 世代での S の遺伝子頻度が $\dfrac{1}{n+4}$ であることは，前問の「参考」における ［ランダム交配の場合］と同様，第1世代でのヘテロ接合体の割合を $p_1 = \dfrac{2}{3+2}$ とおくことで求めることができる。また，問題 **50** 問4(4)で触れるが，第 n 世代での S の遺伝子頻度を p_n とおいて求めることもできる。

25

問1　a −(オ)　b −(ウ)　c −(カ)

問2　食物の確保，外敵からの防衛，配偶者の確保などに関して有利な場合が多いこと。(37字)

問3　d − 0.25　e − 0.75　f − 0.25　g −社会（真社会）　h −自然選択

問4　i −遺伝子　1）ア　2）ア　3）イ

問1 ┃a┃～┃c┃：生物個体は，自らの適応度を高める，すなわち，多くの繁殖可能な子を残そうとして生きているというのが，自然選択説に基づく考え方である。この観点からは，自分の子を残すことでなく，他者の子を残すのを手助けする a ヘルパーのような c 利他的行動をとることは，明らかに不合理である。そのような行動に時間やエネルギーを消費することは，自分の子を残す可能性を減らすことを意味するためである。利他的行動をとるヘルパーは世話を受ける子の b 血縁者であることが，この問題の手掛かりとなる。

問2 個体群を構成する個体は，食物，安全な生活場所，配偶者という3つの資源を要求する。これは，生物が代謝によって体を構成する物質の合成・分解を行うこと，刺激に反応して外敵から身を守ること，自分の遺伝子を残す過程で通常有性生殖を行うことという，3つの生命活動に対応している。3つの生命活動を行うのに必要な3つの資源を要求するのである。

　同種個体は同じ資源を要求するため，一定の範囲内から同種個体を排除するなわばりのような関係が成立することもあるが，集団を形成する生物が多い。集団を形成することで，得られる資源が減るとしたら，集団を形成するはずがない。集団を形成した方が資源獲得上，有利である（集団形成の利益がある）ことが，集団を形成する理由と考えられる。具体的には，手分けして餌を探索することで餌の発見が容易，外敵を発見した情報が集団内に伝わりやすく，外敵におそれにくいなどの理由が考えられる。

問3 ┃d┃：図1のような二倍体の生物における血縁度の計算の場合，親から見た子の血縁度も，子から見た親の血縁度も等しくなる。したがって，特に厳密に考えず，0.5×0.5＝0.25と，単純に計算しても答えは合う。しかし，図2のような一倍体も含む数値を理解する上では，親から見た子の血縁度と，子から見た親の血縁度は，別の考え方を元に計算していることを理解しておくべきである。

　まず，図1中の数値について説明すると，親から子を見た場合，減数分裂の結果，特定の遺伝子が子に渡る確率は0.5である。それが，血縁度0.5の理由である。他方，子から親を見た場合，受精の結果両親から遺伝子を受け取っているため，特定の遺伝子が母親由来である確率は0.5であるという理由で，血縁度は0.5になる。文中の雌Aから見た雌Bの血縁度は，Aのもつ任意の遺伝子は，以下の①，②のどちらかに該当することを利用して求めたものである。

　　この遺伝子は雌親由来（確率0.5）で，雌親から雌Bに渡っている（確率0.5）　…①
　　この遺伝子は雌親由来（確率0.5）で，雄親から雌Bに渡っている（確率0.5）　…②
　　①，②は互いに排反なので，この遺伝子が雌Bにも渡っている確率は，①と②の合計であり，0.5×0.5＋0.5×0.5＝0.5となる。そして雌Bから見たBの子の血縁度は①

と同様 0.5 なので, 求める血縁度は 0.5 × 0.5 = 0.25（答）

　　 e ， f ：まず注意すべきは, 図2で与えられている数値は, 親から見た子の血縁度であるということである。雄親からの数値が1であるのは, 雄は一倍体であるから減数分裂を行わず, 自らの遺伝子を確率1で雌の子に渡すためである。雌の子から父を見た場合は違う。雌Cは二倍体であるから, 特定の遺伝子が雌親, 雄親に由来する確率は, ともに 0.5 である。したがって, e は下のように求められる。

　　この遺伝子は雌親由来（確率 0.5）で, 雌親から雌Dに渡っている（確率 0.5）　…①
　　この遺伝子は雄親由来（確率 0.5）で, 雄親から雌Dに渡っている（確率1）　　…②

　　①, ②は互いに排反なので, この遺伝子が雌Dに渡っている確率は, ①と②の合計であり, 0.5 × 0.5 + 0.5 × 1 = 0.75（答）

　　 f は下のように求められる。

　　この遺伝子は雌親由来（確率 0.5）で, 雌親から雄Eに渡っている（確率 0.5）　…①
　　この遺伝子は雄親由来（確率 0.5）で, 雄親から雄Eに渡っている（確率0）　　…②

　　①, ②は互いに排反であるから, この遺伝子が雄Eに渡っている確率は, ①と②の合計であり, 0.5 × 0.5 + 0.5 × 0 = 0.25（答）

　　ミツバチ, アリ, シロアリなどでは, 役割が固定した（ミツバチの場合, ワーカーという枠の中で, 巣の中で幼虫の世話をする, 外に出て餌を集めるというような役割の変化はある）分業を伴う集団が形成されている。このような昆虫が**g** 社会性昆虫である。不妊階級を含み, 血縁個体からなる群れをつくる昆虫を特に真社会性昆虫とよぶので, 真社会性がよりよい答えではある。社会性昆虫に見られるワーカーの存在は, **h** 自然選択を通じ, 個体が残した子孫の数を考える個体適応度の考え方では, 説明がつかない。

問4　 i ：個体自身が残す子の数のみを元に適応度を考えると, 子を残さないワーカーの存在は説明がつかない。生物は子孫を通じて**i** 遺伝子を残す。遺伝子を残すためには自分が子を産む必要はなく, 血縁個体の繁殖成功度を高めることを通じて自分の遺伝子を残そうとしていると考えて利他的行動を説明するのが血縁選択説である。

　　1）～3）：図1に表現されている二倍体生物での雌親と子の血縁度である 0.5 という数値と, 問3 e で求めた 0.75 という数値の違いがテーマになっている。まず, 図2において, 母を女王, 雌Cをワーカー, 雌Dを女王の娘と読み換える。

　　仮に雌Cが子を産んだとしても, 雌Cと自分の娘との血縁度は, 女王と自分との血縁度と同様, 0.5 である。しかし, 雌Cと女王の産んだ雌Dとの血縁度は 0.75 である。自分と自分の娘の間より, 自分と自分の姉妹（同じ両親から生まれた雌）との間の方が, 血縁度が1）大きいのである。つまり, ワーカーは, 2）自分の娘を育てるより, 3）女王の娘を育てた方が, 自分の遺伝子を多く残すことができることになる。これが, 血縁選択説に基づく, ワーカーが存在する理由の説明である。

Ⅳ　遺伝計算とさまざまな場面

26

問1　F_1：すべて右巻き　　F_2：すべて右巻き

問2　F_1：すべて左巻き　　F_2：すべて右巻き

問3　右巻き：左巻き = 3：1

問4　右巻き：左巻き = 3：1

解説

問1　問題文に右巻き「系統」のように書かれているが，一般に「系統」とは他の表現型が現れないように選抜された集団のことであり，「純系」，「ホモ接合体」と同義と考えてよい。

　　問題文に右巻きが優性と説明されているため，右巻き遺伝子を A，左巻き遺伝子を a とすると，F_1 は雌 AA × 雄 aa の交配で生じた遺伝子型 Aa の個体である。F_1 はすべて右巻きになるが，その原因は F_1 が遺伝子型 Aa であることではない。

　　F_1 の遺伝子型 Aa に基づく遺伝子が発現するのは，卵割期の後であり，卵割期は卵形成の過程で合

F_1 の核と細胞質の由来

P　雌 AA × 雄 aa
　　　　　│
F_1　　　Aa　…核の遺伝子型

（細胞質中の物質は AA 産物）

成された物質の作用で進行する。貝の巻き方を決める遺伝子型は雌親の遺伝子型 AA であり，それが F_1 個体の貝を右巻きにするのである（上図）。

　　F_2 の遺伝子型は AA：Aa：aa = 1：2：1 であるが，F_2 の卵細胞の中には，F_1 の体細胞と同じ遺伝子型 Aa に基づく遺伝子産物が詰め込まれている。この作用で卵割様式が決まるため，F_2 はすべて右巻きになる。

　　このような遺伝様式は遅滞遺伝，あるいは母性遺伝とよばれ，卵形成段階で卵内に蓄積していた母性因子によって決定される遺伝形質は，この様式で遺伝する。

問2　F_1 の雌親は aa なのだから F_1 はすべて左巻き，F_2 の雌親は Aa なのだから，F_2 はすべて右巻きになる。

問3，問4　F_3 の雌親である F_2 は AA：Aa：aa = 1：2：1 である。交配相手の雄親の遺伝子型は関係ない。雌親が AA または Aa であれば右巻き，雌親が aa であれば左巻きになるため，どちらも右巻き：左巻き = 3：1 となる。

27

問1　0　　問2　(1) $\dfrac{1}{4}$　(2) 0　　問3　0

問4　(1) $\dfrac{1}{2}$　(2) $\dfrac{4}{5}$

解説

　ビコイド遺伝子を転写したmRNAは，受精以前から卵の前方に存在し，受精後ビコイドmRNAは翻訳され，ビコイドタンパク質の作用によってギャップ遺伝子，ペアルール遺伝子，セグメントポラリティ遺伝子という分節遺伝子群が順次転写・翻訳される。その後，各体節の特徴を決めるホメオティック遺伝子が転写・翻訳される。

　ビコイドmRNAは受精卵の核の遺伝子発現以前に卵内に存在する母性因子であり，貝の巻き方と同様，母親の遺伝子型に基づいて発現する。なお，この問題とは関係ないが，ビコイド遺伝子の作用によって発現する分節遺伝子やその後に発現するホメオティック遺伝子は，ビコイド遺伝子とは異なり，受精卵の核の遺伝子型に基づいて発現する。

　以上のような内容的背景に加え，問題 **17** でも触れているが（☞p.46）やや技術的な問題に触れておく。この問題では，ビコイド遺伝子に関する遺伝子記号は，野生型遺伝子は bcd^+，ビコイドタンパク質ができない劣性突然変異遺伝子は bcd^- と決められている。このままでもできないことはないが，いささか扱いにくさを感じるのではあるまいか。このような場合，計算の途中では出題者の決めた遺伝子記号とは別の遺伝子記号を用いて計算して一向に構わない。答えに遺伝子記号を書く必要がある場合，答えを書く段階で出題者の決めた遺伝子記号に戻せばよい。ここでは bcd^+ を B，bcd^- を b と置き換えて説明する。

問1　$Bb \times Bb \rightarrow BB : Bb : bb = 1 : 2 : 1$ であるが，この遺伝子型はあくまでも受精卵の核の遺伝子型である。卵内の母性因子は遺伝子型 Bb によって合成されるため，ビコイド遺伝子の突然変異が原因で死ぬ卵を産む個体は見られない。

問2　(1)　雌親は $BB : Bb : bb = 1 : 2 : 1$，雄親は BB である。受精卵の核はすべての個体が雄由来の B を受け継ぐが，雌が bb であれば，核の遺伝子型が Bb であっても卵細胞質中には正常なビコイド遺伝子産物は存在しない。そのため，bb の産む卵は，すべて正常発生しない。ビコイドタンパク質ができない突然変異は，雌親の遺伝子型によって子で発現する致死遺伝子とみることもできる。

　(2)　卵の細胞質に含まれる物質の合成は，雌親の体細胞（$2n$）に基づいて行われ，減数分裂によって生じた半数体の遺伝子型は無関係である。したがって，Bb の産む卵は半数が途中で死ぬのではなく，優性形質の発現により，すべて正常になる。したがって，このような個体は存在しない。

問3 問1で得た雄個体の中にも，核の遺伝子型が bb の個体が $\frac{1}{4}$ の割合で含まれている。

しかし，雄親から精子によって受け取るのは核の遺伝子だけであり，卵形成段階から卵内に蓄積している物質とは無関係である。この交配では雌親が Bb であるため，卵内には正常なビコイド遺伝子産物が存在し，すべて正常に発生する。

問4 以下の問題では，ビコイド遺伝子は問3までと同じ記号，眼色は赤色遺伝子を S，セピア眼遺伝子を s とする。

(1) $BBSS$ の雌と $bbss$ の雄の交配によって F_1 $BbSs$ をつくり，それと $bbss$ を交配している。正常発生すること自体は F_1 雌が Bb である時点で決まっているため，生まれる個体の遺伝子 $B(b)$ を気にする必要はない。眼色は交配で得られた個体の遺伝子型によって決定され，$F_1 = Ss$ と ss の交配で生まれる [S] の割合である $\frac{1}{2}$ を答えればよい。

(2) (1)の P は $BBSS \times bbss$ なので，F_1 雌 $BbSs$ では B と S，b と s が同一染色体上に存在する。この F_1 雌に劣性ホモ接合体の雄を交配させている。この交配は F_1 に対する検定交雑であり，生まれる個体の遺伝子型とその比は $(4BS + Bs + bS + 4bs) \times bs$ より，$BbSs : Bbss : bbSs : bbss = 4 : 1 : 1 : 4$ になる。このうち，正常に発生する卵を産む雌は，ビコイドの遺伝子型が Bb のものであり，その遺伝子型とその比は $BbSs : Bbss = 4 : 1$ である。つまり，$Ss : ss = [S] : [s] = 4 : 1$ ということであり，正常な卵を産む個体のうち，赤眼の割合は 0.8 である。

(1)では正常発生して生まれた個体の表現型が問題になっていたのと異なり，(2)では生まれた雌個体が正常発生する卵を産むかどうかが問題になっている。(2)の形質はその個体自身の遺伝子型によって決定されるため，(1)の場合と異なり，眼色遺伝子との連鎖を意識する必要がある。

なお，問われていないが，正常に発生しない卵を産む個体の遺伝子型とその比は，$bbSs : bbss = 1 : 4$ より，赤眼の割合は 0.2 である。組換え価がもっと小さければ，赤眼は正常発生する卵を産み，セピア眼は正常発生しない卵を産むとみなせる。眼色は，正常発生する卵を産むかどうかを知るための，あまり精度の高くない遺伝子マーカー（☞p.86）になるということである。

28

問1 (1) 雄　　(2) 雌
問2 [aB]：[ab] = 1：1

解説

問1　別々の刷り込みを受けている可能性があるため，1対ずつの対立遺伝子に分けて考える。

(1)　雌 AA × 雄 aa の結果が [A] ということである。メチル化修飾など受けていないと仮定しても，遺伝子型 Aa なので表現型が [A] であることは説明がつく。しかし，この問題では「ゲノム刷り込みが起こることが明らかになっている」とされており，雌あるいは雄由来の遺伝子がメチル化により，発現しないようになっていることが問題の前提である。雌由来の A が発現しているため，雌由来の A がメチル化したと仮定しては説明が付かない。雄由来の a がメチル化を受けて発現しなくなっていると考えられる。

(2)　雌 BB × 雄 bb → Bb = [B] のはずなのに，表現型は [b] とされている。つまり，この子は，遺伝子 B をもっているのに発現していない。遺伝子 B は雌親から受け取っているので，雌由来の遺伝子がメチル化を受けていると考えられる。

問2　交配に用いる雌の遺伝子型は aaBB である。交配に用いる雄の表現型は [Ab] であるが，これはゲノム刷り込みの影響でこういう表現型になっただけであり，この雄は遺伝子型 AABB の雌と aabb の雄の間の子であるから，遺伝子型は AaBb である。つまり，雌 aaBB × 雄 AaBb の交配結果に関して，ゲノム刷り込みに注意しながら表現型とその分離比を求めるということである。

まず，遺伝子 A(a) について。雌 aa × 雄 Aa であるが，雌由来の a のみが発現するため，すべて [a] である。

次に遺伝子 B(b) について。雌 BB × 雄 Bb であるが，雌由来の B は発現せず，雄から受け取った精子には B：b = 1：1 が存在する。この遺伝子が発現して [B]：[b] = 1：1 になる。

両方をまとめると，すべて [a] かつ，[B]：[b] = 1：1 であるから，[a]([B] + [b]) より，[aB]：[ab] = 1：1 が答えとなる。

なお，問題文に脱メチル化とメチル化について触れているが，この意味は下記のとおり。

問1の交配で得られた雄個体は AaBb であり，この個体自身においては，a は雄親由来，B は雌親由来なので発現させないという刷り込みを受けている。しかし，問2の交配では，今度はこの個体が雄親になる。つまり，この雄個体自身にとっては，A と B は雌

親から受け取った遺伝子であったが，この雄個体の子から見ると，どの遺伝子であろうと，それは雄親から受け取った遺伝子である。この雄親から受け取った A または a は，メチル化を受けていなくてはならない。そしてこの雄親から受け取った B または b は，メチル化を受けていないものでなくてはならない。

この状態にするため，まず，配偶子形成の過程でいったんすべてのメチル化修飾が取り除かれる。これが脱メチル化である。その後，自らの性に従ってメチル化修飾がつけられ，配偶子として完成する。

哺乳類でこの現象が起こることの意義は不明であるが，ゲノム刷り込みの結果，哺乳類では絶対に卵が単独で発生する単為生殖はできなくなっている。この点をもとに，ゲノム刷り込みの意義は単為生殖を防ぐことではないかとも言われる。

29

問1　(1)　三毛（オレンジ・黒・白斑）　(2)　オレンジ・黒
　　　(3)　オレンジ　(4)　オレンジ・白斑
問2　雌：オレンジ・白斑：三毛（オレンジ・黒・白斑）：オレンジ：オレンジ・黒
　　　　＝3：3：1：1
　　　雄：オレンジ・白斑：黒・白斑：オレンジ：黒＝3：3：1：1

解説

　まず，問題文で与えられた条件から，遺伝子型と表現型の関係を整理して書き出す。常染色体上の遺伝子と性染色体上の遺伝子は当然ながら独立に遺伝することにも注意。

問1　雌雄の X 染色体上の遺伝子と毛色の関係は次のようになり，それぞれについて，[S] は白斑あり，[s] は白斑なしとなる。白斑の有無に関する表現型は，「白斑あり」，「白斑なし」のように丁寧に答えてもよいが，上の解答では問1の文中の解答例にならい，白斑がない場合は何も書かず，白斑がある場合は単に白斑と表現している。

　　　雌　$X^R X^R$：オレンジ　$X^R X^r$：オレンジ・黒　$X^r X^r$：黒
　　　雄　$X^R Y$：オレンジ　$X^r Y$：黒

問2　$Ss X^R X^r \times Ss X^R Y$ の交配結果であるが，独立事象である常染色体上の遺伝子による遺伝と，性染色体上の遺伝子の遺伝に分けて考える。

　　常染色体については雌雄ともに $Ss \times Ss \rightarrow$ [S]：[s]＝3：1。

　　性染色体上の遺伝子については下記のとおり。

　　　雌：$(X^R + X^r) \times X^R \rightarrow X^R X^R + X^R X^r$（オレンジ：オレンジ・黒＝1：1）
　　　雄：$(X^R + X^r) \times Y \rightarrow X^R Y + X^r Y$（オレンジ：黒＝1：1）

　　つまり，雌は（3［白斑］＋［（白斑なし）］）（［オレンジ］＋［オレンジ・黒］）の展開結果，

雄は（3［白斑］＋［（白斑なし）］）（［オレンジ］＋［黒］）の展開結果になる。

30

問1　アー古細菌（アーキア）　　イーシアノバクテリア
問2　(a), (b), (c)
問3　(a)
問4　Aのみ，AとB

解説

問1　真核細胞の起源に関する細胞内共生説に関する基礎的な理解を問う問題である。古細菌は，真核細胞と共通し，真正細菌にはない特徴をいくつか備えており，古細菌の中に，好気性の真正細菌が共生して真核細胞が誕生したと考えられる。その後シアノバクテリアの共生を受けた細胞が植物の祖先と考えられる。

問2　斑入りの葉には，正常な葉緑体を含む細胞と，正常な葉緑体を含まない細胞が混在している。そのため，斑入りの葉がつく株についた花の胚珠の中の卵細胞には，正常なもの，異常なものの両方の原色素体が存在する可能性がある。この卵細胞に，たまたま正常な原色素体だけが入っていれば緑色の葉だけをつけるようになるし，正常な原色素体とクロロフィル合成ができない原色素体が混在していれば，葉の細胞の一部にクロロフィル合成ができない原色素体のみが入り，その部分が白くなり，斑入りになる可能性がある。もちろん，クロロフィル合成ができない原色素体だけが卵細胞に入り，すべての葉が白くなる可能性もある。つまり，(a)～(c)のすべての可能性がある。

　　なお，緑葉のみをつける株の花の花粉との間で受粉させているが，問題文で説明されているように，葉緑体は卵細胞に含まれる原色素体のみによって子孫に伝わるため，花粉の細胞質は無関係である。

問3　全く斑入りの葉をもたない株の胚のう中の卵細胞には，正常な原色素体のみが存在すると考えられる。より正確に言うと，異常な原色素体が存在すると判断する根拠がないため，すべて正常と推定する。問2と同様，原色素体は卵細胞のみから伝わり，精細胞とは無関係であることから，すべての葉が緑色になると考えられる。

問4　ある細胞が緑色に見えるということは，その細胞に正常な葉緑体（A）が存在することを示している。しかし，Aのみが存在するとは言い切れない。Aとクロロフィルが合成できない葉緑体（B）が混在している場合，Aの存在により，その細胞は緑色に見える。問題文によると，この枝についている葉はすべて緑色に見えるため，この枝のすべての葉の細胞に，Aが入っていると考えられる。

　　これは，この枝の原基となった細胞にAが圧倒的に多かったことを意味するが，Bが

全くなかったとは言い切れない。この株の他の枝に斑入りの葉ができたということから，この株の元となった卵細胞にBが混じっていたことは確実である。したがって，この枝の細胞にBがないとは言い切れない。問3と異なり，Bも存在すると考える十分な根拠がある。そのため，一部の細胞にBが入っている可能性も否定できないため，「A」に加えて「AとB」を答える。

31

問1 (1) (a) AA (b) AA (c) Aa (d) AAa
    (2) (a) aa (b) aa (c) Aa (d) Aaa

問2 (a) Aa (b) Aa
    (c)–(d) $AA - AAA,\ Aa - AAa,\ Aa - Aaa,\ aa - aaa$

問3 (a) なし   (b) AA (c) Aa (d) A

解説

問1　被子植物の果実・種子形成とその由来に関する理解を問う問題である。(a)の果肉は子房壁，(b)の種皮は珠皮に由来し，これらは受精の結果生じるものではなく，ともに雌しべの体細胞が変化したものである。したがって，雌しべの遺伝子型が答えとなる。

　　他方，被子植物の(c)の子葉と(d)の胚乳の形成には重複受精が関係する。胚は胚のう中の卵細胞と花粉管の中の精細胞の合体，胚乳は胚のう中の2個の極核をもつ中央細胞と花粉管の中の精細胞の合体で生じ，胚は $2n$，胚乳は $3n$ である。胚に由来する(c)は(1)と(2)の答えが同じであるが，胚乳(d)は(1)では A 2個と a 1個，(2)では a 2個と A 1個の組み合わせになり，(1)，(2)の答えが異なることに注意。

問2　胚のうの中の8個の核は，減数分裂で生じた1つの胚のう細胞が3回核分裂したものなので，1つの胚のう中の卵細胞と中央細胞の核は同じ遺伝子をもち，花粉管の中の2つの精細胞は，減数分裂で生じた1つの花粉四分子の細胞が2回核分裂したものなので，同じ遺伝子をもつ。

　　つまり，卵細胞−中央細胞の遺伝子型は $A - (A + A)$…① または $a - (a + a)$…②。
　　それぞれと受精する精細胞の遺伝子型は $A - A$…③ または $a - a$…④。
　　したがって，(c)子葉−(d)胚乳の遺伝子型の組み合わせは以下の4通り。

    ①−③：$AA - AAA$ ①−④：$Aa - AAa$
    ②−③：$Aa - Aaa$ ②−④：$aa - aaa$

問3　裸子植物は被子植物と異なり，子房壁が存在せず，胚珠が裸出する。したがって，被子植物の果肉に対応する構造体は存在しない。そして，胚乳形成の際に重複受精は起こらず，胚乳は単相 n である。

32

問1 (1) a_1a_3, a_1a_4, a_2a_3, a_2a_4

  (2) (a) a_1a_3, a_2a_3 (b) a_1a_2, a_1a_3

問2 (1) a_3a_4 (2) a_1a_3, a_1a_4, a_2a_3, a_2a_4

解説

問1 (1) 配偶体型とは，n 型，花粉自身の遺伝子と雌しべの遺伝子の関係が問題になる場合である。半数の花粉が受精可能であったということは，花粉親のもつ2種類の自家不和合性遺伝子のうち，1つは雌しべと共通であったため，この遺伝子を受け継いだ花粉は受精に至らなかったが，もう1つは雌しべと異なるものであったため，この遺伝子を受け継いだ花粉は受精が起こったと考えられる。つまり，この花粉親の遺伝子型は雌しべと同じもの（a_1 または a_2）と，同じでないもの（a_3 または a_4）を，1つずつもっていたと考えられる。したがって，花粉親の遺伝子型は（$a_1 + a_2$）（$a_3 + a_4$）より，合計4種類の可能性が考えられる。

(2) a_1a_2 と a_2a_3 の混植の場合，a_1a_2 株の柱頭について正常に受精できるのは a_3 花粉だけであり，（$a_1 + a_2$）× a_3 の展開項が答えとなる。他方，a_2a_3 株の柱頭について正常に受精できるのは a_1 花粉だけであり，（$a_2 + a_3$）× a_1 の展開項が答えとなる。

 なお，配偶体型自家不和合性の場合，受精に至らない花粉は，一般にある程度花粉管が伸びてから花粉管の伸長が止まる。花粉管の伸長に伴って花粉管核の遺伝子型（2つの精細胞と同じ）に基づく遺伝子発現が起こる。その結果，自家不和合性に関係する遺伝子産物の雌しべとの共通性が認識され，攻撃を受ける。

問2 胞子体型とは，$2n$ 型，花粉親の遺伝子と雌しべの遺伝子の関係が問題になる場合である。たとえば，a_1a_2 の雌しべに a_2a_3 の花粉親からの花粉がつく場合，配偶体型では a_3 花粉は受精できた。しかし，胞子体型の場合，花粉親における a_2 の共通性が認識され，すべての花粉が受精不能になる。例えて言えば，配偶体型は花粉「個人」の遺伝子だけが問題とされる。胞子体型では，たとえ花粉の遺伝子は違っていても，ロミオとジュリエットのように，花粉親という「出自」が問題とされ，受精に至らないのである。

 胞子体自家不和合性の場合，受精に至らない花粉は，全く花粉管を伸ばすことがない。花粉表面に存在する減数分裂以前に合成された物質が，雌しべによって攻撃されていると考えられ，胞子体自家不和合性は配偶体自家不和合性よりもより鋭敏な識別であるという言い方も可能である。

(1), (2) 遺伝子型は4つと仮定されているため，a_1a_2 との間で受精が成立するのは a_3a_4 のみである（(1)の答）。この組み合わせであれば，減数分裂の結果生じるすべての遺伝子の組み合わせである（$a_1 + a_2$）（$a_3 + a_4$）の種子ができる（(2)の答）。

33

問1	(ア) あり	(イ) なし	(ウ) あり	(エ) あり	(オ) あり	(カ) あり

問2　(1) (エ)　　(2) (オ)

問3　(1) (イ)　　(2) (ア)　　(3) (ア)　　(4) (エ)　　(5), (6) (オ), (カ)（順不同）

問4　(1) (エ)　　(2) (エ), (カ)

解説

問1　問題文をしっかり読めば解決できる。雄性不稔になるのは，ミトコンドリア DNA に S が存在し，S の作用を打ち消す R が核 DNA に存在しない場合のみであるから，(イ)のみが「なし」となる。

問2　(1)　問1で確認したように，$rr-S$ の株は花粉ができない。したがって，$rr-S$ の株の雌しべでは混ぜて植えた $RR-N$ に由来する遺伝子 R をもつ花粉を受け取る受精が起こり，F_1 ハイブリッドができる。種子の核内遺伝子は両親に由来する Rr であるが，細胞質は母株のみに由来するため，ミトコンドリア遺伝子は S をもつ。したがって $Rr-S$ の種子ができる。花粉親のミトコンドリアは次世代には伝わらず，花粉親のもつミトコンドリア遺伝子 N は種子には伝わらないためである。

(2)　$RR-N$ と混ぜて植えてある $rr-S$ は花粉ができない。したがって，$RR-N$ では，自家受精のみが起こることになる。

問3　(1)　問2の内容が大きなヒントになっている。まず，A系統に稔った種子が F_1 ハイブリッド，すなわち他家受精が行われた種子であるから，収穫に利用するA系統は $rr-S$ でなくてはならない。

(2)　F_1 ハイブリッド種子を継続して出荷する上で，花粉ができないA系統をいかにして何年も維持するかという問題がある。種子がかなり長期間保存できる可能性もあろうが，保存中の種子がなくなると出荷終了ということでは困る。

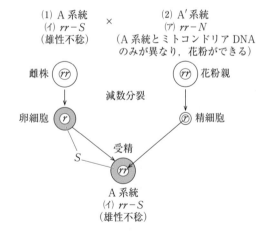

図1　雄性不稔A系統とその維持

この場合，収量が多いとか食味が良いなど，選抜したい理由となる遺伝子は完全にA系統と同じで，かつ，rr をもち，花粉ができる系統が手に入れられればよい。

花粉親のミトコンドリア DNA は次世代に伝わらないため，N であっても関係ない。$rr-S$ のA系統株を $rr-N$ のA系統（A′系統）のつくる花粉で受粉させれば，$rr-S$ のA系統が維持できることになる（図1）。

(3)～(6)　次の問題は，F_1 ハイブリッドの作出である。例えば，A系統は食味が良いが収量は少ない，B系統は食味は劣るが収量は多いというような場合，食味の良さ，収量の多さが優性形質であれば（この保証は必ずしもない。たとえば，エンドウのしわのある種子はデンプン合成速度が遅い劣性形質であるが，豆の中にスクロースなどの低分子の糖が多いため，おいしいと感じる可能性が高い），F_1 ハイブリッドは食味が良く，収量が多くなる。それを出荷したいわけである。この場合，A系統は雄性不稔系統であるから，A系統と，雄性不稔でないB系統を混植し，A系統に稔った種子を出荷すればよい。つまり，種子を得るという目的のみからは，B系統は雄性不稔でなければ何でも使える。しかし，1つ問題がある。

種子を出荷し，その種子を農家が蒔いて植物を育てるわけであるが，ダイコンなどの根菜，小松菜などの葉菜であれば，F_1 の植物体を収穫するため，蒔いた種子から育った植物が雄性不稔であっても問題はない。しかし，種子が可食部の場合，F_1 が雄性不稔であると，F_1 種子のみを蒔いても種子ができず，種を蒔く意味がない。したがって，F_1 が雄性不稔ではないことが必要になる。つまり，花粉親であるB系統としては(ア)の $rr-N$ は使えない（図2）（(3)の答）。また，(ウ)や(エ)の，Rr をもつB系統を花粉親にすると，F_1 の半数は $Rr-S$，半数は $rr-S$ となり，$rr-S$ は雄性不稔である（図3）。半数の株に花粉ができないようでは受精率が下がり，収穫できる

図2　F_1 種子を蒔いても種子が得られない場合

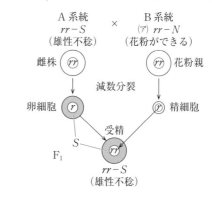

図3　F_1 種子を蒔くと半数の株が雄性不稔になる場合

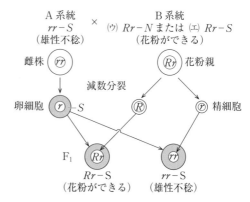

種子の量が少なくなる可能性が高く、これも使えない。B系統の核内遺伝子は RR であることが必要である（図4）。そして、核内遺伝子が RR であれば花粉は形成されるため、B系統は(オ)、(カ)のどちらでもよい（(5)、(6)の答）。これらを花粉親に用いた場合、ミトコンドリア DNA には(1)と同様に S があるが、核内遺伝子は Rr なので、すべて稔性である（(4)の答）。

図4　F_1 ハイブリッドの全個体に花粉ができる場合

A系統　　　　　　　　　　　　B系統
$rr-S$　　×　　(オ) $RR-N$ または (カ) $RR-S$
（雄性不稔）　　　　　　（花粉ができる）

雌株 (rr)　　　　　　　　　　　　　(RR) 花粉親

減数分裂

卵細胞 (r)　　　　　　　　　　　　　(R) 精細胞

受精
S
F_1　　　　(Rr)

（花粉ができ、F_2 を収穫できる）

F_1 の株につく種子＝F_2 を食用とする場合、
この交配を行う

　なお、トウモロコシのピーターコーンという品種で黄色い種子と白い種子が約3：1の比で混じっているのを見たことがある人は多いだろう。トウモロコシの種子の色は胚乳（$3n$）の色が現れたものであり、その遺伝子型は黄色遺伝子を A、白色遺伝子を a として、式 $(AA + aa)(A + a)$ の展開によって生じたものである。表現型のみに注目すれば、A があるかどうかで決まるため、[A]：[a] = 3:1 になる。F_1 ハイブリッド種子を蒔いた株についたトウモロコシの種子は F_2 であるため、メンデルの分離の法則に従い、種子はこの分離比になる。

問4　(1)　核内遺伝子に関して、$2n$ の親株の表現型で花粉ができるかどうかが決まる胞子体型と異なり、配偶体型では n の花粉自身の遺伝子型によって花粉ができるかどうかが決まる。半不稔とは、半分の花粉が成熟しないということであるから、核の遺伝子型はヘテロ Rr と考えられる。そして、核内遺伝子 r をもつ花粉は成熟しないのであるから、ミトコンドリア DNA には S があると考えられる。

　(2)　$Rr-S$ の自家受精であるから、ミトコンドリア DNA に S がある。花粉については核内遺伝子が r の花粉は成熟しないため、受精するのは R をもつ花粉だけである。他方、R をもつか r をもつかは、卵

図5　半不稔個体の自家受精

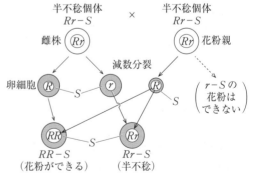

半不稔個体　　　　　　　　　半不稔個体
$Rr-S$　　×　　$Rr-S$

雌株 (Rr)　　　　　　　　　　(Rr) 花粉親

減数分裂

卵細胞 (R)　(r)　　　(R)　　　　$r-S$ の
　　　　S　　　　　S　　　　花粉は
　　　　　　　　　　　　　　　できない

(RR)　　　　(Rr)
S
$RR-S$　　　$Rr-S$
（花粉ができる）（半不稔）

56

形成には影響を与えないため，卵の核内遺伝子には R または r の両方が考えられる。したがって，卵（R または r）と花粉の R の組み合わせになり，この交配で得られる個体の核内遺伝子には RR と Rr の2通りの可能性がある（図5）。

　ミトコンドリアは元は好気性細菌であったという共生説に基づいて考えると，雄性不稔という現象は，共生した細菌が宿主細胞の生殖を阻害している現象とみることができる。細胞内に入り込んだミトコンドリアが，宿主の増殖をコントロールしているわけであるが，似た現象は動物でも発見されている。ショウジョウバエの場合，将来生殖細胞になるはずの極細胞の異常により生殖細胞ができないという現象が知られており，この現象にもミトコンドリア DNA が関係していると考えられている。

34

問1　(1)　ペクチナーゼ　　(2)　海綿状組織　　(3)　柵状組織　　(4)　セルラーゼ
　　　(5)　プロトプラスト
問2　原形質分離を起こさせるとセルラーゼが細胞壁の内側に入り，細胞壁を内外から分解できるから。(44字)
問3　オーキシン，サイトカイニン
問4　系統Ⅰ同士が融合した細胞，系統Ⅱ同士が融合した細胞
問5　(1)　$\dfrac{9}{16}$　　(2)　$\dfrac{1}{9}$　　(3)　(a)　$\dfrac{4}{9}$　　(b)　$\dfrac{1}{2}$

解説

植物の組織培養に関する基礎知識を問うとともに，融合細胞の遺伝に関して問う問題。

問1　(1)～(3)　植物の細胞壁には主成分のセルロースの他にペクチンが多く含まれ，ペクチンは細胞壁同士を接着させる糊のような作用をしている。そのため，ペクチン分解酵素（ペクチナーゼ）で植物組織を処理すると，バラバラの細胞（遊離細胞）が得られる。葉の同化組織には葉の表面近くの柵状組織とその下の海綿状組織があり，海綿状組織は細胞間隙が発達しており，細胞間の接着面は狭い。そのため，裏面表皮をはがしてペクチナーゼで処理すると，比較的短時間で海綿状組織の細胞が遊離してくる。他方，柵状組織は細胞間隙が乏しく，接着面が広いため，ペクチンが分解されて遊離細胞が得られるまでに，かなりの時間を要する。

(4), (5)　細胞壁の主成分はセルロースであるから，セルロースを分解する酵素であるセルラーゼで処理することにより，細胞壁を除去した細胞であるプロトプラスト（原形質体）が得られる。膨圧（細胞膜が細胞壁を押す力）が作用している状態の植物細胞は，細胞壁によって細胞の形が決められているが，細胞壁を失うと，細胞表面全体に

均等に加わる水圧の影響により，通常球形になる。

問2　セルラーゼで処理する際，酵素溶液に無害で膜透過性の低い物質を加え，酵素溶液の浸透圧をやや高く維持しておくべきである。その理由の第一は，細胞壁を失った植物細胞は，赤血球と同様に低張液中では細胞内に水が入り，細胞が破裂する可能性が高いことである。しかし，この点はむしろ前提とされており，等張液よりも浸透圧をやや高くすると短時間で処理が終わる理由が求められている。

　　浸透圧が高い溶液の中では，植物細胞は細胞膜と細胞壁が分離する原形質分離を起こしている。原形質分離を起こした状態では，膨圧が作用しておらず，酵素が全透性の細胞壁を通り，細胞壁の内側にも多く入るため，細胞壁を内側からも分解できる。その結果，プロトプラストを得るまでの時間が短くてすむと考えられる。

問3　植物の上下軸の形成については，幼葉鞘や茎の先端で多く合成されるオーキシンと，根で多く合成されるサイトカイニンが重要な役割を果たしている（サイトカイニンは根以外の部分でも合成されるが，根で特に多く合成される）。オーキシンは根の分化と細胞の成長を促進する一方，サイトカイニンは芽の分化と細胞分裂を促進する。挿し木の発根は茎の先端からのオーキシンによる根の分化の促進作用によるものであり，根だけになった植物から芽が出てくるのは根からのサイトカイニンによる芽の分化の促進作用によるものである。ここで問題にしている組織培養において，一般にオーキシンを多く含む培地では根が分化し，サイトカイニンを多く含む培地では芽が分化するのは，オーキシンとサイトカイニンのこのような作用が関係している。

問4　一部 10,000 ルクスの光条件でも成長を続けられるコロニーが生じたことは，系統Ⅰと系統Ⅱに異なる遺伝的欠損が存在し，両者の融合により，互いの欠損を補い合うことができるようになったためと考えられる。系統Ⅰは遺伝子 A に対する欠損遺伝子 a をもち，系統Ⅱは遺伝子 B に対する欠損遺伝子 b をもつとすると，花粉由来の半数体 (n) の細胞である遺伝子型 aB の細胞と Ab の細胞の融合により，遺伝子型 $AaBb$，すなわち表現型［AB］の細胞が得られたのである。

　　しかし，プロトプラストはランダムに融合するため，系統Ⅰの細胞同士，系統Ⅱの細胞同士も融合する。これらの遺伝子型は $aaBB$ または $AAbb$ であり，同系統の細胞なので，融合しても互いの欠損遺伝子を補い合うことができず，強光条件ではコロニーが成長しない。

問5　独立遺伝なので，$AaBb \times AaBb$ の遺伝子型とその比をすべて出して，その中から題意に当てはまるものを探すやり方でも，それほど面倒な計算にはならない。その方法で全く問題はないが，ここでは式の係数に注目し，式を展開せずに答えを出す方法を紹介しておく。

⑴　$AaBb$ 同士の交配結果である。$A(a)$ と $B(b)$ は独立であるから，この交配結果の遺

伝子型とその比は $(AA + 2Aa + aa)(BB + 2Bb + bb)$ …①で与えられる。①の展開結果のうち，[AB] は $(AA + 2Aa)(BB + 2Bb)$ …②であり，式①と②の係数の合計に注目すると，①の中の②の割合は下の式のように求められる。

$$\frac{(1 + 2) \times (1 + 2)}{(1 + 2 + 1) \times (1 + 2 + 1)} = \frac{9}{16}$$

(2) ②のうち，$aaBB$，$AAbb$ のどちらと交配しても [AB] になる個体とは，両方の優性形質に関してヘテロ接合体（Aa や Bb）ではなく，優性ホモ $AABB$ の個体である。②を展開した分離比合計 $(1 + 2) \times (1 + 2)$ の中の $AABB$ の分離比 (1×1) の割合であるから，(1)と同様，次式のように求めることもできる。

$$\frac{1 \times 1}{(1 + 2) \times (1 + 2)} = \frac{1}{9}$$

(3) (a) 系統Ⅰ，Ⅱの植物はともに一方の遺伝子のみが優性ホモの $aaBB$ と $AAbb$ である。$AABb \times aaBB$ の交配では，すべての個体が [AB] になるが，$AABb \times AAbb$ の交配では [Ab] の個体も生じる。$AaBB \times AAbb$ の交配では，すべての個体が [AB] になるが，$AaBB \times aaBB$ の交配では [aB] の個体も生じる。つまり，題意に適するのは優性形質に関して一方のみがヘテロ接合体である $AABb$ と $AaBB$ の個体である。②の分離比合計 $(1 + 2) \times (1 + 2)$ の中の $AABb$ と $AaBB$ の分離比合計 $(1 \times 2 + 2 \times 1)$ の割合であるから，(2)と同様，次式で求めることもできる。

$$\frac{1 \times 2 + 2 \times 1}{(1 + 2) \times (1 + 2)} = \frac{4}{9}$$

(b) $AABb \times AAbb$，$AaBB \times aaBB$ では，一方の対立遺伝子については優性ホモ同士であり，前者の交配ではすべて [A]，後者の交配ではすべて [B] になる。他方，前者の交配は $Bb \times bb$，後者の交配は $Aa \times aa$ なので，F_1 の検定交雑と同様，確率 $\frac{1}{2}$ ずつで優性と劣性の表現型の個体が生じる。

35

(1) $[AB] : [Ab] : [aB] : [ab] = 25 : 5 : 5 : 1$

(2) $[AB] : [Ab] : [aB] : [ab] = 1225 : 35 : 35 : 1$

解説

四倍体の遺伝の場合，相同染色体が4本存在するため，同一の対立遺伝子に関してどういう染色体の組み合わせの配偶子になるかを考える必要があり，他の遺伝の問題とは扱い方が異なる。その意味で，一度解いた経験がないと答えにくい問題である。

(1) 2対の対立遺伝子は独立であるから，1対のみで考え，後でまとめることにする。コルヒチン処理によって倍化した2つの遺伝子をA_1A_2のように区別して表現すると，四倍体$A_1A_2a_1a_2$の減数分裂によって生じる配偶子の組み合わせは下記のとおり。

$AA：A_1A_2$（1通り），$Aa：A_1a_1,\ A_1a_2,\ A_2a_1,\ A_2a_2$（4通り）

$aa：a_1a_2$（1通り）

これらの6通りの場合はすべて同様に確からしい。$B(b)$についても同様である。したがって，四倍体$AAaaBBbb$のつくる配偶子とその比は，次の式で与えられる。

$$(AA + 4Aa + aa)(BB + 4Bb + bb) \qquad \cdots ①$$

　他方，二重劣性個体のつくる配偶子はabのみであり，この交配は検定交雑とみなせるため，①の展開で得られる配偶子比は，そのままこの交配結果の表現型の分離比となる。Aが1つでもあれば表現型[A]になるため，配偶子AA，Aaを受け取った個体はともに[A]となる。したがって求める交配結果は下記のとおり。

$$(5[A] + [a])(5[B] + [b]) = 25[AB] + 5[Ab] + 5[aB] + [ab]$$

(2) $AAaaBBbb \times AAaaBBbb$の交配結果であるが，それぞれの個体のつくる配偶子をAの有無によって[A]と[a]のように書くと，(1)と同様，$(5[A] + [a])(5[B] + [b])$となる。したがって，次世代は下記のとおり。[A]の配偶子と[a]の配偶子の組み合わせは[A]になる点に注意。

$$(5[A] + [a])(5[B] + [b]) \times (5[A] + [a])(5[B] + [b])$$
$$= (5[A] + [a])^2 \times (5[B] + [b])^2$$
$$= (35[A] + [a])(35[B] + [b])$$

36

問1　(1)　形質転換　　(2)　エイブリー

問2　(1)　薬剤A抵抗性遺伝子と薬剤B抵抗性遺伝子はDNA分子上のかなり離れた位置に存在するため，これらの遺伝子が同時に組み換えられた例はなかった。

　　　(2)　薬剤C抵抗性遺伝子とD抵抗性遺伝子は，A抵抗性遺伝子の近くに存在するため，A抵抗性遺伝子に伴って組み換えられた例が多かった。

　　　(3)

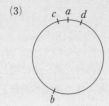

（bは他の遺伝子からかなり離れて描けばよく，

$c-a-d$の順序は$d-a-c$でもよい）

問1　エイブリーは肺炎双球菌の形質転換の原因因子がDNAであることを示し，遺伝子の本体の研究において大きな業績を残した。

問2　(1)　薬剤A抵抗性ということは，野生株の遺伝子とDNA断片の間の組換えの結果，DNA断片中の薬剤A抵抗性遺伝子が野生株のDNAの中に入り，抵抗性のない野生型遺伝子と組み換えられたということである。問題文に，取り込まれたDNA断片の中に極端に長いものはないことが説明されている。つまり，薬剤A抵抗性遺伝子と薬剤B抵抗性遺伝子の遺伝子座が大きく離れていれば，それらが同時に組み換えられる可能性はないと考えられる。

(2)　(1)とは逆に，薬剤A抵抗性遺伝子の近くに存在する遺伝子であれば，薬剤A抵抗性遺伝子と一緒に組み換えられる可能性が高くなる。

(3)　遺伝子 a, c, d については，まず，2つずつの薬剤添加条件でのコロニーの数に注目する。a と c, a と d が伴って組み換えられた数がかなり多いのに対し，c と d がともに組み換えられたコロニーの数はその3分の1以下である。DNA分子中でどの位置でも均等に組換えが起こりやすいとは言えないため，同時に組み換えられた株の数と，遺伝子の間の近さが完全に比例する（遺伝子の間の距離が完全に反比例する）とは言えない。しかし，c と d はやや遠いため，伴って組み換えられた数は少なかったと考えられる。したがって，これら3つの遺伝子の位置関係として，c, d が最も離れており，c と d の間に a が存在すると推定される。この位置関係から考えて，薬剤CとDを加えた培地でできたコロニーは，遺伝子 c, d に加えて遺伝子 a ももつ可能性が高く，薬剤A，C，Dを加えた培地でも生育すると考えられる。

37

問1	$200p$（%）	問2	(1)	$AAbb$	(2)	$AaBB$

問3　純系である　遺伝子型：$AAbb$　　問4　$AABb : AaBb = 1 : 1$

問5　長尾・黒毛：p　　長尾・白毛：$0.5 - p$
　　　短尾・黒毛：$0.5 - p$　　短尾・白毛：p

問6　長尾・黒毛：$\dfrac{2p}{3}$　　長尾・白毛：$\dfrac{1-2p}{3}$　　短尾・黒毛：$\dfrac{1}{3}$　　短尾・白毛：$\dfrac{1}{3}$

問1　$A(a)$ と $B(b)$ が連鎖の関係にあることは下線部(a)で説明されているが，どういう組み合わせで相同染色体に乗っているかが問題である。この実験では，遺伝子 A 欠失 (a) は黒毛 (B) のES細胞に由来し，白毛 (b) はすべて遺伝子 A 正常 (A) であるから，a と B，

A と b が同一染色体上に存在すると考えられる。ただし、この問題では「この割合を元に」とされているため、一般的に考えると、次のようになる。

　文字 p の他に文字 q も設定すると、$AaBb$ のつくる4種類の配偶子とその割合は、$AB:p$, $Ab:q$, $aB:q$, $ab:p$ の形になる。配偶子全体の割合 1 $(2p + 2q = 1)$ に対し、独立遺伝であれば $p = q = 0.25$ であり、文中で与えられている $0 < p < 0.25$ という条件は、配偶子 AB と ab は配偶子 Ab と aB より少ないことを意味する。つまり、AB と ab が組換えが起こった配偶子である。組換え価（%）とは、全配偶子中、組換えを起こした配偶子の割合のことであるから、組換え価（%）は下記のように求められる。

$$(p + p) \times 100 = 200p \ (\%)$$

　組換え価（%）は p の何倍になるかを求めればよいため、このように一般化した形で考えなくても、答えは出る。「組換え価20%であれば、$AB - Ab - aB - ab$ の配偶子の割合は $0.1 - 0.4 - 0.4 - 0.1$ になる。20%と 0.1 に注目すると、p を200倍したものが組換え価だな」という感じで、具体的な数字を当てはめてみるのが賢いやり方ではある。

問2　題意より、受精卵は遺伝子 A と白色遺伝子 b がホモ接合の $AAbb$ であり、ES細胞は遺伝子 A の一方が欠失している黒色純系の $AaBB$ である。始原生殖細胞は減数分裂前の細胞であり、体細胞と同じ染色体・遺伝子構成なので、これらがそのまま答えとなる。

問3　第0世代の雄マウスの精巣内には、2種類の始原生殖細胞（受精卵と同じ $AAbb$ と、ES細胞と同じ $AaBB$）に由来する生殖細胞が存在する。そして、下線部(b)の交配に用いた雌マウスの遺伝子型は受精卵と同じ $AAbb$ である。白毛マウスは [b] = bb をもち、白毛遺伝子 b は受精卵由来の細胞に存在するが、純系の黒マウスに由来するES細胞には b は存在せず、BB が存在する。したがって、ES細胞に由来する生殖細胞を受け継いだマウスが白毛になることはない。つまり、第1世代の白毛マウスは $AAbb \times AAbb$ の結果と考えられ、純系同士の交配による $AAbb$ である。

問4　第1世代の黒毛マウスは [B] なので、ES細胞からの遺伝子 B を受け継いでいる。雄 $AaBB \times$ 雌 $AAbb$ の交配結果と同じとみなすことができ、次世代の遺伝子型とその比は $(A + a)B \times Ab$ より、$AABb : AaBb = 1 : 1$ となる。雄は BB をもち、雌はホモ接合体であるから、どちらについても連鎖・組換えを意識する必要はなく、$A(a)$ に関する一遺伝子雑種と同様に計算できる。

問5　第1世代の短尾・黒毛 = Aa[B] とは、問4の黒毛マウスのうち、ES細胞に由来する精子 aB と、白毛の雌マウスの卵 Ab の組み合わせで得られた $AaBb$ のことである。そして、第1世代に交配させる純系の長尾・白毛雌の遺伝子型は $AAbb$ である。したがって、以下の交配結果となる。

第 1 世代の短尾・黒毛×純系の長尾・白毛

$$AaBb(Ab / aB) \qquad \times \qquad AAbb$$

$$\downarrow \longleftarrow \text{------------ 減数分裂 -------------} \longrightarrow \downarrow$$

配偶子 $\qquad (pAB + qAb + qaB + pab) \qquad\qquad Ab$

交配結果 $\quad pAABb \quad + \quad qAAbb \quad + \quad qAaBb \quad + \quad pAabb$

$\qquad\qquad$（長尾・黒毛）$\quad$（長尾・白毛）$\quad$（短尾・黒毛）$\quad$（短尾・白毛）

上の交配結果は，合計を 1 としたときの各表現型の割合である。しかし，q は問 1 を考える際に設定した記号であり，出題者が用いた記号ではないため，$2p + 2q = 1$ より $q = 0.5 - p$ とし，表現型は，括弧内に示した具体的特徴で答える。

問 6　問 5 の交配結果のうち，短尾・白毛 = $Aabb$ は配偶子 $ab \times Ab$ で生じた個体であり，短尾・黒毛 = $AaBb$ は，配偶子 $aB \times Ab$ で生じた個体である。特に $AaBb$ の連鎖関係に注意し，以下の交配を実行すればよい。

第 2 世代の短尾・白毛×第 2 世代の短尾・黒毛

$$Aabb \qquad\qquad \times \qquad\qquad AaBb(aB / Ab)$$

$$\downarrow \longleftarrow \text{------------- 減数分裂 --------------} \longrightarrow \downarrow$$

配偶子 $\qquad (0.5Ab + 0.5ab) \qquad\qquad (\underline{pAB + qAb} + \underline{\underline{qaB + pab}})$

配偶子をかけ合わせて遺伝子型とその比を求める計算の際，aa をもつ個体はすべて死亡するため，$AaBb$ の配偶子を $A(a)$ に注目し，2 つずつ（上の下線——と＝＝）にまとめるべきである。言い換えると，$0.5ab \times (qaB + pab)$ は最初から計算する必要がない。その点まで意識すると，次世代は次のようになる（意識せずに計算し，後から消しても大きな差はない）。

$$0.5Ab \times (\underline{pAB + qAb}) + 0.5Ab \times (\underline{\underline{qaB + pab}}) + 0.5ab \times (\underline{pAB + qAb})$$

$$= \underline{0.5pAABb} + \underline{0.5qAAbb} + \underline{0.5qAaBb} + \underline{0.5pAabb} + \underline{0.5pAaBb} + \underline{0.5qAabb}$$

$=$	$0.5pAABb$	$0.5qAAbb$	$0.5(p+q)AaBb$	$0.5(p+q)Aabb$
	（長尾・黒毛） :	（長尾・白毛） :	（短尾・黒毛） :	（短尾・白毛）
$=$	$0.5p$:	$0.5q$:	$0.5(p+q)$:	$0.5(p+q)$
$=$	$0.5p$:	$0.5(0.5-p)$:	0.25 :	0.25

$$(\because \quad q = 0.5 - p)$$

$Aa \times Aa$ なので，合計 0.25 の割合で存在する $0.5ab \times (qaB + pab)$ の個体が死亡し，上の比は，合計 0.75 になっている。生き残った個体に対する割合にするには，すべて

の数値に$\frac{1}{0.75} = \frac{4}{3}$をかけて合計を1にする。それが答えとなる。

　この問題を解く上での解説は以上であるが，この実験の背景と，計算結果について若干説明しておく。

　まず，特定の遺伝子をノックアウトする理由としては，遺伝子欠損による個体の変化を通じ，遺伝子の機能を解明するという一般的な目的以外に，遺伝病の原因究明という目的が考えられる。ある種の遺伝病の原因として，特定の遺伝子の欠損が疑われた場合，マウスにおいて，その遺伝子をノックアウトした個体を作ってみる。その結果マウスにその遺伝病患者と同じ症状が現れれば，その遺伝子の欠損が遺伝病の原因である可能性がきわめて高くなる。

　次に，正常マウス胚を白毛，遺伝子ノックアウトマウスのES細胞を優性遺伝子をもつ黒毛個体由来にしたのは，遺伝子ノックアウトマウスの細胞を受け継いだ個体と，受け継いでいない個体を，毛色によって識別するためである。第0世代の作出の際，毛色に関してホモ接合体のマウスを用いているため，第1世代マウスの中からES細胞に由来する生殖細胞を受け継いだマウスを選び出すという意味では，毛色の遺伝子と遺伝子Aは独立でも，連鎖でもどちらでもよい。

　問5，問6のように，第2世代以降も毛色を手掛かり（マーカー）として用いるのであれば，毛色の遺伝子とノックアウトした遺伝子の位置は，ごく近く，完全連鎖に近い関係になるのが好ましい。つまり，この問題でのpの値は限りなく0に近いことが望ましい。ただし，この問題ではA遺伝子が1つ欠損した個体には短尾という明瞭な特徴があるため，選別のためのマーカーは必要なく，黒毛の細胞を使う必要はなかったという面もある。

　これらの背景を踏まえ，問6の計算結果の意味について考えてみることにする。

　問6の結果である「長尾・黒毛：長尾・白毛：短尾・黒毛：短尾・白毛$= \frac{2p}{3}$：$\frac{1-2p}{3}$：$\frac{1}{3}$：$\frac{1}{3}$を，黒毛と白毛に分けてみると，黒毛は長尾：短尾$= \frac{2p}{3}$：$\frac{1}{3} = 2p$：1，白毛は長尾：短尾$= \frac{1-2p}{3}$：$\frac{1}{3} = 1-2p$：1であり，pは0に近いとすると，黒毛のほとんどは短尾である。乗換えがなく，$p = 0$であれば，黒毛はすべて短尾である。遺伝子ノックアウト個体を選ぶために黒毛を選ぶのが有効であることが，数値に示されている。

38

問1　16通り

問2　雌：P_7 と Q_{10}，P_{10} と Q_6　　雄：P_6 と Q_5，P_8 と Q_7

問3　(1) 雌　　(2) 雌

解説

　ゲノム DNA の中には，遺伝子として機能していない部分が非常に多く存在する。ここで例として取り上げた CA リピート回数などは転写・翻訳されない領域なので，本来遺伝子ではないが，それでも「マイクロサテライト遺伝子」とよばれることがある。

問1　連鎖がなければ P については，雌は P_7 または P_{10} のどちらかの2通り，そのそれぞれについて雄は P_6 または P_8 のどちらかという4通りの組み合わせが生じる。Q についても同様であり，P の4通りのそれぞれについて，Q の4通りの可能性がある。したがって合計16通りの可能性が考えられる。下記の式の展開結果が同確率で生まれるということである。

$$(P_7 + P_{10})(Q_6 + Q_{10}) \times (P_6 + P_8)(Q_5 + Q_7)$$
$$= (P_7 + P_{10})(P_6 + P_8)(Q_6 + Q_{10})(Q_5 + Q_7)$$

問2　表の結果は問1の推理とは全く一致せず，4通りが極端に多く，その他の組み合わせは2通りしか出現していない。子の数が少ないために起こったにしては，極端過ぎる数値の偏りである。題意のとおり，数の多い4通りが乗換えが起こらなかった場合であると考えるのが妥当であろう。

問3　(1)　雄に由来する P_6Q_5 は問2の答えの組み合わせどおり存在するが，雌の P_7Q_6 は問2の答えの雌の組み合わせとは異なる。

　　(2)　雄に由来する P_8Q_7 は問2の答えの組み合わせどおり存在するが，雌の P_7Q_6 は問2の答えの雌の組み合わせとは異なる。

39

問1　81 通り

問2　さやは子房壁，種皮は胚珠の珠皮に由来するため，F$_1$ の遺伝子型により，優性形質のみが現れる。他方，種子の形や子葉の色は F$_2$ の遺伝子型によって決定されるため，優性形質を発現する種子と，劣性形質を発現する種子が現れる。(104字)

問3　$\dfrac{9}{16}$

問4　(1)　$2n = 14$

　　　(2)

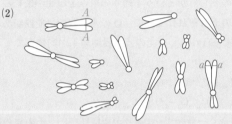

(A と a は逆でもよい)

問5　遺伝子型 rr の胚では酵素Sの活性がないためにデンプン合成量が少なく，胚のスクロース濃度が高い。その結果，遺伝子 R をもつ種子よりも細胞の浸透圧が高く，成熟前の種子は周囲からの吸水により膨張している。このような種子は成熟時の乾燥に伴い，多くの水が失われて収縮するため，種子にしわが現れる。

(142字)

解説

メンデルの遺伝法則と減数分裂・染色体の関係，植物の生殖，優性の法則が成立する原因など，幅広い分野の基本を問う問題である。

問1　ヘテロ接合体の自家受精なので，1 対の対立遺伝子に関する遺伝子型とその比は，$(A + a)(A + a) = AA + 2Aa + aa$ で表現され，遺伝子型は AA, Aa, aa の 3 通りである。4 対の対立遺伝子は互いに独立なので，4 対のすべてについてヘテロ接合の個体の自家受精を行った F$_2$ では，すべての対立遺伝子について 3 通りの遺伝子型の組み合わせが出現する。したがって，$3 \times 3 \times 3 \times 3 = 81$（通り）。

　　ただし，問2，問3でこの点が問題となるが，さやと種皮の遺伝子型は，この種子をまいた後の株につくさや，さやの中の種皮の色として発現し，この種子で発現する形質ではない。ここでは胚で発現するかに関係なく，胚における遺伝子型が問われているため，この点に注意する必要はない。

なお，ここではすべての対立遺伝子が互いに独立であるとされているが，仮に2対の対立遺伝子 $A(a)$ と $B(b)$ が完全連鎖の関係にあるとしたら，これら2対の遺伝子は1つのまとまった遺伝子のように振る舞うため，$A(a)B(b)$ については $3 \times 3 = 9$ 通りでなく，3通りになる。具体的には，配偶子が AB と ab の場合は $(AB + ab)^2$ より，$AABB : AaBb : aabb = 1 : 2 : 1$ の比，配偶子が Ab と aB だけの場合は $(Ab + aB)^2$ より，$AAbb : AaBb : aaBB = 1 : 2 : 1$ の比の遺伝子型になる。不完全連鎖の場合は，各遺伝子型の割合は独立の場合と違ったものになるが，出現する可能性のある遺伝子型の種類数は独立の場合と同じになる。

問2　被子植物の場合，胚珠の中の卵細胞と中央細胞がそれぞれ精細胞と受精する重複受精により，胚と胚乳ができる。エンドウの種子は胚乳の栄養分が子葉に移動している無胚乳種子であるから，成熟した種子に胚乳は存在しない。種皮の内部には受精卵に由来する胚だけが存在する。胚は子葉，幼芽，胚軸，幼根から構成されているが，これらはすべて受精卵の体細胞分裂，細胞分化によって生じたものである。

問3　受精卵には，各対立遺伝子について3通りの遺伝子型があり，1つ1つの胚は別々の受精によって生じるため，種子の形や子葉の色に関しては，1つ1つの種子がどの遺伝子型になるかは全くの偶然である。したがって，1つの株にできた種子でも，1対の対立形質については確率 $\frac{3}{4}$ で優性形質，確率 $\frac{1}{4}$ で劣性形質が現れる。

　他方，さやは胚珠を取り巻く子房壁が変化したもの，胚を包む種皮は胚珠の珠皮が発達したものであり，これらは母株の体細胞に由来する。母株におけるそれらの遺伝子型はF₁と同じヘテロ接合になっているため，さやや種皮では優性形質だけが現れる。問題文で説明されているように，「F₂種子」と表現されているのは内部がF₂ということを意味し，さやや種皮の形質はF₁の遺伝子型によって決定されている。したがって，すべての形質について優性形質の確率は，$1 \times 1 \times \frac{3}{4} \times \frac{3}{4} = \frac{9}{16}$

問4　(1)　図1，図2とも，染色体が2つずつの姉妹染色分体から構成されている。各染色分体の中には，S期に複製されたDNA分子が1分子ずつ入っている。そして，図2（図1よりも全体にやや縮小して表現している）では，ほぼ同型同大とみなせる染色体が2本ずつ7組存在する。7本1セットがゲノムを構成する染色体数 n であり，それが2組あるということなので，$2n = 14$ である。なお，各染色体が2本ずつの染色分体から構成されているため，細胞内に存在する染色体DNAの分子数としては28である。

(2)　図1と同じ形の染色体は，図2の左上と右下に描かれている。ヘテロ接合体ということは，相同染色体の一方に A，他方に a が存在するということである。1つの染色

体を構成する1対の姉妹染色分体には，全く同じ塩基配列のDNAが1分子ずつ含まれているため，ともにAまたはともにaのどちらかである。解答例では左上の染色体にA，右下の染色体にaが記入してあるが，もちろん，左上がa，右下がAでも正解。

問5　デンプン（$C_6H_{10}O_5)_n$は師管を通じて運ばれてきたスクロース（$C_{12}H_{22}O_{11}$）から合成される。表1を見ると，丸い種子はしわのある種子と比較してデンプン含量が多く，スクロース含量が少ない。丸い種子には酵素Sがあるためにスクロースからデンプンを合成する速度が大きく，しわのある種子では酵素Sがないためにデンプン合成速度が小さいと考えられる。

それ以外の項目に注目する。まず，胚の生体重量に占める乾燥重量の割合が，しわのある種子では小さい。生体重量（生重量，湿重量）＝乾燥重量＋含水量であるから，しわのある種子は，多くの水を含むということである。また，子葉の細胞は面積が大きい。「面積」とされているが，体積もしわのある種子の子葉の細胞の方が大きいと考えられる。つまり，しわのある種子の子葉の細胞は，成熟前の段階では水を吸って大きく膨れている。

この原因としては，丸い種子としわのある種子の細胞の浸透圧の違いが考えられる。デンプンは高分子でほとんど水に溶けないため，デンプン含量が多くても，浸透圧は上昇しない。しかし，スクロースは分子量342で水によく溶ける。スクロースを多く含むということは細胞の浸透圧が高いということである。

しわのある種子の細胞は浸透圧が高いために吸水力が高く，周囲から水が入って膨張した状態で成長する。その後種子が脱水・乾燥する際，吸水・膨張していたために多くの水が失われる。多くの水が出て縮むことが，種子にしわができる原因である。

なお，デンプン合成に関与する酵素はS以外にも存在すると考えられる。そのため，酵素Sの活性が失われても，デンプン合成は全く起こらなくなったのではなく，やや合成速度が低下しただけで済んだのである。

40

問1　ア－ヒストン　　イ－ヌクレオソーム　　ウ－23
問2　（a）ミトコンドリアゲノム　　（b）葉緑体ゲノム
問3　$1.5(\mu m)$
問4　$5.8 \times 10^{-3}(\mu m)$

解説

DNAの情報はRNAへと転写され，mRNA（伝令RNA）の塩基配列は遺伝暗号に基づいてタンパク質のアミノ酸配列へと翻訳される。合成されたタンパク質や，酵素タンパク

質の触媒作用によって合成されたタンパク質以外の物質の特徴に基づき，生物のさまざまな形質が発現する。

　メンデル，サットン，モーガンらが研究した遺伝子は「点」と表現されることもあるが，実際は，DNA分子の中の一定の長さの「線分」である。「一定の長さ」とは具体的にどの程度の長さで，DNA分子の中に，どの程度の間隔で分布しているか。そういったことを確認する問題である。なお，ヒトの遺伝子数については，ここでは文中の（約）2万という数字を用いたが，まだ完全には確定していない。最近は2万1千〜2万2千の間とされており，その値を用いると，問3，問4の値は若干小さくなる。

問1，2　ヒト，ショウジョウバエ，シロイヌナズナなどの真核生物の染色体DNAは，大腸菌などの原核生物，ミトコンドリアや葉緑体，プラスミドなどのDNAと異なり，ヒストンと結合したヌクレオソームを形成している。原核生物，ミトコンドリアや葉緑体，プラスミドなどのDNAは環状で，DNA分子が単独で存在している。

　　ゲノムはある生物をつくるのに必要な1セットの遺伝子を含み，動物の場合，厳密には2セットの核ゲノムの他にミトコンドリアゲノム，植物ではさらに葉緑体ゲノムを含む。問題30などで扱ったように，ミトコンドリアや葉緑体のDNAの中に遺伝子構成の異なる複数のものが含まれている可能性はあるが，通常すべて同じとみなし，ミトコンドリアゲノム，葉緑体ゲノムは1セットと表現する。

　　核ゲノムは通常複数の染色体からなり，各染色体は1分子の直鎖状DNA分子を含む。染色体数は生物の種によって異なるが，ヒトは$2n = 46$，ショウジョウバエは$2n = 8$であること程度は，常識として知っておきたい。その他に近年，「常識」とみなされることが多くなった知識に，ヒトの遺伝子数が約2万であること，ヒトゲノムの二本鎖DNAの全長が約1mであることなどがある。ヒトの体細胞には，ゲノム2セットを含む46本，合計2mの長さの核DNAが存在するわけである。

問3　このような問題の場合，一度に答えを出そうとすると間違えやすい。順を追い，比例関係を活用しながら答えるのが得策である。

　　遺伝子となるDNA領域は染色体DNAの3%なので，その塩基対の数は下記。

　　　$(3 \times 10^9) \times (3 \times 10^{-2}) = 9 \times 10^7$（塩基対）　　　…①

　　①は遺伝子2万個の長さの合計であるから，遺伝子1個に対応する塩基対の数は下記。

　　　（①の値）$\div (2 \times 10^4) = 4.5 \times 10^3$（塩基対）　　　…②

　　他方，10塩基対は$3.4 \times 10^{-3} \mu m$の長さを占めるため，求める長さを$x (\mu m)$とおくと，下記の比例式が成立する。

　　　$10 : 3.4 \times 10^{-3} = $（②の値）$: x$　　この式より，$x = 1.53 \rightarrow 1.5 (\mu m)$（答）

　　この長さが，メンデルが点とみなした遺伝子の，DNA分子上の長さである。DNAを伸ばした状態の染色体DNAの長さの合計である約1mの中での長さであるが，案外

長いと感じたのではあるまいか。

問4　問3で求めたのは，引き伸ばしたDNA分子中の長さであるが，今度は凝縮した分裂期の染色体における遺伝子の間隔が問われている。

ヒトゲノムは23本の染色体からなるため，ゲノム当たりの分裂期染色体の全長は下記。

$$5.0 \times 23 = 115 \,(\mu m) \qquad \cdots ①$$

①の長さの中に遺伝子が約2万個存在するため，染色体上における遺伝子間の平均距離は下記のように求められる。

$$115 \div (2 \times 10^4) = 57.5 \times 10^{-4} \to 5.8 \times 10^{-3} \,(\mu m)$$

隣接する遺伝子間に組換えが起こっていたとすると，それはこの距離の中で染色体の乗換えが起こったということである。この数字は，問3で求めたものとは逆に，非常に小さいと感じたのではあるまいか。このように数字の印象が大きく異なるのは，分裂期の染色体が強く凝縮しているためである。

41

問1　ア－SNP　　イ－プロモーター　　ウ－フレームシフト
　　　エ－RNA干渉（RNAi）　　オ－2　　カ－ダイサー　　キ－1

問2　(1)　生体内ではRNAプライマー，PCR法ではDNAプライマーが用いられる。
　　　(2)　高温の温泉に生息する耐熱性の古細菌などがもつ，熱によって変性しにくい酵素。
　　　(3)　(a)　DNAの二本鎖を分離し，一本鎖にする。
　　　　　　(b)　複製起点となるプライマーを，増幅したい領域の両端に結合させる。
　　　　　　(c)　DNAポリメラーゼによる複製反応を行わせる。

問3　正常な両親1と2の間から発症する女子3が生まれたことは，両親ともヘテロ接合体で3が劣性ホモ接合体であることを示しており，男子に1本ずつしかない性染色体上でなく，常染色体上に存在する遺伝子である。（97字）

問4　$\dfrac{1}{4}$

問5　(1)　0.7　　(2)　9人

─── 解説 ───────────────────────────

問1のRNA干渉，ダイサーなどはやや難しいが，問2のPCR法の手順や，問4で電気泳動の結果を示すバンドの解釈は，定番中の定番の問題である。遺伝子に関する分子レベルの内容を踏まえ，遺伝計算や集団遺伝の計算につながる流れも，近年の入試問題とし

てはよく見る形である。設問とは関係ないが、まず、問題文の最初に触れられているトランスポゾンについて少し説明しておく。

ヒトゲノムは約30億塩基対からなるが、遺伝子として転写される領域は3%程度であり、特に、エキソンとしてタンパク質のアミノ酸配列の情報をもつなど、意味のある領域に限れば、2%以下である。この割合は、少ないと感じるかも知れないが、根本的にすべてが進化という長い時間の中での偶然の積み重ねの産物であるという意味では、大変高い割合であるとみることもできる。

意味のない領域には、同じ配列が繰り返し出現する反復配列が多く、そのうち特に高い割合を占めるのが、トランスポゾン（転移因子）である。トランスポゾンは、特殊な酵素遺伝子をもち、自らの両端の反復配列を酵素の作用によって切り出してDNAの中から飛び出し、DNA上のさまざまな位置に入り込む。トランスポゾンが意味のある配列の内部に入り込むと、遺伝子の機能を失わせたり、突然変異を引き起こす。遺伝的多様性を生み出す原因となり、進化とも密接な関係があると考えられている。

トランスポゾンの中には、レトロウイルスが起源と考えられるものや、遺伝子組換え技術における遺伝子の運搬役であるベクターとして利用されているものもある。

問1　　ア　：一塩基多型ともよばれ、生存上有利でも不利でもない、進化的に中立な変化が多い。機能的に重要な部位に突然変異が起こった場合、それが生存上不利であれば自然選択によって遺伝子プールから失われるため、多様性は低くなる。有利でも不利でもないために遺伝子プールの中に残っているとも言える。

　　イ　：遺伝子発現の際、RNAポリメラーゼが結合するDNA領域がプロモーターである。原核細胞の場合、通常DNAのオペレーター領域にリプレッサータンパク質が結合していなければ、RNAポリメラーゼは単独でプロモーターに結合でき、転写が開始される。他方、真核細胞の場合、RNAポリメラーゼは単独でプロモーターに結合することはできず、結合のためには基本転写因子の存在が不可欠である。しかも、RNAポリメラーゼの基本転写因子を介したプロモーターへの結合は転写の開始の必要条件に過ぎず、転写の開始には転写調節領域への転写促進因子の結合が必要である。

　　ウ　：塩基の欠失や付加（挿入）の結果、コドンの塩基3個の読み枠がずれる現象がフレームシフトである。文中で説明されているように、フレームシフトが起こるとタンパク質のアミノ酸配列が大きく変化するだけでなく、終止コドンの位置も変化し、ペプチド鎖の長さが変化する。塩基1個の置換が起こっても、終止コドンへの変化以外は、アミノ酸配列が最大1個変化するだけであるから、一般に塩基置換よりも欠失や付加の方が影響が大きい。

　　エ　～　キ　：RNA干渉とは、mRNAの一部と相補的な塩基配列をもつ短いRNA鎖の作用により、遺伝子発現が抑制される現象である。RNA干渉の原因とな

るRNA鎖は1分子で多数のmRNAの機能を抑制することが知られている。その原因は，RNA干渉の原因となる2本鎖RNAが酵素ダイサーによって切断されて短い2本鎖RNAとなり，そのうちの1本のRNA鎖がアルゴノートというタンパク質と複合体を形成することである。この複合体は別々のmRNA分子に結合し，そのmRNA分子を分解する。短い1本鎖RNAは，分解の対象となるmRNA分子を指示するガイドのような役割を果たしているのである。

問2　(1)　DNA合成反応を進めるDNAポリメラーゼは，すでに存在するヌクレオチド鎖の3′端の水酸基と，新たなヌクレオチドの5′端のリン酸基の間に，エステル結合を形成する反応を触媒する酵素である。逆に言うと，その反応しか触媒できないため，DNA合成反応をゼロから始めることはできない。合成の開始にはすでに合成されたヌクレオチド鎖であるプライマーが必要である。生体内ではまずRNAプライマーが合成され，そこを起点としてDNA鎖が伸長する。

　　　生体内のDNA合成の場合，1カ所のRNAプライマーを起点として連続的に進行するリーディング鎖の合成と，多数の短いDNA鎖（岡崎フラグメント）の合成とDNAリガーゼによる岡崎フラグメントの連結が繰り返されるラギング鎖の合成が区別される。岡崎フラグメントの合成の開始には，その都度RNAプライマーが必要となる。RNAプライマーが切断・除去され，プライマーの存在した位置のDNA鎖も合成された後，DNAリガーゼによるDNA鎖の結合反応が起こり，合成反応が完了する。

　　　PCR法は，DNA分子の中の特定の領域だけを大量に合成する方法であり，合成したい領域の両端に結合するプライマーを用いて合成反応を進行させる。合成反応に人工的に合成されたDNAプライマーを利用するため，プライマーの除去反応は起こらず，新しい鎖の中にはプライマーだった領域も含まれている。

(2)　PCR法では温度を上げ下げして自動的に合成反応を行わせるが，常温で生活する生物の酵素を使うと，温度を上げる際に酵素タンパク質が変性し，1サイクルしか使えない。自動化するためには，高温でも変性しない酵素が必要なのである。

　　　高温の温泉に生息する微生物の中には真正細菌に分類されるものもあるが，古細菌（アーキア）に分類されるものが多い。古細菌は，高温，強酸など，苛酷な条件に耐えるものが多く，耐熱性の古細菌の酵素という理解でよい。

(3)　(a)　PCR法の場合，あらかじめ用意した2種類のプライマーを用いて，特定の領域だけで合成反応を行わせる。その前提として，まず，二本鎖DNAを完全に一本鎖に分離する。

　　　(b)　一本鎖に分離したDNAも，緩やかに温度を下げていけば，長い時間の後に，元通りの二本鎖DNAに戻る。しかし，それは目的ではなく，複製したい領域の両端（3′

側）にプライマーを結合させることが目的である。したがって，急速に温度を下げる。

(c) 一本鎖 DNA にプライマーが結合すると，DNA ポリメラーゼによる合成反応が可能になる。DNA ポリメラーゼは，プライマーないしプライマーから伸びたヌクレオチド鎖に新たなヌクレオチドを結合させる反応を繰り返す。鋳型鎖と相補的な塩基をもつヌクレオチドを，プライマーにつないでいくのである。鋳型鎖の $3'$ 側から $5'$ 側へと DNA ポリメラーゼが移動することで，新生鎖は $5'$ 端から $3'$ 端へと合成される。少し温度を上げているのは，酵素の最適温度にするという意味である。

問3 以下，*CFTR* 遺伝子に関する優性遺伝子を A，劣性遺伝子を a と書く。

図1において，正常な両親から疾患を発症している子3が生まれていることから，疾患の原因となる変異遺伝子は正常遺伝子に対して劣性である。3は女子であり，変異遺伝子が X 染色体上の遺伝子であれば父親に劣性形質が発現していない限り女子は劣性ホモにならず，X 染色体上の遺伝子である可能性は否定される。Y 染色体上の遺伝子によって発現するのであれば，父親から男子のみに伝わり，女子には発現せず，この可能性もない。したがって変異遺伝子は常染色体上の劣性遺伝子であり，ともにヘテロ接合体 Aa である1と2の間から劣性ホモ aa の子3が生まれたと考えられる。

問4 図1に関する問3の結果を踏まえて図2を見ると，制限酵素で切断されない900付近のバンドが遺伝子 A，400と500のバンドに切断されるのが遺伝子 a と考えられる。

4 M × 5 F は $Aa × Aa$ であり，劣性ホモ aa の子が誕生する確率は $\dfrac{1}{4}$。

問5 (1) 遺伝子 B, b の遺伝子頻度をそれぞれ p, q（$p + q = 1 \cdots$①）とおくと，ハーディ・ワインベルグの法則より，この集団の遺伝子型とその割合は次式で表現される。

$(pB + qb)^2 = p^2 BB + 2pq Bb + q^2 bb \quad \cdots$②

題意より $2pq = 0.42 \quad \cdots$③　　$p > q \quad \cdots$④

①，③より，p, q は方程式 $t^2 - t + 0.21 = 0$ の2つの解 0.7, 0.3 であり，④より，$p = 0.7$（(1)の答），$q = 0.3$

ここでは二次方程式の解と係数の関係を使う方法を示したが，①より $q = 1 - p$ を③に代入しても大差ない。

(2) (1)で求めた q の値と，②において bb の出現確率が q^2 であり，人数は100人であることから，$100 × 0.09 = 9$（人）が答えとなる。

解答を出すことには関係ないが，*ABCG2* 遺伝子とハーディ・ワインベルグの法則について少し触れておく。

まず100人という数は，集団での遺伝子頻度を論じるにはあまりにも少なく，(1)，(2)で求めた値の信頼性は低い。しかし，*ABCG2* 遺伝子多型が本当にハーディ・ワインベルグの法則に従うとしたら，それ自体興味深い事実である。

いわゆる薬品の投与はごく最近に始まったとはいえ，薬師（くすし）とよばれる人たちによる生薬の投与はかなり古くから行われていた。*ABCG2*遺伝子産物である膜タンパク質は，さまざまな物質の細胞からの排出に関係するため，*ABCG2*遺伝子産物が薬効に影響を与える場合もあったと考えられる。それにもかかわらずハーディ・ワインベルグの法則が成立する，すなわち生存上の優劣に影響を与えないということは，「最近まで，生死に影響するほど効果のある薬剤は投与されていなかった」ということかもしれない。あるいは，効果のある薬剤の投与を受けられる人は，誤差程度しかいなかったということであろうか。

　*ABCG2*遺伝子は，尿酸排出にも関係するため，尿酸蓄積が原因で発症する痛風の原因遺伝子であると考えられている。痛風は通常ある程度高年齢になってから発症するため，痛風の発症の有無は，子孫を残す数に影響を与えなかったと考えられる。

42

問1　真核細胞の mRNA には，1組の開始コドンと終止コドンのみが存在するが，原核細胞の mRNA には，開始コドンと終止コドンが複数組存在する。　（67字）

問2　アロステリック効果（アロステリック阻害）

問3　(2)，(4)

解説

　原核細胞での遺伝子発現の調節機構である，オペロン説に関する基礎的な理解を問う一方，大腸菌の染色体 DNA 上とプラスミド上に存在するオペロンという2組のオペロンをもつという，疑似的な二倍体状態を作り出し，両者の関係を考える問題である。

問1　1つのタンパク質の情報は，開始コドンから翻訳され，終止コドンの1つ手前のコドンまでで翻訳が終了する。開始コドンと終止コドンは，真核細胞の mRNA には1組しかない。それに対して，原核細胞の mRNA には複数組存在し，mRNA 合成の際に，複数の遺伝子が1つのオペロンとしてまとめて調節されている。真核細胞では転写後の未成熟 RNA がスプライシングを経て mRNA として完成することが多いが，原核細胞ではスプライシングが起こらないことも両者の違いである。

問2　問題文で説明されているように，リプレッサーは DNA の塩基配列の一部であるオペレーターに結合できるが，ラクトース由来の物質（アロラクトース）と結合するとオペレーターに結合できなくなる。リプレッサーのオペレーターとの結合部位を酵素の活性部位に相当するものと考えると，アロラクトースが活性部位の立体構造を変化させ，オペレーターとの結合活性を失わせている。アロラクトースの効果は，アロステリック効果（アロステリック阻害）とみることができる。

問3　培地にグルコースは存在しないとされているため，大腸菌のラクトースオペロンの発現は培地でのラクトースの有無のみで決定され，培地にラクトースが存在しない場合は発現せず，ラクトースが存在すると発現する。この状態が，変異型プラスミドの影響によって変化するかが問題である。

(1)　プラスミド由来のリプレッサーは常に不活性であり，オペレーターに結合できないため，オペロンの転写を抑制できない。したがって，ラクトースが存在する場合にオペロンが発現することは変化していない。しかし，大腸菌 DNA 由来のリプレッサーは正常であるから，培地にラクトースが存在しない場合，両方のオペレーターに大腸菌 DNA 由来の正常なリプレッサーが結合し，プラスミドのオペロンも発現しなくなる。プラスミドを導入しても，ラクトースが存在しないときのオペロンは発現しないままであり，変化していない。

　なお，培地にラクトースが存在する場合，大腸菌由来のリプレッサーもアロラクトースと結合したことで，リプレッサーはどちらのオペレーターにも結合できなくなっている。その結果，大腸菌のオペロンだけでなく，プラスミドのオペロンも発現している。そのため，大腸菌細胞内でのオペロンの発現量はプラスミドを組み込む前よりも増加していると考えられる。しかし，問題で問われている「発現の有無」は変化していないため，プラスミドの変異は優性変異ではない。

(2)　大腸菌 DNA 由来のリプレッサーはアロラクトースと結合していなければオペレーターに結合してラクトースオペロンの発現を抑制し，アロラクトースと結合するとオペレーターに結合できなくなり，ラクトースオペロンが発現する。他方，プラスミド由来のリプレッサーは常にアロラクトースと結合しないため，アロラクトースの有無と関係なく，プラスミドおよび大腸菌のオペレーターに結合し，ラクトースオペロンの発現を抑制する。プラスミド由来の変異型リプレッサーの影響により，培地にラクトースが存在する条件でもラクトースオペロンは発現しなくなったのである。プラスミドの遺伝的特徴が現れたわけであり，プラスミドの変異は優性変異である。

(3)　プラスミドのプロモーターには常に RNA ポリメラーゼが結合しないため，プラスミドのオペロンは常に転写されない。プラスミドの調節遺伝子から合成されるリプレッサーは，大腸菌 DNA に由来するものと全く同じ，正常なリプレッサーである。リプレッサーの量は増えているが，題意より，培地にラクトースが存在すると，アロラクトースはすべてのリプレッサーに結合し，リプレッサーはオペレーターに結合できなくなる。したがって大腸菌 DNA のオペロンの発現は正常であり，プラスミドによる発現の変化は認められない。したがってプラスミドの変異は優性変異ではない。

(4)　プラスミド由来のリプレッサーは正常であるから，大腸菌のオペロンの発現を変化させない。しかし，プラスミドのオペレーターの異常により，アロラクトースの有無

と関係なく，プラスミドのオペレーターにはリプレッサーが結合できない。したがって，プラスミドのプロモーターには常に RNA ポリメラーゼが結合でき，オペロンは常に転写されていることになる。培地にラクトースが存在しない場合でもオペロンは転写されるようになったわけであり，プラスミドの形質が発現していることになる。したがってプラスミドの変異は優性変異である。

43

問1　124 個

問2　①，⑤

問3　(1)　2 カ所

　　　(2)　第 1 世代はヘテロ接合体なので，挿入された位置の対立遺伝子に注目した場合，Km^R 遺伝子が挿入されていない第 2 世代の個体の割合は $\frac{1}{4}$ である。Km^R 遺伝子が 1 つも挿入されていない個体のみがカナマイシン感受性となるため，n 対の独立した対立遺伝子すべてについて Km^R 遺伝子が挿入されていない個体の割合は，$\left(\frac{1}{4}\right)^n$ になる。題意より，この割合が $\frac{20}{320}$ であるから，$n = 2$ となる。(172 字)

問4　$320 \times \frac{1}{4} = 80$ より，80 個体

解説

　アグロバクテリウムは，クラウンゴールとよばれる「がん」のような構造体を植物につくらせる細菌として発見された。アグロバクテリウムの細胞内には，Ti プラスミドという大きなプラスミドが存在し，Ti プラスミドの中に，オパインという細菌の栄養分の合成に必要な遺伝子と，オーキシン，サイトカイニンの合成に必要な遺伝子が存在する。Ti プラスミドは，これらの遺伝子を植物の染色体 DNA 中のランダムな位置に組み込む作用がある。その結果，大量のオーキシン，サイトカイニンの影響を受けて植物細胞はカルス状になり（これが，植物のがんと言われるゆえんである），植物細胞は，自分では欲しくもないオパインを細菌のために合成させられることになる。細菌による，プラスミドを使った植物細胞の遺伝的植民地化と言われる現象である。

　今日，Ti プラスミドは人工的に改変され，植物細胞の染色体 DNA に遺伝子を組み込む機能を残したまま，オパイン，オーキシン，サイトカイニンの遺伝子を取り除かれたものが作られている。このような Ti プラスミド DNA の中に有用な遺伝子を組み込んだものを植物細胞に取り込ませれば，有用な遺伝子を植物の染色体 DNA に組み込み，有用な物質を植物に合成させることが可能である。Ti プラスミドは，遺伝子を組み込む道具で

あるベクターに変えられてしまったのである。

　アグロバクテリウムは，Ti プラスミドという武器を使って植物細胞を植民地化する「ワル」ではあったが，所詮は小ワルであった。大ワルであるヒトに見つかって，その手下にされたということであろうか。

　この問題は，遺伝子組換え技術を題材とした問題であるが，後半は遺伝計算の問題となっている。計算は単純ではあるが，原則にきわめて忠実である。とはいえ，原理的な部分を無視して技巧的に解こうとすると，難しく感じるかも知れない。

問1　開始コドンから終止コドンの1つ手前までの塩基数は 372 であり，塩基3個でアミノ酸1個を指定しているため，$\dfrac{372}{3}$ = 124（個）。

　開始コドンはメチオニン指定コドンであるが，終止コドンはアミノ酸に対応しないコドンであることに注意。なお，このタンパク質Aが本当にアミノ酸 124 個からなるタンパク質であるかどうかは別の問題である。翻訳直後はメチオニンから始まっていても，そのタンパク質の行き先を示すシグナルペプチドやその他の部位が切断されたり，何らかの化学的修飾を受けた後，タンパク質としての機能が現れる場合が多い。

問2　DNA ポリメラーゼはすでに存在するヌクレオチド鎖の 3′ 端に新たなヌクレオチドの 5′ 端を結合させる酵素活性しかもたないため，全くヌクレオチド鎖が存在しないところから合成反応を進めることはできない。つまり，合成される鎖の一部をプライマーとして与えた場合にのみ，それに続くヌクレオチド鎖を合成することが可能である。

　PCR 法は DNA ポリメラーゼのこのような性質を利用した方法であり，特定の領域の両端の塩基配列をプライマーとして与えることで，目的の領域内の DNA を合成させることができる。合成する鎖のうちの1本は図1の DNA 鎖そのものなのだから，プライマーの1つは，図1の塩基配列の 5′ 側（合成の起点側）の塩基 20 個そのものである。そこに制限酵素認識配列である 5′―GGATCC―3′ を結合させた①が答えである。

　DNA ポリメラーゼは，複製の鋳型となる鎖の 3′ 側に結合し，5′ 方向に移動しながら，5′ → 3′ の方向性をもつ新生鎖を合成する。つまり，もう1つのプライマーは，図1の塩基配列を鋳型とし，この鋳型鎖の 3′ 端から 5′ 方向へと（右から左へと）DNA ポリメラーゼが移動することで合成されるような，鋳型鎖と相補的な塩基配列をもつ DNA 鎖である。

　この際注意すべきは，遺伝子 A と GFP 遺伝子をつなぎ合わせるのだから，遺伝子 A と GFP 遺伝子の間に終止コドンがあってはならないということである。終止コドンを除いた 372 番目の塩基より手前の 5′―TCGTGGCCGAGGAGCAGGAC―3′ と相補的な 3′―AGCACCGGCTCCTCGTCCTG―5′ つまり，5′―GTCCTGCTCCTCGGCCACGA―3′ であり，この 5′ 側に制限酵素認識配列である 5′―GGATCC―3′ を結合させた⑤が答え

である。

なお，遺伝子 A と GFP 遺伝子の間に制限酵素認識配列が挿入されているが，その数は６個である。フレームシフトは起こらず，余分なアミノ酸２個に続き GFP 遺伝子が結合する形になる。

問３　挿入されたカナマイシン耐性遺伝子を A，相同染色体上の，遺伝子が挿入されなかった部位を a と書くと，１カ所への挿入の場合，自家受精 $Aa×Aa$ の交配で得られる個体の遺伝子型とその割合は，AA，Aa，aa がそれぞれ $\frac{1}{4}$，$\frac{2}{4}$，$\frac{1}{4}$ になる。つまり，１カ所のみに挿入された場合，次世代において遺伝子が挿入されずに感受性をしめす個体 aa の出現確率は $\frac{1}{4}$ になる。いま，耐性遺伝子が n カ所（A，B，C…）存在する場合，n カ所すべてについて劣性ホモの個体だけが，感受性となる。そして，挿入された位置は互いに独立であるとされているため，感受性個体の出現確率は，独立事象に関する積の法則より，$\left(\frac{1}{4}\right)^{n}$ となる。この割合が $\frac{20}{320}$ と一致するのは，$n=2$ の場合である。

なお，問３では特に意識する必要はないが，「カナマイシン感受性であること以外に種子が発芽しない原因はない」ということは，カナマイシン耐性の個体はすべて発芽したことを意味する。この第１世代の植物でカナマイシン耐性遺伝子が組み込まれた位置は，生存に不可欠な遺伝子を破壊するような位置ではなかったと考えられる。

問４　問題文で「機能を失うと葉が細くなる効果をあらわす遺伝子は，ゲノム中で１つのみ」とされている。この第１世代の植物では，カナマイシン抵抗性遺伝子が２カ所挿入されていることが問３より明らかになっているが，挿入位置のうちの１カ所が，相同染色体の両方で欠損すると細葉になる遺伝子の位置だったということである。もう１カ所は，「外来遺伝子が相同染色体上に存在する１対の遺伝子の両方に挿入される可能性は無視できる程度である」という前提からは，どこか別の遺伝子の内部とか，遺伝子でない DNA 領域であったと考えられる。この第１世代の株についた 320 粒の種子から，カナマイシン耐性個体の全部である 300 個体が成長しているため，別の箇所に挿入された遺伝子は生存上の不利を引き起こしておらず，こちらは考える必要はない。確実に言えることは，この第１世代の植物では，A：正常，a：細葉として，カナマイシン抵抗性遺伝子が１つ，A の中に入り，A が a に変化したということである。つまり，$Aa×Aa$ から aa が現れる確率が問題である。抵抗性遺伝子が入ったものを A，入っていないものを a とおき，AA が現れる確率と考えてもよい。どちらで考えても，その確率は $\frac{1}{4}$ な

ので, $320 \times \dfrac{1}{4} = 80$ が答えとなる。この細葉 80 個体はすべてカナマイシン抵抗性だから, 発芽した 300 個体の中に含まれる。

44

問1 (1) (A) (暗期が複数ある場合, 最長の)連続暗期が限界暗期よりも短い条件。
　　 　　 (B) (暗期が複数ある場合, 最長の)連続暗期が限界暗期よりも長い条件。
　　 (2) ア－○　　イ－×
問2 (1) ウ－○　　エ－×　　オ－×　　(2) 1　　(3) $\dfrac{21}{32}$
問3 (1) 春化
　　 (2) 冬の低温により開花・結実が困難になる秋の花芽形成を避け, 花芽形成後の温度上昇が期待できる春を待って花芽形成する。(56字)
　　 (3) (ア)　　(4) (ア)－アブシシン酸　　(イ)－ジベレリン
問4 (1) ホメオティック突然変異
　　 (2) 1－雌しべ　　2－雄しべ　　3－雄しべ　　4－雌しべ
　　 (3) 1－花弁　　2－花弁　　3－花弁　　4－花弁
　　 (4) 1－葉　　2－葉　　3－葉　　4－葉

解説

　植物の花芽形成を中心とする問題であるが, 遺伝計算の問題としては二遺伝子雑種である。遺伝子の機能に関しては, 2 対の遺伝子が発現する場所が葉と分裂組織という別の場所であることにも注意する。

問1 (1) 「長日」, 「短日」と名付けられているが, 実際は日の長さではなく, 夜の長さ, 連続暗期を計測して花芽形成の有無が決定されている。なお, 光中断には赤色光が有効で, フィトクロムも連続暗期の計測に関与していると考えられる。しかし, フィトクロムのみで夜の長さを計測しているわけではない。

　　フィトクロムは赤色光によって直ちに P_{FR} 型 (遠赤色光吸収型) に変化し, 遠赤色光照射によって P_R 型 (赤色光吸収型) に変化するが, 暗黒条件では P_{FR} 型は徐々に P_R 型に戻る。そのため, P_R 型に戻るまでの時間を利用して連続暗期を計測しているという仮説も過去にはあった。しかし, 暗黒条件での P_{FR} 型から P_R 型への変化は短時間で完了し, その時間は連続暗期を計測するには短すぎる。したがって, この仮説は完全に否定されている。連続暗期の計測には, 植物のもつ時計機構が重要な役割を果たしていると考えられている。

(2) 暗期が2つに分かれている場合，2つの暗期の合計でなく，最長の連続時間に注目する。この条件では，長い方の連続暗期も限界暗期よりも短いため，長日植物は花芽形成し，短日植物は花芽形成しない。

なお，図では長日植物と短日植物の限界暗期が同じ長さであるかのように表現されているが，これは実際に同じ長さであることを意味するものではない。実際の長さは無視し，限界暗期を揃えて描いてあるだけである。限界暗期の実際の長さは植物の種によって異なり，さらに，同じ種の中でも生育地域によって変わってくる。

問2 (1) 遺伝子 *F* は葉で発現し，葉は台木にも接ぎ穂にも存在する。長日条件なので，台木と接ぎ穂のどちらか一方に遺伝子 *F* が存在すれば花成ホルモンは合成される。つまり，│ ウ │～│ オ │のすべてで花成ホルモンは合成される。他方，図2より，遺伝子 *R* は茎頂分裂組織で発現するが，茎頂分裂組織は接ぎ穂のみに存在する。接ぎ穂に遺伝子 *R* が存在するのは│ ウ │のみである。

(2) 接ぎ木という園芸技術は，根が弱い園芸植物の接ぎ穂に根の強い野生種の台木を接ぎ木して成長を高めるとか，挿し木では容易に発根しない植物を増やすなどの目的で行われる。台木は水や無機栄養分などの物質を接ぎ穂に送り，接ぎ穂を育てているのであり，接ぎ穂の遺伝子型に影響を与えることはない。したがって，*ffRR* × *FFRr* の交配である。これは計算するまでもあるまい。雌株に *RR*，花粉親に *FF* が存在するため，次世代はすべて [FR] となり，正常な花芽形成が起こる。

(3) *ffRR* の雌株は *fR* の卵細胞をつくり，*FFRr* の花粉親は *F*(*R* + *r*) の精細胞をつくる。したがって(2)の交配で得られる個体の遺伝子型とその比は，*fR* × *F*(*R* + *r*) より，*FfRR* : *FfRr* = 1 : 1 となる。

この集団で自家受精を行うということは，以下の(a)，(b)の交配を $\frac{1}{2}$ ずつの割合で行うということである。その結果を合計し，全体の中での [FR] の割合を求めればよい。独立なので2対の遺伝子による表現型を分けて考える（左図）。

(a) *FfRR* × *FfRR*

(b) *FfRr* × *FfRr*

2種類の遺伝子型集団での自家受精

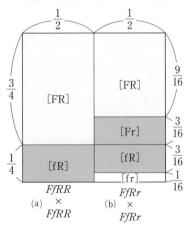

前頁の図の結果を式であらわすと、下記の通り。

(a) $RR = [R]$ で、$Ff \times Ff = \frac{3}{4}[F] + \frac{1}{4}[f]$ より、$[R]\left(\frac{3}{4}[F] + \frac{1}{4}[f]\right) = \frac{3}{4}[FR] + \frac{1}{4}[fR]$

つまり、全体の $\frac{3}{4}$ が花芽形成する [FR] である。…①

(b) の二重ヘテロ接合体の交配では、2対の遺伝子が独立に遺伝することから、

$\left(\frac{3}{4}\right)^2 = \frac{9}{16}$ が [FR] となる。…②

①、②が確率 $\frac{1}{2}$ ずつで起こるため、合計の中の [FR] の割合は、

$\frac{1}{2} \times \frac{3}{4} + \frac{1}{2} \times \frac{9}{16} = \frac{21}{32}$

問3 (1) バーナリゼーションも正解。人工的に低温を与える処理であれば「春化処理」が答えとなるが、ここでは植物の特徴が問われているため、「処理」は不適切。

(2) コムギは長日植物であり、本来春に花芽形成し、その後開花、結実する。しかし、日長条件（連続暗期）のみで花芽形成の有無が決定されていたとすると、初秋のやや日長が長い時期に播種すると連続暗期が限界暗期より短いため、秋の間に花芽形成する可能性がある。この場合、さらに寒くなってから開花、結実することになるが、寒冷地では種子が形成できないうちに枯死する可能性が高い。それを避けるしくみが春化であると考えられる。

なお、この危険を回避することは確かに重大な課題であるが、多年生草本や木本植物の中には、秋に花芽形成する植物も多い。秋の花芽形成後に休眠し、冬の低温接触によって休眠が打破され、春の温度上昇とともに開花すれば、秋に花芽を形成しても秋から冬に開花・結実することはなく、早春に開花できる。花芽形成の完了が直ちに開花・結実を意味するとは限らない。早春に咲く多年生草本や、日本の春の代表的な植物であるサクラなどの樹木には、このような植物が多い。

(3) 花成ホルモンが台木で合成されれば、低温にさらされなくても花成ホルモンは台木と接ぎ穂の師管を通って茎頂へ輸送され、花芽形成が起こっている。したがって、低温にさらされなくても輸送は正常に起こり、接ぎ穂の茎頂分裂組織には受容体があったと考えられる。つまり、低温接触が必要なのは輸送や受容体ではなく、花成ホルモンの合成である。

(4) 種子や芽の休眠は、通常アブシシン酸とジベレリンによって調節されている。休眠中の種子では、蓄積しているアブシシン酸が発芽を抑制している場合が多い。発芽はジベレリンによる休眠打破作用によって起こり、ここで問題となっている種子では、低温接触がジベレリン合成の引き金になっていると考えられる。

なお，レタスのような光発芽種子では，赤色光によってP_{FR}型フィトクロムができることがジベレリン遺伝子を発現させる引き金となる。また，ここで題材となっているコムギのようなイネ科植物では，ジベレリンの作用により糊粉層でアミラーゼ遺伝子の発現が促進され，アミラーゼの作用によって胚乳のデンプンが分解される。デンプンの分解で生じた低分子の糖は，芽の成長に必要な物質の合成材料や呼吸基質として利用される。

問4　(1)　ショウジョウバエの場合，ビコイド，ナノスなどの母性因子の作用，次いでギャップ遺伝子，ペアルール遺伝子，セグメントポラリティ遺伝子などの分節遺伝子の作用により，体が14の体節に区分される。この後，各体節の特徴を作り出す指令となるのがホメオティック遺伝子である。

　　　ホメオティック遺伝子は各部域の特徴をつくるのに必要な調節遺伝子であり，各部域特有の遺伝子の発現の調節に関与するタンパク質の情報をもつ。ホメオティック遺伝子に変異が生じると，触角ができるはずの位置に肢が生えるなどのホメオティック突然変異が現れる。

　　(2)　問題文にクラスA遺伝子とクラスC遺伝子の相互抑制について説明されている。この説明に基づいて考えると，クラスA遺伝子の欠損により，全域でクラスC遺伝子が発現する。つまり，各領域で発現する遺伝子は，1－C　2－BC　3－BC　4－Cである。

　　(3)　クラスB遺伝子が全域で発現し，クラスC遺伝子が発現しないため，クラスA遺伝子が全域で発現する。したがって発現する遺伝子は，1－AB　2－AB　3－AB　4－AB　となる。八重咲きの花である。

　　(4)　問題中にはっきりしたヒントはない。実験をもとに考える問題ではなく，花という器官は葉が変形したものであるという理解が問われている。

　　　花芽形成は茎頂分裂組織の受容体に花成ホルモンが結合することで開始される。栄養成長期には，花成ホルモンが作用しないため，元々の予定運命に従って葉などに分化する。花成ホルモンが作用すると，茎頂分裂組織は花芽分裂組織へと変化する。花成ホルモンは分裂組織に作用し，栄養成長（茎，葉などの栄養器官をつくる成長）を生殖成長（花をつくり，子孫を残すための成長）に転換するシグナルなのである。

45

問1　1-網膜　　2-錐体　　3-桿体　　4-緑　　5-置換
問2　(1)　青オプシン　　(2)　650 nm
問3　A-新皮　　B-後頭
問4　(1)　三畳紀-ジュラ紀-白亜紀　　(2)　D　　(3)　B，C
問5　(1)　性染色体　　(2)　連鎖　　(3)　A，B，C，D
　　　(4)　(a)　0.05　　(b)　0.0025　　(c)　1人　　(d)　48人
問6　(1)　雄のX染色体は1本なので，X染色体上の対立遺伝子を1つしかもたず，
　　　　　常染色体上の青オプシン遺伝子と合わせて二色型になる。(59字)
　　　(2)　0.25　　(3)　0　　(4)　0.5　　(5)　0.26　　(6)　0.38

解説

　視覚を中心とする問題であるが，地質時代の生物進化，集団遺伝など，広い分野の内容
が総合的に問われている。1つ1つの設問は難問とは言えないが，広い分野の知識が，す
ぐ取り出せる状態になっていないと高得点は難しい。その意味で **C** 問題とした。
　さまざまな分野の問題とともに集団遺伝を含む遺伝計算の問題が含まれている場合，極
端に計算が面倒な問題は少なく，基本に忠実な問題が多い。ただし，だからこそ，しっか
りした基本の理解が必要という面もある。

問1　　1　～　3　：眼の網膜と視細胞に関する基礎的な理解。桿体細胞は弱光条
　　件で明暗を感知し，錐体細胞は強光条件で光の強さと波長（色）を感知する。

　　　　4　：緑オプシンを知らなかった人でも，ヒトの代表的な色覚異常が赤緑色覚異
　　常であることを知っていれば推理できたのではなかろうか。X染色体に存在する緑，赤
　　のどちらかのオプシンが機能を失うと，長い波長領域の色の識別が困難になる。

　　　　5　：遺伝子突然変異としては，塩基の置換，欠失，挿入が考えられる。しかし，
　　塩基1個の欠失や挿入が起こった場合，コドンの読み枠が変わるフレームシフトが起こ
　　り，変異した位置以降のタンパク質のアミノ酸配列やペプチド鎖の長さが大きく変化す
　　る。この場合，オプシンとしての機能が失われる可能性が高い。オプシンとしての機能
　　は失わず，吸収極大波長がいくらか変化するような変化が生じた原因は，塩基置換によ
　　るアミノ酸1個ずつの変化と考えるのが妥当である。

問2　ヒトの可視光線の波長は，380 nm から 770 nm 程度で，波長の短い方から順に紫-
　　青-緑-黄-橙-赤と感じる。なお，紫より短い波長の電磁波は紫外線，赤より長い波
　　長は赤外線である。生物学の知識とは言えないが，光合成や植物の応答，視覚や動物の
　　行動など，さまざまな分野に関係するため，概要は知っておきたい。

問3　大脳新皮質はヒトでは特によく発達しており，機能的に感覚野，運動野，連合野に

83

区分される。大脳新皮質の機能分担については，以下の内容の出題率が比較的高い。

　体表感覚の中枢は頭頂葉の中心溝の後方（背側）に存在し，体の運動の中枢は中心溝の前方（腹側）に存在する。視覚中枢は後頭葉に存在し，聴覚中枢は側頭葉に存在する。

　なお，設問とは関係しないが，両眼と脳を結ぶ水平断面図を見たことがあるだろう。左右の眼から派生する視神経は，間脳視床下部の先端付近で鼻側の部分が交差している。その結果，右側視野を担当する両眼の網膜の左側からの視神経は大脳の左半球に入る。左側視野を担当する両眼の網膜の右側からの視神経は大脳の右半球に入る。この関係は，大脳皮質の右半球が左半身，左半球が右半身の感覚・運動を支配しているという一般原則と一致している。

問4　(1), (2)　地質時代の時代区分は盲点になりやすい。大体の年代と各時代の生物の特徴を確認しておきたい。(2)は古生代の中の区分であり，順にD（カンブリア紀）→C（オルドビス紀）→A（シルル紀）→（デボン紀）→E（石炭紀）→B（ペルム紀）。

　(3)　妥当性の高い推理とは，突然変異のような偶然の回数を可能な限り少なくした推理である。脊椎動物の共通祖先から分岐した魚類とハ虫類が4種類を共通にもつ事実を元に考えると，共通祖先が1種類ももたず，各グループで別々に4種類，しかも偶然同じものをもつように進化したとか，魚類，ハ虫類，鳥類が独立に2種類獲得した確率はあまりにも低い。共通祖先が初めから4種類もっていたと考えるのが妥当であろう（A, Eは誤り，Bが正しい）。だとすると，ハ虫類と哺乳類の共通祖先も4種類もっていたはずであり，哺乳類の祖先がハ虫類から分岐した後，夜行性の行動様式に伴い，色を弁別する能力の必要性が下がり，2種類を失ったと考えられる（Cが正しい）。

　なお，このような色の弁別能力の低下は，必ずしも単純な退化を意味するものではない。夜行性の行動様式に伴って弱光の受容に適した桿体細胞を増やしたため，夜間は不要な色の弁別に関係する錐体細胞を減らしたとみることもできる。

　Dについては，哺乳類は他の脊椎動物の共通祖先と祖先を異にするような言い方がおかしい。脊椎動物の共通祖先は，哺乳類も含めた脊椎動物全体の共通祖先のはずである（Dは誤り）。

問5　(1), (2)　問題文の説明より，ヒトの緑オプシン遺伝子と赤オプシン遺伝子はX染色体上に連鎖している遺伝子である。

　(3)　三色型になる正常な赤オプシン遺伝子を R，二色型になる R に対する劣性の対立遺伝子を r とする。対立遺伝子 R, r はX染色体上に存在するため，それぞれの遺伝子型は下記のようになる。

　　　A　$X^R Y \times (X^R X^R$ または $X^R X^r)$　　　B　$X^R Y \times X^r X^r$
　　　C　$X^r Y \times (X^R X^R$ または $X^R X^r)$　　　D　$X^r Y \times X^r X^r$

　男子は父親からY染色体を受け取るため，父親のX染色体上の遺伝子は無関係。B,

Dの組み合わせで生まれる男子は母親から X^r を受け取り，全員が二色型男子 X^rY になる。A，Cについても，母親にヘテロの可能性がある以上，母親が男子に X^r を渡し，二色型の男子が生まれる可能性は残る。したがって，A〜Dすべてに二色型になる可能性がある。なお，「すべての男子が二色型になる組み合わせ」が求められていたとしたら，答えはBとDになる。

(4) (a) 男子は X^RY または X^rY であり，X染色体は1本しかないため，男子が変異型赤オプシン遺伝子をもつ確率は，二色型 X^rY の存在確率と一致する。したがって求める遺伝子頻度は，$\dfrac{25}{500} = 0.05$（答）

(b) 男女のX染色体がともに(a)で求めた遺伝子頻度をもつという前提であり，女子は両親からX染色体を受け取っている。したがって，女子の遺伝子型とその割合は下の式①であらわされ，X^rX^r になる確率は $(0.05)^2 = 0.0025$

$(0.95X^R + 0.05X^r) \times (0.95X^R + 0.05X^r)$ …①

(c) 確率 0.0025 の現象が女子 500 人の中で起こる期待値であるから，

$500 \times 0.0025 = 1.25 \rightarrow 1$（人）

(d) X^RX^r になる確率は，式①の展開結果における X^RX^r の割合である。したがって求める期待値は，$500 \times (2 \times 0.95 \times 0.05) = 47.5 \rightarrow 48$（人）

問6 アジア，アフリカ起源の，ヒトやチンパンジーなどの旧世界ザル（狭鼻猿類）に対し，南米に生息するクモザル，マーモセットなどは新世界ザル（広鼻猿類）とよばれる。共通点は多いが平行進化によるものも多く，三色型色覚の獲得もその例である。

問題文に説明されているように，新世界ザルは旧世界ザルと同様，緑オプシンを獲得している。しかし，その起源は異なる。X染色体上に連鎖している別の遺伝子として獲得したものではなく，赤オプシン遺伝子に対する対立遺伝子として獲得している。つまり，赤オプシン遺伝子を R，緑オプシン遺伝子を G と書くと，X染色体は X^R または X^G のどちらかである。

(1) 雄はX染色体を1本しかもたず，X^RY または X^GY である。

(2) 三色型色覚の子は雌の子 X^RX^G だけであり，その場合，雌親は子に $\dfrac{1}{2}$ ずつの確率で X^R か X^G を渡し，雄親は子に X^R と X^G のどちらか一方を渡す。雄親が子に X^R を渡した場合，雌の子は $(X^R + X^G)X^R = X^RX^R + X^RX^G$ より，X^RX^G の確率は $\dfrac{1}{2}$ である。雄親が雌の子に X^G を渡した場合，$(X^R + X^G)X^G = X^RX^G + X^GX^G$ より，X^RX^G の確率は $\dfrac{1}{2}$ である。つまり，雄親が子に渡す染色体が X^R であろうと X^G であろうと，雌の

子の半分は三色型色覚となる。そして，生まれる子が雌である確率も半分なので，

0.5 × 0.5 = 0.25（答）

(3) $X^R X^R \times X^R Y$ または，$X^G X^G \times X^G Y$ である。計算するまでもなく，$X^R X^G$ の子は生まれない。

(4) $X^R X^R \times X^G Y$ または，$X^G X^G \times X^R Y$ の組み合わせ。どちらの組み合わせであっても雄の子はすべて二色型であるが，雌の子はすべて $X^R X^G$ になる。したがって雌の子が生まれる確率と等しく，0.5 × 1 = 0.5（答）

(5) 遺伝子型とその割合から，遺伝子頻度を求める

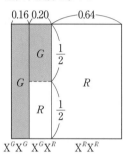

小集団なので，ハーディ・ワインベルグの法則の成立は前提できず，赤オプシン遺伝子の遺伝子頻度を p として，$p^2 = 0.64$…のような計算はできない。ハーディ・ワインベルグの法則の証明（☞p.51）などで何度か扱ったように，各遺伝子型とその割合から遺伝子頻度を求める（左図）。計算結果は，下記のとおり。

0.16 × 1 + 0.20 × 0.5 = 0.26（答）

(6) 遺伝子頻度から，遺伝子型とその割合を求める

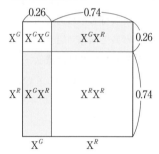

X^G，X^R の遺伝子頻度はそれぞれ 0.26，0.74 であり，この割合は雌雄で同じであるから，X 染色体の遺伝子型とその割合は次式で表現される。

$(0.26 X^G + 0.74 X^R)$

したがって次世代の雌の遺伝子型とその割合は

$(0.26 X^G + 0.74 X^R)^2$ …①

で表現され（左図），$X^G X^R$ の割合は，

2 × 0.26 × 0.74 = 0.3848 → 0.38（答）

なお，ここでは X 染色体を 2 本もつ雌のみが問題になっているため，伴性遺伝であることは特に意識する必要はなく，常染色体の場合と同様，単に $(0.26 G + 0.74 R)^2$ の展開における GR の係数として求めてもよい。雄については問われていないが，雄は X 染色体を 1 本しかもたないため，配偶子比がそのまま表現型の比になり，緑オプシンをもつ二色型色覚：赤オプシンをもつ二色型色覚 = 0.26：0.74 の比になる。

46

問1　単為発生

問2　(1)　雌：黄色　雄：灰色　　(2)　雌：黄色　雄：黄色：灰色＝1：1

問3　(1)　A：ふたを破らない　　B：死んだ幼虫を取り除かない

　　　(2)　女王バチ：$AABB$　　雄バチ：ab

　　　(3)　$AaBb$：$Aabb$：$aaBb$：$aabb$＝1：1：1：1

　　　(4)　異なる染色体上に存在する独立遺伝。(17字)

解説

　動物の行動の中には，一定の刺激によって解発される要素的な行動が一定の順序で起こることで成立している行動が見られる。このような生得的行動は遺伝的に備わったプログラムに従って起こる。ミツバチの衛生的行動は，メンデルの法則に基づいて行動のプログラムが説明できる例である。

問1　ウニなどでは，人為的に刺激を与えることで卵細胞を単独で発生させる人工単為発生が可能であるが，ハチ，アリなどでは受精卵は雌になり，雄は未受精卵の単為発生によって生まれる。単為発生を行う例には，アブラムシ（アリマキ）も知られているが，アブラムシの場合，$2n$ の卵（夏卵）が単独で発生して雌が生まれる。単為発生を1つの生殖法とみなし，単為生殖とよぶこともある。単為生殖も正解となるだろう。

問2　(1)　黄色遺伝子を Y，灰色遺伝子を y と書くと，雌の遺伝子型は yy，雄の遺伝子型は Y である。雌の子は yy の減数分裂で生じた y の卵と，雄の体細胞分裂で生じた Y の精子の組み合わせで生じるため，遺伝子型 Yy，したがって表現型は黄色になる。他方，雄の子は yy がつくる卵 y の単為発生で生まれるため，灰色になる。

　　(2)　Yy の雌と Y の雄の交配である。卵は（$Y＋y$），精子は Y であるから，雌は YY ＋ Yy であり，すべて黄色となる。雄は Yy がつくる卵 $Y：y＝1：1$ の単為発生で生まれるため，黄色：灰色＝1：1になる。

問3　(1), (2)　[実験3] で，[実験2] で得られた非衛生的行動のハタラキバチのうちの半数が，人工的にふたを破ると中の幼虫を取り除く行動を示すことが説明されている。つまり，衛生的行動は，（最低でも）ふたを破る行動と，死んだ幼虫を取り除くという2つの行動からなる。衛生系統の個体は，幼虫が死んだことを匂いなどの手掛かりによって感知すると，まず，その刺激によってふたを破る行動を取る。その結果，死んだ幼虫を確認すると，その視覚的刺激などによって死んだ幼虫を取り除く行動を取ると考えられる。

　　　ここで重要なのは，ある行動をとる遺伝的プログラムが備わっていたとしても，その行動を解発する鍵刺激（信号刺激）が与えられない限り，その行動は行われないと

いうことである。本来死んだ幼虫を取り除く行動を取るハタラキバチであっても，ふたを破る行動をしないと，その次の段階の行動である死んだ幼虫を取り除く行動を誘発する刺激が与えられない。したがって，人工的にふたを破らない限り，「ふたを破る行動はしないが死んだ幼虫を取り除く行動はする」個体を，「ふたを破る行動も死んだ幼虫を取り除く行動もしない」非衛生的行動の個体と区別することはできない。そこで［実験3］で人工的にふたを破り，死んだ幼虫を取り除く行動をするかどうかを調べ，両者が1:1の比で存在することが確認できたのである。

　以上の結果から，2対の対立遺伝子と答えるが，問題は，どちらの行動が優性形質であるかということである。［実験1］の交配で非衛生的行動の個体が生まれたことから，非衛生的行動が優性形質のようにみえる。しかし，2つの段階があるという事実を意識すると，この交配結果から明らかになったのは，ふたを破る行動とふたを破らない行動では，ふたを破らない行動の方が優性形質［A］であるということだけである。

　死んだ幼虫を取り除く行動と取り除かない行動のどちらが優性であるかは，F_1 に衛生的系統の個体を交配した［実験2］の結果から明らかになる。衛生的系統とは，ふたを破る行動をとり（［a］）かつ，死んだ幼虫を取り除く行動をとる（［B］か［b］かは未確定）系統のことである。仮に死んだ幼虫を取り除く行動が優性形質［B］であったとしたら衛生的系統の雄は遺伝子 B をもつため，この交配により，すべての個体が死んだ幼虫を取り除く（［B］）個体になる。しかし，実際は死んだ幼虫を取り除く個体と取り除かない個体が生まれている。したがって，死んだ幼虫を取り除く行動の遺伝子が劣性遺伝子 b，取り除かない行動の遺伝子が優性遺伝子 B と確定する（(1)の答）。そして，F_1 のハタラキバチがすべて［AB］であったことから，女王バチは二重優性ホモ，雄は二重劣性と確定する（(2)の答）。

(3), (4)　F_1 の雌は二重ヘテロ $AaBb$，衛生的系統の雄は二重劣性 ab であるから，［実験2］の交配は検定交雑であったのである。検定交雑の分離比は配偶子比と一致するので，［実験3］より，検定交雑の分離比が［AB］:［Ab］:［aB］:［ab］= 1:1:1:1 であったことが明らかになっている。これは，$AaBb$ のつくる配偶子が $AB:Ab:aB:ab=$ 1:1:1:1，すなわち $(A+a)(B+b)$ の展開式に相当する配偶子であったことを意味する。この結果は2対の遺伝子が互いに無関係，すなわち独立に遺伝することを示している。

　独立に遺伝する場合，同一染色体の大きく離れた位置にあるために独立遺伝に見えるという可能性も全くないとは言えない。しかし，出題者が特にその点に触れていない限り，連鎖であれば同一染色体上，独立であれば異なる染色体上と判断してよい。

　なお，「ふたを破らない」，「死んだ幼虫を取り除かない」行動が優性形質であるこ

とに違和感を感じた人もいるであろう。その点について少し説明しておく。

　これらの行動を「ふたを破ることができない」,「死んだ幼虫を取り除くことができない」と言い換えると，違和感を感じる理由は理解できる。「ふたを破ることができる」,「死んだ幼虫を取り除くことができる」行動が優性形質で，それらの行動に必要な何らかの要因が欠けている場合にそれらの行動ができなくなるのであれば，これらの行動をしないという形質は劣性遺伝子の場合が多い。1対の相同染色体の一方にその行動に必要な遺伝子があればその行動ができるであろうから，これらの行動をするという形質が優性になると考えることは自然である。

　しかし，動物の行動の背景となる神経活動の中には，抑制性の興奮伝達も存在することを忘れてはならない。つまり，「ふたを破る行動を抑制する」,「死んだ幼虫を取り除く行動を抑制する」と理解すれば，これらの行動が優性形質であることは理解できるはずである。

　とはいえ，「ふたを破る」,「死んだ幼虫を取り除く」という行動は，巣の中に病原体が蔓延することを防ぐという意味で，集団生活をするミツバチ全体としては明らかに合理的であり，実際，ミツバチの非衛生的系統は，腐蛆病という幼虫の伝染病にかかりやすい系統として発見されたものである。合理的な行動である衛生的行動を抑制するという非合理な神経経路が存在するのは何とも理解し難いかもしれない。そうであるならば，別の視点から考えてみよう。

　死んだ幼虫を捨てる行動を行う個体自身は，死んだ幼虫に触れることになるため，病気に感染する確率が極めて高い。衛生的行動はその危険を冒して仲間のハチを守る行動であり，利他的行動とみることができる。

　ミツバチの祖先が単独生活のハチであったとすると，遺伝子 A，B をもち，死んだ幼虫には触れないということは，個体の生存率を高めるという意味では合理的である。しかし，社会生活をする上では，遺伝子 a，b をもち，利他的行動をすることは，包括的適応度を高めるという観点から合理的である。遺伝子 A，B は，単独生活をしていた祖先種が保持していた利己的行動の遺伝子であるという可能性もあるだろう。

47

問1　1－樹状細胞　　2－ヘルパーT細胞　　3－B細胞（Bリンパ球）
　　　4－キラーT細胞（細胞傷害性T細胞）　　5－記憶細胞

問2　Toll 様受容体（TLR）

問3　㋐, ㋓, ㋕

問4　MHC

問5　系統Ⅱの皮膚の移植後に再び系統Ⅱの皮膚を移植した場合，系統Ⅱの MHC に
　　対するキラーT細胞の免疫記憶が成立しているため，二次応答によって皮膚は移
　　植後間もなく脱落した。系統Ⅲの MHC は系統Ⅱとは別抗原なので，系統Ⅲに対
　　する免疫記憶は成立しておらず，系統Ⅲの皮膚を移植した場合，一次応答により
　　2週間で脱落した。(152字)

問6　自己と非自己の区別が完成していない時点で雑種マウスの細胞が体内に存在し
　　たため，雑種マウスのもつ系統Ⅱの MHC も自己とみなされるようになり，成長
　　後もそれに対するリンパ球の攻撃が起こらなくなった。(96字)

問7　0.5

問8　㋑

問9　㋐

問10　1－㋕　　2－㋓

問11　(1)　0.70　　(2)　0.42

解説

免疫一般や皮膚移植実験に関する理解に加え，Rh 式血液型，ABO 式血液型，さらには
集団遺伝に関する計算方法の理解が問われている。

問1　獲得免疫に関係する重要な細胞の名称が問われている。1の樹状細胞は，抗原提示
の主役となる細胞であり，皮膚や粘膜組織の近くなどに存在し，ウイルスなどを取り込
むと，リンパ系組織に移動し，抗原提示を行う。

問2　自然免疫に関して，非特異的という表現がされることがあるが，この言い方は厳密
には正しくない。自然免疫に関係する細胞は，「多くの細菌に共通して存在する物質」
など，広い対象と結合する受容体を備えている。この受容体が Toll 様受容体である。
つまり，「細菌なら何でも」，「ウイルスなら何でも」というように，広い対象を認識し，
それをもつ物質や細胞を標的とする。特異性の幅が広いのである。
　　獲得免疫は特定の病原体などに特化しているため，厳格な特異性を備え，特定の病原
体に対する攻撃能力としては，獲得免疫の方が自然免疫よりも強い。

問3　㋐　脾臓は肝臓の近くに存在し，リンパ球が多く集まっているほか，赤血球の破壊

にも関係する。脾臓からの血液は脾静脈，肝門脈を経て肝臓に運ばれ，脾臓で分解された赤血球中のヘモグロビンの分解産物であるビリルビンは，胆汁色素の主成分となる。

　(エ)　胸腺はTリンパ球の成熟場所となるリンパ系器官である。

　(カ)　リンパ節はリンパ管の途中に存在し，全身に多く存在するリンパ系器官である。他の選択肢については下記のとおり。

　(イ)の副腎と(ウ)の甲状腺は内分泌腺。(オ)の視床下部は間脳に存在し，恒常性の維持の最高中枢。(キ)の肝臓は消化器系最大の固形臓器であり，多様な機能を営む。

問4　MHC（主要組織適合抗原複合体）とは，自分の細胞の目印のような役割の物質（ないしその遺伝子）である。なお，*MHC*遺伝子は「1つの染色体上の特定の遺伝子座に存在する」とされているが，これはあくまでも「みなすことができる」だけであり，実際は近接して存在する多数の遺伝子の集合体である。しかも，それぞれの遺伝子が複対立遺伝子である。つまり，*MHC*遺伝子は多数の複対立遺伝子の集合体である。そのため，大きな多様性が存在し，全くの他人と偶然一致する可能性はきわめて低い。

問5　獲得免疫の重要な特徴は，記憶機能をもつということである。具体的には，最初に侵入した抗原に対応するリンパ球が，記憶細胞として長く残る。

　抗原と抗体の特異性はきわめて厳格であり，特定の記憶細胞は特定の抗原に対してのみ作用する。この例の場合，系統ⅡのMHCに対する記憶細胞は，系統Ⅱの細胞に対して有効ではあっても，系統Ⅲに対しては無効である。そのため，系統Ⅱの皮膚に対して二次応答が起こったのと異なり，系統Ⅲの皮膚に対しては一次応答が起こったのである。

問6　免疫現象の本質は，自己と非自己を区別し，非自己を排除するということである。マウスの場合，自己と非自己の区別は出生前後に決定される。

　利根川進の発見した遺伝子再編成のしくみにより，きわめて多様な相手を攻撃対象とするリンパ球ができるが，それらのうち，自己攻撃性リンパ球は体内で直ちに攻撃対象と出会うことになる。未熟な段階で攻撃対象と出会ってしまったリンパ球は，相手を破壊するのでなく，逆に自分が破壊されたり不活性化される。その結果，非自己を攻撃するリンパ球だけが残る。これが自己成分はリンパ球の攻撃を受けないという免疫寛容が生じる主要なしくみである。

　この実験の場合，出生直後に系統Ⅱの細胞を注射されたため，系統ⅡのMHCを攻撃対象とするリンパ球が死滅してしまい，攻撃できなくなっている。そのため，成体になって系統Ⅱの皮膚を移植されても，脱落しなかったと考えられる。

問7　系統Ⅰの*MHC*遺伝子をA，系統Ⅱの*MHC*遺伝子をBとおく。雑種マウスは$AA \times BB$の子であるからABであり，雑種マウス同士の子とは$AB \times AB \rightarrow AA + 2AB + BB$である。これらの子のうち，$AA$にとっては両親のもつ$B$が，$BB$にとっては両親のもつ$A$が非自己の*MHC*遺伝子であるから，雑種マウス$AB$である両親の皮膚を移

植すると，非自己として認識される。しかし，AB の子は，両親のもつ MHC 遺伝子 A と B をもつため，両親どちらの皮膚も非自己とみなされず，生着する。子の中に占める AB の割合は，$\dfrac{2}{4} = 0.5$（答）。

　なお，子の半分で両親の皮膚が生着するということは，あくまで純系マウスの交配による F_1 を両親とする F_2 マウスでの話であり，ヒトでは全く異なる。ヒトの場合，両親の MHC 遺伝子は異なり，しかもヘテロ接合体であるのが普通である。つまり，両親とその子の MHC の関係は，$A_1 \sim A_4$ を異なる MHC 遺伝子として，母 A_1A_2 × 父 $A_3A_4 \rightarrow A_1A_3 + A_1A_4 + A_2A_3 + A_2A_4$ のようになる。

　例えば子の一人である A_1A_3 の MHC 遺伝子は，母 A_1A_2 の A_1 と父 A_3A_4 の A_3 を受け取ったものであり，母の A_2 や父の A_4 は子にとって非自己である。したがって，両親の皮膚や臓器を子に移植しても定着しない。逆に子が親に移植する場合についても，例えば子 A_1A_3 の A_3 は母 A_1A_2 にとって非自己であり，A_1 は父 A_3A_4 にとって非自己である。したがって，子が皮膚や臓器を親に提供しても定着しない。親子間の臓器移植はどちらの方向についても原則として不可能である。

　近親者で移植できる可能性があるのは兄弟である。同じ両親をもつ子の MHC 遺伝子は 4 通りなので，確率 $\dfrac{1}{4}$ で兄弟と一致している。特に，一卵性双生児の兄弟は遺伝子構成が完全に一致しているため，確実に定着する。

問 8　(ア)　父親にとって Rh 因子は自己抗原であるから，体内に抗 Rh 抗体は存在しないと考えられ，正しい。

　(イ)　Rh 因子は Rh$^-$ の母親にとって非自己である。しかし，だからといって Rh 因子に対する抗体が常に多量に存在するとは言えない。抗 Rh 抗体が多量に存在するのは，非自己抗原である Rh 因子に対する記憶 B 細胞が存在する状態で再度 Rh 因子が入ってきたような，二次応答の場合だけである。したがって誤り。

　(ウ)　Rh$^-$ は遺伝的に劣性であるから，父親が Rh$^+$ でない限り Rh$^-$ の母親が Rh$^+$ の子を産む可能性はなく，正しい。

　(エ)　抗 Rh 抗体が新生児の体内に入り，新生児の赤血球を破壊することで生じるため，正しい。なお，第 1 子は正常に出産し，第 2 子が問題なのは，以下の理由による。

　胎盤において，母体組織と胎児組織は密着しているが，あくまで接しているだけで血液の交流はない。哺乳類などの脊椎動物の血管系は，動脈と静脈が毛細血管で結ばれた閉鎖血管系であるから，胎児の赤血球が母体に移動することはなく，母体のリンパ球が胎児の Rh 因子と接する機会はない。しかも，胎盤周辺では母体の免疫機能は強く抑制されており，胎児は出産直前まで順調に成長する。

とはいえ，出産の際は胎児の血液が母体に流入することがある。この場合，母体のリンパ球がRh因子と接することになるが，第1子なので一次応答であり，大きな免疫応答が起こる前に出産は完了する。第2子が問題なのは，母体にRh因子に対する免疫記憶が成立しているため，出生前から二次応答が起こる可能性があり，その場合，母体の抗体が新生児の体内に入り，赤血球を破壊するためである。

問9　結論から言うと，(ア)が答えであり，実際は，念のために出生前にも注射が行われている。抗体の注射で予防できるのは，以下の理由による。

　　胎児の赤血球が多少母体に流入したとしても，出生直後に抗Rh抗体を注射すれば，この抗体は母体内に入った胎児の赤血球表面のRh因子と結合し，Rh因子は覆い隠された形になる。しかも，抗体は白血球の食作用を促進する作用があるため，白血球は抗体を足場のように使い，抗体が結合している胎児の赤血球を貪食する。

　　この状態では胎児の赤血球は樹状細胞以外の白血球によってすみやかに処理されてしまい，ヘルパーT細胞にRh因子が抗原として提示される可能性はほとんどない。Rh因子に対する免疫記憶以前の一次応答も起こらないと考えられる。

　　他の選択肢については下記のとおり。

　　(イ)　これでは確実にRh因子が免疫的に記憶されてしまう。有害な処置である。

　　(ウ)　生理食塩水は母体に影響を与えないと考えられ，無意味な処置である。

　　なお，生理食塩水に溶かして注射した何らかの物質の効果を確認するためには，生理食塩水だけを注射しても全く効果がないことを確認する必要がある。そういう対照実験としては意味があるが，単独では意味がない。

　　(エ)　これでは第1子出生前からRh因子に対する免疫記憶が成立してしまい，第1子から危険な状態になる可能性がある。(イ)と同様，大変危険な処置である。

　　(オ)　Rh因子をもたない血液を輸血しても，Rh因子に対する免疫応答には何の影響も与えないと考えられる。無意味な処置である。

問10　まず，母体がRh⁻でない限り，新生児溶血症が発症することはない。したがって，1も2もRh⁻である。

　　次に，1とO型（遺伝子型 OO）の男子間に，A型とB型の子が生まれている。これらの子は1からそれぞれ A，B を受け取ったことになり，1はAB型である。

　　2に関しては，まず第2子がO型（遺伝子型 OO）であることに注目する。これは，両親が O をもつことを意味する。そして，第1子が AB であるから，2は B をもつ。遺伝子型 BO のB型と確定する。

問11　一般式 $(pD + qd)^2 = p^2DD + 2pqDd + q^2dd$ $(p + q = 1)$ において，題意より $q^2 = 0.09$ したがって $q = 0.3$ より，$p = 0.7$（(1)の答）

　　　$2pq = 2 \times 0.7 \times 0.3 = 0.42$（(2)の答）

48

問1 ニワトリ，カイコガ

問2 (1) ステロイドホルモンは細胞膜を透過し，細胞内の受容体と結合して遺伝子の転写促進因子としての作用をあらわす。ペプチドホルモンは細胞膜の受容体に結合し，セカンドメッセンジャーを介して酵素の活性化などの作用をあらわす。(105字)

 (2) (a) A糖質コルチコイドは体組織でのタンパク質を糖に変える反応を促進する。Bインスリンは肝臓でのグリコーゲン合成を促進し，組織でのグルコース透過性を高める。(75字)

  (b) A鉱質コルチコイドは細尿管で，Bバソプレシンは集合管で作用する。(32字)

問3 (1) まず，胚をTを含む水で飼育し，すべての個体を雄にする。その後，これらの雄を1匹ずつ正常な雌と交配する。その結果雌しか生まれなければ，この交配で用いた雄はXXの雄なので，この組み合わせでできる受精卵はXXのみである。

 (2) まず，胚をEを含む水で飼育し，すべての個体を雌にする。その後，それらの雌を正常な雄と交配して生まれた個体から雄を選び，それらの雄を1匹ずつ正常な雌と交配する。その結果雄しか生まれなければ，その交配で用いた雄はYYなので，この組み合わせでできる受精卵はXYのみである。

問4 (1) 9 (2) 1895 (3) $1-R$とD $2-R$とL（RとDまたはDとL）

 (4) 2.3%

解説

問1 性決定様式の例としては，XO型にセンチュウの例がある以外，XO型やZO型に重要な実験動物や実用的に重要な動物の例は少ない。XY型の例としてヒト，ショウジョウバエ，ZW型の例としてカイコ，ニワトリは記憶しておきたい。選択肢に与えられている他の例では，トノサマバッタ，キリギリスなどのバッタはXO型，ミノガはZO型。

問2 (1) ホルモンの大半はアミノ酸が複数結合したペプチドホルモンであり，ペプチドホルモンやアミノ酸から合成した物質であるアドレナリンは水溶性である。他方，副腎皮質ホルモン（糖質コルチコイド，鉱質コルチコイド）と生殖腺ホルモンはステロイドとよばれる脂質であり，ステロイドホルモンやチロキシン（ヨウ素を含む芳香族アミノ酸）は脂溶性である。

 水溶性ホルモンは細胞膜を透過できず，細胞膜表面の受容体に結合する。その結果，受容体の細胞内部分の立体構造が変化し，細胞内でセカンドメッセンジャーとよばれ

る物質が合成される。酵素の活性化が代表的な機能である。脂溶性ホルモンは細胞膜を通り，細胞内の受容体に結合する。受容体とともに核に移行し，特定の遺伝子の転写調節領域に結合し，特定の遺伝子の転写を促進するのが代表的な機能である。

(2) (a) 血糖値を上昇させるホルモンとしてはグルカゴン，アドレナリン，糖質コルチコイドが代表的であり，グルカゴンとアドレナリンは肝臓に作用し，グリコーゲン分解を促進して血糖値を上昇させる。ステロイドホルモンの糖質コルチコイドはタンパク質を分解・脱アミノしてグルコースをつくる反応を促進して血糖値を上昇させる。これらは協調して機能することも多いが，グルカゴンとアドレナリンは比較的短期的に作用し，糖質コルチコイドは長期的な飢餓に対応するという傾向がある。

これらのほか，成長ホルモンやチロキシンも血糖値を上昇させる効果をもつ場合があり，血糖値を上昇させるホルモンがかなり多く存在するのに対し，血糖値を下げるホルモンは事実上インスリンだけである。

ペプチドホルモンのインスリンは肝臓に作用してグリコーゲン合成を促進するほか，体組織の細胞質内に存在するグルコース輸送タンパク質（グルコーストランスポーター）の細胞膜への移動を促進する。その結果，グルコースが細胞内に入り，グルコースは呼吸基質や物質合成材料として利用される。

血糖値を下げるホルモンがインスリンのみであるため，何らかの原因でインスリンが機能しなくなると，糖尿病になる。糖尿病が特に問題なのはインスリンが機能しないと，細胞内にグルコースが入らないことである。その結果，血中のグルコース濃度は健常者よりもかなり高くても，細胞はグルコース飢餓の状態に陥る。

(b) 腎臓において，ネフロン（腎単位）の糸球体からボーマンのうへと，タンパク質を除く血しょう成分がろ過されるが，体積にして約99％が再吸収される。再吸収される物質は，正常な血糖値の範囲でのグルコース全部，ナトリウムイオンなどの無機イオンの大部分，水の大部分などであり，再吸収されなかった成分は，尿として排出される。

無機塩類は細尿管において再吸収されるが，ナトリウムイオンの再吸収は副腎皮質から分泌されるステロイドホルモンの鉱質コルチコイドによって促進される。そして，水の再吸収は集合管に作用する脳下垂体後葉から分泌されるペプチドホルモンのバソプレシンによって調節されている。設問では要求されていないが，バソプレシンによる水の再吸収の促進のしくみは，以下のとおりである。

細尿管においてグルコースや無機塩類が再吸収された後の原尿の浸透圧は，著しく低くなっている。これがそのまま排出されると，多量の低張尿が排出されることになる。バソプレシンは，集合管壁の細胞中のアクアポリン（水チャネル）を細胞質内部から細胞膜へと移動させる。その結果，集合管の水透過性が高まり，集合管から周囲

へと水が出る。これが水の再吸収の促進である。

問3 (1) すべての卵がXXということは、XX×XXの子ということである。XXの雄は、胚をステロイドホルモンT（テストステロン、雄性ホルモン）を含む水で育て、精巣をもつようにすることで作ることができる。しかし、Tを含む水で胚を育てて得られた雄の中には、Tがなくても雄になるXYの雄が混じっている。

XYの雄とXXの雄を区別するためには、雄を1匹ずつ正常な雌と交配させ、得られた個体を普通の水で育てればよい。正常な雌雄の交配であれば、生まれる雌雄の比はほぼ1:1になる。しかし、XX×XXであれば雌のみが生まれてくる。言い換えると、正常な雌と交配して1匹でも雄の子が生まれた場合、その雄はXYの雄であったということであり、しばらく産卵させて雌しか生まれてこなければ、その雄はXXの雄と考えられる。後者の組み合わせで得られた卵はすべてXXである。

(2) すべてXYの卵ということは、XX×YYの結果と考えられる。そうすると、まず、YYの雄を作る必要がある。YYの雄はXY×XYの組み合わせでできるため、胚をホルモンE（エストロゲン、雌性ホルモン、ろ胞ホルモン）を含む水で育て、XYの雌をつくる。ここでも(1)と同じ問題がある。得られた雌の中には、Eがなくても雌になるXXの雌が混じっている。

そこでこれらの雌を正常な雄と交配させる。（XXまたはXYの雌）×XYの雄の交配であるから、得られた雄の中に、一部YYの雄が含まれている。

問題は、XYの雄とYYの雄を区別することである。そのために、上の交配で得られた雄を1匹ずつ正常な雌と交配させる。正常な雌雄の組み合わせであれば、ほぼ雌：雄＝1:1の比で生まれてくるが、YYの雄と正常なXXの雌を交配した場合、雄しか生まれてこない。1匹も雌の子が生まれてこない組み合わせで用いた雄がYYの雄と考えられ、この組み合わせで得られた卵はすべてXYである。

問4 問題文の説明によると、X染色体とY染色体の違いは、DがないのがX染色体、DがあるのがY染色体というだけである。そして、X染色体とY染色体の間では、常染色体と同様、さまざまな位置で乗換えが起こることも説明されている。

交配1は性染色体上の一遺伝子雑種のようにみえるが、遺伝子$D(d)$と$R(r)$の間で乗換えが起こる可能性があり、乗換えによって遺伝子Dが移ると、移った方の染色体がY染色体になってしまう点が厄介である。表に示されているX^rY^Rのような書き方では、乗換えの処理が困難である。次のように遺伝子を決め、連鎖の問題として扱うべきである。

$$\begin{cases} D\cdots雄にする \\ d\cdots雌にする \end{cases} \quad \begin{cases} R\cdots赤色 \\ r\cdots野生色 \end{cases} \quad \begin{cases} L\cdots白色素胞あり \\ l\cdots白色素胞なし \end{cases}$$

(1)〜(3) まず、交配1、2を上で決めた遺伝子記号を用いて書き直す。

交配1：遺伝子 $R(r)$ と $D(d)$ の連鎖関係が問題になっている（(3)の交配1の答）。組換えを起こしていない個体：起こした個体 $= n : 1$ として，交配結果は次のように表現される。

$$DdRr\,(dr/DR) \qquad \times \qquad ddrr\,（DdRr \text{に対する検定交雑}）$$

（減数分裂）	↓	↓	

（配偶子）　$(n\,DR + Dr + dR + n\,dr)$　　　　dr　　　　　　　$(n > 1)$

（交配結果）　$n\,[\mathrm{DR}]$　$+$　$[\mathrm{Dr}]$　$+$　$[\mathrm{dR}]$　$+$　$n\,[\mathrm{dr}]$
　　　　　　　赤色の雄　　　野生色の雄　　　赤色の雌　　　野生色の雌

「赤色の雌と野生色の雄」とは，組換えを起こした個体（$[\mathrm{dR}] + [\mathrm{Dr}]$）のことであるから，(1)は表中の値9がそのまま答えとなる。

　交配2：「D は R と L の間に位置し」ということは，$R - D - L$ の順に並んでいるということである。遺伝子の位置に合わせて遺伝子記号を書き直すと次の交配である。

$$RrDdLl\,(rdl/RDL) \times rrddll\,（RrDdLl \text{に対する検定交雑}）$$

この交配で最も多いのは，組換えを起こさなかった $[\mathrm{RDL}]$ と $[\mathrm{rdl}]$ である。二重組換えは起こらないとされているため，他の表現型の個体は R と D の間または D と L の間（合わせて R と L の間）で乗換えが起こったと考えられる（(3)の交配2の答）。野生色で白色素胞がない雌（$[\mathrm{rdl}]$）は，組換えを起こさなかった個体数である（$3886 - 96$）の半分と推定される（(2)の答）。

(4)　遺伝子が $R - D - L$ の順に並んでおり，交配2で用いた雄が $RrDdLl\,(rdl/RDL)$ であるから，赤色で白色素胞のない雄（$[\mathrm{RDl}]$）と野生色で白色素胞のある雌（$[\mathrm{rdL}]$）の合計とは，遺伝子 D と L の間で乗換えが起こった個体の合計である。

　R と L の間の組換え価は交配2の組換え価であり，「乗換えは2度以上起こらない」ことと，遺伝子の位置関係が $R - D - L$ の順であることから，R と L の間の組換え価は，R と D の間の組換え価と D と L の間の組換え価の合計に一致する。

　交配1の結果より，$R - D$ 間の組換え価は，$\dfrac{9}{5331} \times 100 = 0.17$

　交配2の結果より，$R - L$ 間の組換え価は，$\dfrac{96}{3886} \times 100 = 2.47$

　したがって求める値である D と L の間の組換え価は，$2.47 - 0.17 = 2.30 \rightarrow 2.3$（％）

49

問1 (1) 相同器官　　(2) 適応放散

問2 　1 – X_1　　2 – 0　　3 – X_0　　4 – $\dfrac{X_1 + X_0}{2}$　　5 – $\dfrac{N}{4}$

問3 (1) A : 0.7　B : 0.8　　(2) 0　　(3) 0.0009　　(4) 0.0036

問4 (1) 0.25　　(2) 0.25

解説

　ハーディ・ワインベルグの法則の前提に関連して触れたように（☞p.50），ダーウィンはクジャクが嫌いだったと言われている。クジャクの雄の派手な尾羽は天敵に発見されやすく，明らかに生存上不利である。自然選択説の立場からは，そのような形質が進化する理由の説明が困難だったのである。ダーウィンは後に性選択という概念にたどり着く。個体群の外の要因である非生物的環境や天敵，食物などに基づく自然選択だけでなく，個体群内部の異性個体による選択も，進化の原因になり得るということである。

　Ⅰでのテーマは，自然選択と性選択が相反する方向への選択である場合，尾羽の長さのような量的形質は，どの程度の長さに落ち着くかという問題である。

　このような変化は，長い時間の中での集団内の遺伝子頻度の変化という形をとるが，Ⅱでテーマとなっているのは，別々の集団で起こった突然変異が，それらの集団が出会った後，どのような形で集団全体に広まるかということである。この広まり方が，独立と連鎖では大きく異なることが，解答として示されている。

　どちらのテーマも，非常に単純化したモデルでありながら，計算そのものは決して容易ではない。計算力が求められる問題である。こんな単純化したモデルでさえ，こんなに面倒な計算になるということの経験を通じ，自然現象の複雑さを理解することの難しさに思いを馳せることができれば，この問題に取り組む意義もあると言えよう。

問1　それまでに繁栄していた生物種が絶滅するなどの結果，さまざまなニッチが空いている状態になると，そのニッチを埋めるように，基本的な体制が共通な生物が，さまざまな環境に適応した変化を遂げることがある。このような変化が適応放散（(2)の答）である。適応放散を遂げた生物は，発生的起源が共通な器官をさまざまな環境，用途に合わせて変化させる。それらの器官が相同器官（(1)の答）である。

問2　　1 　～　3 　図1の意味が理解できれば解決できる。量的形質 x の値が繁殖成功度 Tx を最大値 N にする X_1（　1 　）とすると，生存率 Bx は 0 なので，残せる子孫の数は 0（　2 　）になる。x の値が生存率 Bx を最大値 1 にする X_0（　3 　）とすると，繁殖成功度は 0 になり，この場合も子孫を残せない。量的形質を X_0 や X_1 にする極端な戦略は成立しないのである。

98

それでは，子の数の期待値を最大にする量的形質 x の値はどの程度か。この値を求めるためには，区間 $X_0 \leqq x \leqq X_1$ で，x の関数 $f(x) = Bx \times Tx$ の値を最大にする x の値を求めればよい。問題文中に Bx と Tx の式は与えられており，$f(x)$ は x の二次関数である。

$Bx = 1 - \dfrac{x - X_0}{X_1 - X_0} = \dfrac{X_1 - x}{X_1 - X_0}$ なので，$f(x)$ を平方完成すると下記のようになる。

$$f(x) = Bx \times Tx = \frac{X_1 - x}{X_1 - X_0} \times N \times \frac{x - X_0}{X_1 - X_0} = -\frac{N}{(X_1 - X_0)^2}(x - X_1)(x - X_0)$$

$$= -\frac{N}{(X_1 - X_0)^2}\left\{\left(x - \frac{X_1 + X_0}{2}\right)^2 - \left(\frac{X_1 - X_0}{2}\right)^2\right\}$$

したがって，$x = \dfrac{X_1 + X_0}{2}$（ $\boxed{4}$ ）のとき，$Bx \times Tx$ の最大値は $\dfrac{N}{4}$（ $\boxed{5}$ ）。

この計算は繁雑に見えるが，x 以外は定数であるから，要は平方完成によって二次関数の極大値（頂点）を求める計算である（右図）。

$$y = -A(x - a)(x - b)$$

$$= -A\left\{\left(x - \frac{a + b}{2}\right)^2 - \left(\frac{b - a}{2}\right)^2\right\}$$

（ただし，$A = \dfrac{N}{(X_1 - X_0)^2}$, $a = X_0$, $b = X_1$）

最大値と，最大値を与える x を求めればよいので，$f(x)$ を微分し，区間 $X_0 \leqq x \leqq X_1$ において $f(x)$ を最大値（極大値）にする x を求めてもよい。

なお，Bx は $(X_0, 1)$，$(X_1, 0)$ を通る直線の式であり，Tx は $(X_0, 0)$，(X_1, N) を通る直線の式である。ここでは Bx と Tx の式が与えられているが，仮に与えられていなくても，独力で出せてしかるべきである。

問3　(1) 混合群全体でできる配偶子の遺伝子頻度を求めるために，まず，各集団でできる配偶子とその割合を求める。

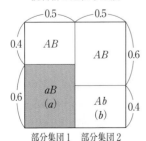

混合群の遺伝子頻度

部分集団1　部分集団2

部分集団1では B の遺伝子頻度は 1 なので，

　　配偶子 AB の割合：0.4

　　配偶子 aB の割合：0.6

部分集団2では A の遺伝子頻度が 1 なので，

　　配偶子 AB の割合：0.6

　　配偶子 Ab の割合：0.4

混合群において部分集団1，2は0.5ずつの割合で含まれる（左図）。A，B の遺伝子頻度は，この図を1対ずつの対立遺伝子に注目することで求められる。

a をもつのは aB だけであり，a の遺伝子頻度は $0.6 \times 0.5 = 0.3$　残りはすべて A なので，A の遺伝子頻度は $1 - 0.3 = 0.7$

　b をもつのは Ab だけであり，b の遺伝子頻度は $0.4 \times 0.5 = 0.2$　残りはすべて B なので，B の遺伝子頻度は $1 - 0.2 = 0.8$

(2)　前頁の図より，混合群のつくる配偶子とその割合は次の式①で与えられる。

$$(0.4AB + 0.6aB) \times 0.5 + (0.6AB + 0.4Ab) \times 0.5 = 0.5AB + 0.2Ab + 0.3aB$$

　したがって，第 1 世代の遺伝子型とその割合は $(0.5AB + 0.2Ab + 0.3aB)^2$ …① で与えられ，配偶子 ab がないため，第 1 世代での $aabb$ の割合は 0（答）

(3)　第 1 世代の遺伝子型とその割合は，下記のように式①を展開することで求められる。

$$0.25AABB + 0.2AABb + 0.04AAbb + 0.3AaBB + 0.12AaBb + 0.09aaBB \text{ …②}$$

　式②の集団を構成する 6 種類の遺伝子型のそれぞれがつくる配偶子とその割合を求め，それらを合計すると，式 $(0.53AB + 0.17Ab + 0.27aB + 0.03ab)$ となる（確認してみるのもよかろう）。二乗して次世代の遺伝子型とその割合をすべて求めるのはかなり面倒。第 2 世代における $aabb$ の割合だけを求めればよい。

　式②の集団において，遺伝子型 $aabb$ の個体は $ab \times ab$ のみから生じ，配偶子 ab を生じるのは，確率 0.12 で存在する遺伝子型 $AaBb$ の個体のみで A と B は独立であるから，第 1 世代のつくる配偶子に占める ab の割合は $0.12 \times 0.25 = 0.03$

　配偶子 ab の割合は雌雄で差がないと考えられるため，第 2 世代における劣性ホモ接合体 $aabb$ の割合は $0.03 \times 0.03 = 0.0009$（答）

(4)　対立遺伝子間に生存・交配上の優劣は存在しないと前提されているため，(1)で求めた遺伝子頻度（$A : 0.7$，$a : 0.3$ と $B : 0.8$，$b : 0.2$）は，何代経っても変化しない。

　自由交配を繰り返すと，配偶子とその割合，遺伝子型とその割合は，ハーディ・ワインベルグの法則から予想される値に近づいていくと考えられる。予想される遺伝子型とその割合は，式 $(0.7A + 0.3a)^2 \times (0.8B + 0.2b)^2$ であらわされる。

　したがって予想される $aabb$ の割合は，$(0.3)^2 \times (0.2)^2 = 0.0036$

問4　(1)　どちらの部分集団についても，すべての個体が少なくとも 1 対の対立遺伝子についてホモ接合体である。したがって混合群でできる配偶子とその割合は独立の場合と全く同じであり，問3(1)，(2)と同様，次のように求められる。

　　　部分集団 1 のつくる配偶子とその割合は，$AB : 0.4$，$aB : 0.6$

　　　部分集団 2 のつくる配偶子とその割合は，$AB : 0.6$，$Ab : 0.4$

　これらの集団の比は 1:1 であるから，混合群での配偶子とその割合は下記のとおり。

$$(0.4AB + 0.6aB) \times 0.5 + (0.6AB + 0.4Ab) \times 0.5 = 0.5AB + 0.2Ab + 0.3aB$$

　したがって第 1 世代の遺伝子型とその割合は式①と同様，$(0.5AB + 0.2Ab + 0.3aB)^2$ の展開で与えられ，$AABB$ の割合は 0.25（答）。

(2) 2対の対立遺伝子 $A(a)$ と $B(b)$ が完全連鎖の関係であり，かつ，遺伝子間の生存上の優劣はない。この前提のもとでは，子は親から受け取った配偶子をそのままの遺伝子の組み合わせで次世代に渡すことになる（式②の集団で $AaBb$ が配偶子 Ab と aB だけをつくると仮定すると，次世代の配偶子比は式①になる。このことを確認してみるのもよかろう）。つまり，この集団の配偶子比，遺伝子型とその割合は何代経っても変化しない。遺伝子型 $AABB$ になるのは，(1)と同様，配偶子のうち 0.5 の割合で存在する AB 同士の組み合わせ以外にないため，求める割合は，$0.5 \times 0.5 = 0.25$（答）

　完全連鎖なので配偶子 AB や ab が生じることはなく，$A = 0.7$, $a = 0.3$, $B = 0.8$, $b = 0.2$ という遺伝子頻度が維持されるため，式①の配偶子とその割合が継続するのである。各個体が両親から受け取った遺伝子の組み合わせの配偶子をそのまま次世代に渡し，生存・繁殖における優劣も存在しないため，配偶子の割合が変化する機会がないのである。完全連鎖でなく，多少とも染色体の乗換えによる遺伝子組換えが起こっていれば，あらたな配偶子の組み合わせもできるであろう。

　この結果は，ゲノムが複数の染色体から構成され，多くの遺伝子が互いに独立の関係で分配されることや，完全連鎖でなく染色体の乗換えによる遺伝子の組換えが起こることが，遺伝的多様性を生み出す原因になることを示している。

50

問1　ア－生態的地位（ニッチ）　　イ－分割　　ウ－形質置換　　エ－共進化
　　　オ－多様性　　カ－撹乱　　キ－キーストーン　　ク－復元力
問2　(b), (f)
問3　0.8
問4　(1) 0.4　　(2) 0.6　　(3) 0.3　　(4) 第100世代

解説

　捕食者の存在は，個体群の競争を緩和し，個体群の多様性を維持する作用がある一方，遺伝子頻度の高い個体を選択的に捕食することなどを通じ，個体群内部の遺伝的多様性を維持する効果もある。この問題のうち，問2までは集団遺伝の計算とは直接は関係のない問題であるが，これらの問題を通じ，集団遺伝で問題となる遺伝子頻度に関する内容が，生態系とも関係が深いことを理解しておきたい。

問1　ある個体群が生態系の中において占有する時間的・空間的位置，および，食物連鎖上の位置をあらわすのがニッチ（生態的地位）（ア）という概念である。いつどこで，何を食べて生活するかという，ある個体群の生き方を示す概念である。ニッチが完全に共通していると，食物，生活場所など，あらゆる資源の獲得において競合するため，両

者の共存は困難になる。しかし、ある場所を境に、上流はA種、下流はB種が生息するとか、両者が食物を変えるようなニッチの分割（**イ**）が起こると、競争は回避され、共存が可能になる。すみわけとか食いわけとよばれる現象である。

　近縁な種が同じ場所に生活する場合、両者の形態や特徴にかなり明瞭な違いが生じる形質置換（**ウ**）も、ニッチの分割が起こっている例である。近縁な種が互いに識別可能であれば、種間雑種が生じて繁殖不可能な個体が生じる危険が回避される。

　ある植物の花が特定の種の昆虫にとって蜜の採取が容易な形態であれば、昆虫はその植物を繰り返し訪れ、植物は受粉の確率を高めることができる。このように、異なる種が互いの利益に適合するように、相手に合わせて進化する現象は共進化（**エ**）とよばれる。近縁な種が形質置換によって競争を回避する現象も、近縁な種間の共進化のあらわれとみることができる。

　天敵となる捕食者の存在が近縁な種間の競争を緩和し、種の多様性（**オ**）を維持している例も見られる。捕食者が被食者の密度を下げ、近縁な種の共存が可能な程度に密度が保たれている場合である。生態系を構成する多くの個体群は、すべてが同等の価値をもつとは言えず、この例であれば天敵が何らかの原因でいなくなると、捕食されていた種の間の競争が激しくなり、競争力の劣る種が死滅し、多様性が失われ、生態系の様相が大きく変化する。その種がいなくなると生態系の安定性に大きな変化が現れる種が、キーストーン種（**キ**）である。西欧の中世の建築物では、アーチ状の構造の中心に、大きな石を置いて全体を安定化させていることがある。この石がキーストーンである。

　生態系の復元力（**ク**）が機能する程度の中規模の撹乱（**カ**）が多様な環境を作り出し、種の多様性を維持している面もある。今日、里山に生息していた種の中に絶滅の危機にあるものがかなり見られることは、里山における定期的な伐採、草刈りなどの人為的な撹乱が、里山の種が安定して生活するための条件を維持していたことを示している。

問2　与えられたグラフにおける曲線の形状はS字状になっており、たとえば、黄色型の割合が0.8を超えると、鳥はほぼ黄色型のみを捕食している。鳥の立場からは、黄色型の方がずっと多ければ、黄色型を探すことで効率よくカタツムリを捕食できる。

　この現象をカタツムリの立場から見ると、黄色型が多い条件では、鳥が赤色型を見落とす可能性が高く、赤色型は生き残りやすくなる。その結果、黄色型の割合が低下し、赤色型の割合が上昇すると考えられる。

　割合が高い方の型に対する捕食率が高いということは、高い割合の型を減らし、2つの型の割合を0.5に近づける効果があると考えられる。問1で天敵の存在が種の多様性を維持する役割をする場合があることに触れたが、天敵は種の遺伝的多様性を維持する役割をもつ場合もあるのである。

問3　黄色型遺伝子を A、赤色型遺伝子を a とし、黄色型、赤色型それぞれの遺伝子頻度

を p, q $(p + q = 1)$ とおく。ハーディ・ワインベルグの法則が成立する集団であるから，遺伝子型とその割合は，次の式であらわされる。

$$(pA + qa)^2 = p^2AA + 2pqAa + q^2aa \qquad \cdots①$$

題意より，$q^2 = \dfrac{4}{9}$ したがって $p = \dfrac{1}{3}$，$q = \dfrac{2}{3}$

黄色型集団におけるヘテロ接合体の割合は $\dfrac{2pq}{p^2 + 2pq} = \dfrac{4}{5} = 0.8$（答）

問4 (1) 遺伝子型とその割合から，遺伝子頻度を求める

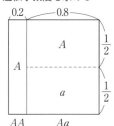

問3の結果から，黄色型の個体のみを集めてつくった集団の遺伝子型は $AA : 0.2$，$Aa : 0.8$ の割合で構成されている。したがって，この集団の A，a の遺伝子頻度は下記のとおり。

$$A : 0.2 \times 1 + 0.8 \times \dfrac{1}{2} = 0.6$$

$$a : 0.8 \times \dfrac{1}{2} = 0.4 \text{（答）}$$

(2) (1)の遺伝子頻度をもつ集団の自由交配の結果は下記のとおり。

$$(0.6A + 0.4a)^2 = 0.36AA + 0.48Aa + 0.16aa$$

したがって，ここで得られた黄色型個体の中のヘテロ接合体の割合は，

$$\dfrac{0.48}{0.36 + 0.48} = \dfrac{4}{7} = 0.57\cdots \rightarrow 0.6 \text{（答）}$$

(3) (2)の自由交配の結果で得られた集団のうち，黄色型の個体のみを集めてつくった集団における遺伝子型とその割合は下の式によって求められる。

AA，Aa の混合集団の遺伝子型とその割合から，遺伝子頻度を求める

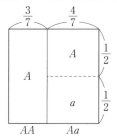

$$AA : \dfrac{0.36}{0.36 + 0.48} = \dfrac{3}{7}$$

$$Aa : \dfrac{0.48}{0.36 + 0.48} = \dfrac{4}{7}$$

したがってこの集団での A，a の遺伝子頻度は下記のとおり（左図）。

$$A : \dfrac{3}{7} \times 1 + \dfrac{4}{7} \times \dfrac{1}{2} = \dfrac{5}{7}$$

$$a : \dfrac{4}{7} \times \dfrac{1}{2} = \dfrac{2}{7} = 0.28 \rightarrow 0.3 \text{（答）}$$

(4) 第1世代から順に赤色型の遺伝子頻度を並べると，$\dfrac{2}{3}, \dfrac{2}{5}, \dfrac{2}{7}$ となる。したがって，第 n 世代での赤色型の遺伝子頻度は $\dfrac{2}{2n+1}$ と推定される。題意より

$$\dfrac{2}{2n+1} \leqq 0.01 \qquad \therefore \quad n \geqq 99.5 \quad より \quad 第100世代（答）$$

　この結果の意味としては，仮に赤色のカタツムリのみが選択的に捕食された場合，カタツムリの色に関する遺伝子は世代とともに変化し，赤色型の遺伝子頻度は当初0.67 程度であっても，100 世代後には，0.01 以下まで減ってしまうことを示している。捕食圧という自然選択による，遺伝子頻度の変化，ひいては進化の可能性が示されたのである。

　ここでは一般式を証明することまでは要求されておらず，推定値のみを答えればよい。しかし，一般式を出してみたいと思う人もいるであろう。参考までに以下に一般式を出す手順を示す。未知数のおき方は異なるが，原理的には，自由交配における致死遺伝子の遺伝子頻度の変化（☞解答・解説 p.40）と同じである。

第 n 世代から aa を除いた後における遺伝子型とその割合から，第 $n+1$ 世代での遺伝子頻度を求める

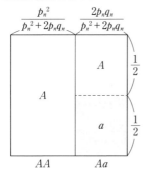

　第 n 世代での遺伝子 A, a の遺伝子頻度を，それぞれ p_n, q_n（$p_n + q_n = 1$ …①）とおくと，自由交配の結果は $(p_n A + q_n a)^2 = p_n^2 AA + 2p_n q_n Aa + q_n^2 aa$ である。

　この集団中，q_n^2 の割合で存在する aa を毎世代除く処置を行うため，遺伝子 a をもつ個体は遺伝子型 Aa の個体だけになる。したがって，aa を除いた次世代における遺伝子 a の遺伝子頻度は次式で与えられる。

$$q_{n+1} = \dfrac{2p_n q_n}{p_n^2 + 2p_n q_n} \times \dfrac{1}{2} \qquad \cdots②$$

　式②を整理した後，式①を用いて p_n を消去して式を整理すると，$q_{n+1} = \dfrac{q_n}{q_n + 1}$ となる。逆数をとると $\dfrac{1}{q_{n+1}} = \dfrac{1}{q_n} + 1$ となり，$\dfrac{1}{q_n}$ は公差1の等差数列である。問3の結果から初項 $\dfrac{1}{q_1} = \dfrac{3}{2}$ であることを使って q_n の一般式を求めると，$q_n = \dfrac{1}{n + 0.5} = \dfrac{2}{2n+1}$ となる。